化工基础

罗时忠　王伟智　何心伟　许发功　王　俊　编著

中国科学技术大学出版社

内 容 简 介

本书根据非化工专业的化工基础课程大纲，结合编者长期一线的教学实践总结编写而成。内容包括化工传递过程的动量传递、热量传递、质量传递，以及化学反应工程的典型均相反应器、非理想流动和非均相反应过程的基本概念、基本理论和计算方法。力争在介绍知识时融合价值引领，以期“立德”与“树人”同向同行。

本书可作为高等院校非化工专业的化学工程基础教材或教学参考书。

图书在版编目(CIP)数据

化工基础 / 罗时忠等编著. -- 合肥 ：中国科学技术大学出版社，2024. 12. -- ISBN 978-7-312-06026-7

Ⅰ. TQ02

中国国家版本馆 CIP 数据核字第 2024XW0105 号

化工基础

HUAGONG JICHU

出版 中国科学技术大学出版社
安徽省合肥市金寨路 96 号，230026
http://press.ustc.edu.cn
https://zgkxjsdxcbs.tmall.com

印刷 安徽省瑞隆印务有限公司

发行 中国科学技术大学出版社

开本 787 mm×1092 mm 1/16

印张 15.25

字数 378 千

版次 2024 年 12 月第 1 版

印次 2024 年 12 月第 1 次印刷

定价 45.00 元

前　言

在当前新质生产力快速推进的新时代，化学工业作为支撑国家经济发展的重要支柱之一，其重要性不言而喻。提升化工行业的新质生产力需要从多个维度入手，涉及技术创新、绿色可持续发展、行业协作和人才培养等多个方面。其中，提升化工领域相关的人才培养质量是关键环节。正是在这样的背景下，编者以"立德树人"为根本，以培养发展新质生产力所需化学化工复合型创新人才为出发点，在不断总结长期的一线教学实践经验基础上编写了本书。

化工基础是一门化学理论知识紧密联系化工生产实际的课程。通过对本书内容的学习，读者可以掌握实际化工生产中化工传递过程与化学反应工程的基础知识，具有分析、解决化工生产基本问题的知识和初步能力，了解从化学理论知识到化工生产所面临的问题和解决问题的途径，以及从实际观点综合处理问题的方法，初步获得综合分析和解决问题的能力，为今后在工作中正确地将理论联系实际打下初步的基础。

本书在编写过程中，注重把化工基础知识介绍与其蕴含的课程思政元素有机融合，有利于培养学生的逻辑思辨力和科学精神，引导学生形成家国情怀、树立实业强国的抱负；有利于培养学生的节能、环保意识和绿色、安全理念，增强法律意识，形成工程思维和工程意识；有利于培养学生的开拓创新精神，提高学生对专业和社会主义核心价值观的认同感。

本书在内容的选择与编排上力争为广大与化工领域相关专业的学生或从业者提供一本最基本的、实用的化工基础知识参考书。化工学科是一门实践性很强的学科，本书在注重理论阐述的同时，也注重与实践的结合。通过引入实际案例，分析化工生产过程中的实际问题，使读者能够在学习理论的同时，更好地理解和应用所学知识。

为了方便读者的学习和使用，本书在语言表达上力求简洁明了，避免使用过于晦涩难懂的术语和公式。同时，我们还提供了丰富的图表、例题和习题，以帮助读者更好地理解和掌握所学知识。

本书分为10章，各章编写分工为：王伟智负责编写第1、2章；罗时忠负责编写第3、4章；何心伟负责编写第5、6章；王俊负责编写第7、8章；许发功负责编写第9、10章。全书由罗时忠负责策划、统稿、定稿。

感谢所有参与教材编写和审稿工作的领导和老师，他们的辛勤付出和无私奉献使得这本教材得以顺利出版。本书在编写过程中，参考了大量的相关书刊文献和资料，在此一并表示衷心的感谢！

限于编者水平，书中难免出现疏漏之处，敬请读者批评指正！

编　者

2024年8月

目　　录

第1章 绪 论

学习要点

1. 了解化工学科的发展历史和重要作用。
2. 了解化工生产特点和单元操作。
3. 了解化工传递过程中的四个基本规律，掌握物料衡算和能量衡算的基本方法。
4. 掌握单位制和单位换算。

化学工业，又称化学加工工业。广义上，化学工业是指借助于化学反应改变物质的组成与结构，将原料改变为生产资料和生活用品的工业。狭义上，化学工业就是生产化学产品的工业。

1.1 化学工业的发展

1.1.1 化学工业的兴起

化学工业是一门十分古老的工业，古代早就有了湿法炼铜、煮海制盐等借助化学反应获得生产资料和生活用品的技术。

近现代化学工业的发展始于18世纪的法国。18世纪中期，工业革命兴起，带动了化学工业的发展。1791年法国医生路布兰率先取得专利，他以食盐为原料，制得了纯碱，这一制碱方法被称为路布兰制碱法。路布兰制碱法的主要化学反应式为

$$2NaCl + H_2SO_4 \longrightarrow Na_2SO_4 + 2HCl$$

$$Na_2SO_4 + 4C \longrightarrow Na_2S + 4CO$$

$$Na_2S + CaCO_3 \longrightarrow Na_2CO_3 + CaS$$

基于路布兰制碱法，第一座日产300 kg纯碱的制碱工厂于1791年在巴黎附近的圣丹尼斯建立，这也意味着人工制碱的开始，随后利用此法的制碱厂遍布了整个欧洲。路布兰制碱法不仅提供了制备纯碱的工业方法，同时以路布兰制碱为核心，也促进了像硫酸、盐酸等基本化学工业的发展。路布兰制碱法是化学工业兴起的重要标志之一，奠定了近现代化学工业的基础。后来，由于存在生产过程不连续、原料利用率低、生产成本高、碱产品质量差、生产劳动强度大等缺点，路布兰制碱法不能满足工业发展的需要，逐渐被淘汰。

进入19世纪后，新的化工产品增多，同时伴随工业技术的发展，化学工业逐步向生产大

型化发展，而生产的大型化需要设备的大型化和过程的连续化，因此化学工业发展所面临的许多问题往往是工程问题，需要用工程的观点来解决化学工业的问题。这使得化学工业走向现代化，也促成了化工这一学科的建立。

目前，普遍认为是英国人 G. E. 戴维斯首先提出“化工”这一工程学科概念。1887—1888 年，戴维斯在曼彻斯特工学院做了 12 次演讲，系统阐述了化学工程的任务、作用和研究对象。在这些演讲内容的基础上，他撰写了《化学工程手册》(*Handbook of Chemical Engineering*)一书，并于 1901 年出版。这是世界上第一本阐述各种化工生产过程共性规律的著作。

戴维斯提出的化学工程这一概念在美国很快获得了广泛应用。1888 年，美国麻省理工学院根据 L. M. 诺顿教授的提议，开设了世界上第一个定名为“化学工程”的四年制学士学位课程，标志着培养化学工程师的初步尝试。1902 年，W. H. 华克尔开始了对化学工程教育的一系列改革，1907 年，他修订了化学工程课程计划，强调化学训练和工程原理的实际应用，使化学工程的发展进入了一个新时期。

1908 年，A. D. 利特尔参与发起成立了世界上第一个化学工程从业人员组织——美国化学工程师学会，并于 1915 年提出了“单元操作”这一重要概念。1920 年，在麻省理工学院，化学工程脱离化学系成为一个独立的系，由 W. K. 刘易斯任系主任。同年，华克尔、刘易斯和 W. H. 麦克亚当斯完成了《化工原理》(*Principles of Chemical Engineering*)一书的初稿，并于 1923 年正式出版。《化工原理》阐述了各种单元操作的物理化学原理，提出定量计算方法，并从物理等基础学科中吸取对化学工程有用的研究成果和研究方法，奠定了化学工程作为一门独立工程学科的基础。

1.1.2 我国化学工业的发展历程

我国在 20 世纪初开办了一些民族化工企业，如 1915 年创办的上海开林造漆厂，是我国第一家油漆制造企业，是我国油漆工业的发源地；同年在广州成立了中国第一家橡胶加工厂——广东兄弟树胶公司；1921 年在上海成立了五洲固本药皂厂；同时期，在青岛、上海、天津等地也陆续开办了染料厂、制药厂等民族化工企业。但这些化工厂所用的原料，部分或全部依赖进口。

为了摆脱民族化工企业生产原料对国外的依赖，一些化工实业家做出了大量的努力，其中重要的代表人物之一为范旭东(图 1.1)。范旭东(1883—1945)，中国化工实业家，先后创办和筹建久大精盐公司、久大精盐厂、永利碱厂、永裕盐业公司、黄海化学工业研究社等企业，生产出优质纯碱、中国第一批硫酸铵等化工产品，并更新了中国联合制碱工艺，是中国化学工业的奠基人，被毛泽东称赞为中国人民不可忘记的四大实业家之一。同时期我国另一位重要的化工实业家为吴蕴初(图 1.2)。吴蕴初(1891—1953)，中国近代著名的化工实业家和化工专家，创办了我国第一家味精厂、氯碱厂、耐酸陶器厂和合成氨与硝酸生产工厂，我国氯碱工业的创始人，为中国化学工业的兴起和发展做出了卓越的贡献。

除了范旭东、吴蕴初等化工实业家外，同时期我国化工领域也出现了多位杰出的学者，其中最著名的就是侯德榜(图 1.3)。侯德榜(1890—1974)，我国重化学工业的开拓者，近代化学工业的奠基人之一。20 世纪 20 年代突破氨碱法制碱技术，主持建成亚洲第一座纯碱厂;30年代领导建成了我国第一座兼产合成氨、硝酸、硫酸和硫酸铵的联合企业——永利化学工业公司南京硫酸铵厂,开创了我国化肥工业的新纪元;四五十年代又发明了连续生产纯碱与氯化铵的联合制碱新工艺,此法被世人称为“侯氏制碱法”,以及碳化法合成氨流程制碳酸氢铵化肥新工艺,并使之在60年代实现了工业化和大面积推广。1911年,侯德榜以优异成绩考入北平清华留美预备学堂高等科,1913年被保送至美国麻省理工学院化工科学习,1916年获麻省理工学院学士学位。1917年到纽约普拉特专科学院学习制革,1918年获制革化学师文凭,同年进入哥伦比亚大学研究院学习,1919年获美国哥伦比亚大学硕士学位,1921年获博士学位。1922年起,侯德榜先后当选中华化学工业会理事、常务理事,中国化学工程学会理事、理事长,中国化学会理事长。1923年,任永利制碱公司总工程师兼制造部长。1934年,任永利公司南京铔厂厂长兼技师长(即总工程师)。1950年,任中央财经委员会委员、重工业部技术顾问,当选为中华全国自然科学联合会副主席。1955年,被聘为中国科学院技术科学部委员。1957年,任化学工业部化学工业技术委员会主任。1958年,任化学工业部副部长,当选为中国科学技术协会副主席。1959年,任中国化学化工学会理事长。1963年,任中国化工学会理事长。

图1.1 范旭东

图1.2 吴蕴初

图1.3 侯德榜

中国化工学会全名中国化学工业与工程学会(The Chemical Industry and Engineering Society of China),是由中华化学工业会和中国化学工程学会合并发展起来的。中华化学工业会由陈世璋、俞同奎等人发起,于1922年在北京成立;1923年创办了会刊《中华化学工业会会志》,1926年改名为《化学工业》,上述刊物为现今的《化工学报》的前身。中国化学工程学会由顾毓珍、张洪元等人发起,于1930年在美国麻省理工学院成立,同年在美国波士顿举行第一次年会,1934年出版《化学工程》。1956年,中华化学工业会和中国化学工程学会合并组成中国化工学会。

中国现代意义上的化工教育始于20世纪20年代。1920年,浙江工业专科学校开始开设应用化学科;1927年,浙江工业专科学校与其他一些相关学校合并,改组为国立第三中山大学(后改名浙江大学),建立了化学工程系。1932年,南开大学成立化学工程系。其后,中山大学、北洋大学、清华大学、北京大学等校陆续设置了化工系。

中华人民共和国成立后,通过院系调整,建设了一批化工院系。如1952年原交通大学、大同大学、东吴大学、震旦大学、江南大学和山东工学院的化工系调整组建了华东化工学院(华东理工大学前身),为新中国第一所化工学院;1956年,清华大学恢复化工系,其后新建了一批化工院系,如北京化工学院等。这与当时中国化工行业的飞速发展与卓有成效的化工教育是分不开的。

1.1.3 化学工业的发展前景

20 世纪 70 年代后,化学工业的规模不断扩大,化学工程的各分支学科继续蓬勃地向前发展。在单元操作领域,固体物料的加工和处理开始得到普遍关注,形成了粉体工程的新分支。高分子化工和生物化工的发展推动了非牛顿型流体传递过程特征的研究,激光测量、流场显示等新技术开始应用于传递过程的研究。化学反应工程不断向复杂领域扩展,出现了聚合反应工程、电化学反应工程等新分支。

第二次世界大战期间发展起来的青霉素生产,开创了化学工程与生物化学结合的新时代。战后各种抗生素和激素的生产迅速增长,微生物技术被用于石油蛋白生产和污水净化。

20 世纪 70 年代,分子生物学研究取得了重组 DNA 技术等重大成果,开拓了制备生物化学品和医药品的新领域,对人类社会发展产生重大影响。生物化学工程无论在生化反应还是分离技术方面都在不断取得进展。

近十几年来,化学工程更引人注目的发展是在与邻近学科的交叉渗透中已经或正在形成的一些充满希望的新领域。

化学工程师已经以自己的专长为医学的发展做出了贡献,生物医学工程这一新学科正在形成。人的身体实质上相当于一座构造复杂的小型化工厂,许多生理过程可借助化学工程原理进行分析。

传质原理已被用于潜水病的研究,传热原理已被用于体内热调节的研究,停留时间分布的概念可用来分析药物的疗效,在人工心肺机、人工肾的研制中应用了非牛顿型流体的流动和渗析原理。

化学工程与固体物理、结晶化学、材料科学相结合,在化学气相淀积过程的研究中发挥着自己的作用。化学气相淀积是近二十年来获得迅速发展的一种制备无机材料的新技术,在微电子、光纤通信、超导等新技术领域中广泛应用于各种功能器件的制造。

正如一百年前从化学中分离出化学工程一样,今天的化学工程又在孕育着新的学科。

1.2 化工生产特点和单元操作

化工生产过程主要包括两个基本内容:化学工程和化学工艺。

化学工程研究的是化工生产过程中共同性操作的规律及其工程性质的问题,包括传递工程和化学反应工程两部分内容。传递工程研究的是物理传递过程,包含动量传递、热量传递、质量传递。化学反应工程分析探讨反应器原理及设备设计。因此,化学工程通常可被归纳为“三传一反”。

化学工艺研究的是具体化工产品的具体制作工艺和生产全过程。依据产品生产的物理化学原理,结合技术经济原则,选用可取的原料和技术路线,确定最优的工艺条件,制定合理的生产流程,以达到充分利用物料和能量,降低基本建设投资和生产费用,减少环境污染,同时获得良好的生产率。

1.2.1 化工生产特点

对于不同的化工产品,其具体的生产过程是不同的,但尽管化工生产的产品种类众多,可生产它们却有着类似的生产环节,一般可分为前处理、反应器、后处理三大部分(图1.4)。

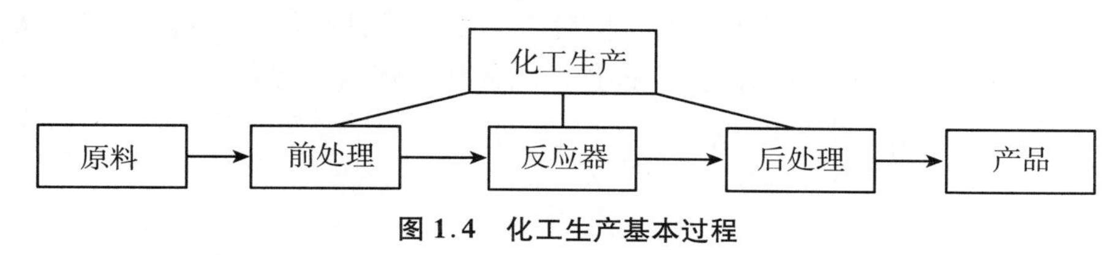

图1.4 化工生产基本过程

前处理,就是原料处理,即为了使原料符合进行化学反应所要求的状态和规格,根据具体情况,对不同的原料采取净化、提浓、混合、乳化或粉碎(对固体原料)等多种不同的预处理。

反应器是化学反应进行的场所,是化学生产的核心部分。经过预处理的原料在一定的温度和压力等条件下进行反应,反应的类型有很多是我们熟悉的化学反应类型,如氧化、还原和复分解等。通过化学反应可得到目标产物和副产物。

后处理,即产品精制,是将化学反应得到的混合物进行分离,除去别的产物和杂质,以获得符合组成规格的产品。

对于不同产品的化工生产,这三大环节中都存在着类似的操作。如甲醇生产的主要流程为:合成气(CO、H_2、CO_2)→ 输送 → 反应器 → 粗甲醇 → 冷却 → 精馏 → 精甲醇(99.85%～99.95%),苯生产的主要流程为:原料油(甲苯、二甲苯)、H_2→ 输送 → 加热 → 反应器 → 减压蒸馏塔 → 精馏 → 苯(99.992%～99.999%)。虽然两者生产所需原料不同,涉及的化学反应不同,但生产过程却有很多相同的操作,如原料都需要输送,生产前或生产后都有热处理,涉及加热或冷却,产物提纯都为精馏操作。

以此为例,来说明任何一种化工产品的生产过程,都由若干化学反应过程和物理加工过程(单元操作)组合而成。

1.2.2 单元操作

尽管化学工业生产的产品种类众多,但生产它们的大部分物理操作都遵循同样的原理,这些基本操作称为单元操作。1915年,利特尔在给麻省理工学院的一份报告中,首先提出了单元操作的概念。他指出:任何化工生产过程,无论其规模大小,都可以用一系列称为单元操作的技术来解决。只有将纷繁芜杂的化工生产过程分解为构成它们的单元操作来进行研究,才能使化学工程专业具有广泛的适应能力。单元操作就是指化工生产中遵循相同物理或物理化学变化规律的一些基础操作过程。这些操作过程主要就是传递工程研究的动量传递(通常指流体流动过程)、热量传递、质量传递等物理传递过程。这些物理传递过程涉及的重要单元操作包括:

(1) 流体流动过程，包括流体输送、搅拌、沉降、过滤等单元操作。

(2) 传热过程，包括热交换、蒸发等单元操作。

(3) 传质过程，包括吸收、蒸馏、萃取、吸附、干燥等单元操作。

此外，还有一些机械操作过程，如破碎、粉碎、筛分、固体运输(斗式提升机、皮带运输机和螺旋推进器)等单元操作。

根据化工生产规模的不同，单元操作的进行方式主要分为两种。一是间歇式操作，为一种不稳定的操作过程。特点是反应器内同一位置，不同时间其反应环境不同。间歇式操作方式常被小型工厂进行化工生产所采用。相对于小型工厂常采用的间歇式操作，大型的化工企业常采用的是另一种单元操作方式，即连续式操作。连续式操作的特点是：反应器内同一位置的各项参数不随时间变化。

1.3 化工过程的一些基本规律

化工过程中普遍地起作用的基本规律主要有物料衡算、能量衡算、平衡关系和过程速率。

1.3.1 物料衡算

化工过程投入的生产物料符合质量守恒，因此称为物料衡算。依据质量守恒定律，某一化工过程加入的物料质量等于该过程中离开的物料质量与累积的物料质量之和，即

$$\text{输入量} = \text{输出量} + \text{累积量}$$

对于不同的操作方式，物料衡算的关系有所变化。

连续操作过程中，因为各物理量不随时间改变，为定态操作状态，累积量为 0，故有

$$\text{输入量} = \text{输出量}$$

间歇操作过程中，物料一次性输入，输出量为 0，则有

$$\text{输入量} = \text{累积量}$$

通过物料衡算，可由过程的已知量求出未知量，因此可解决化工生产中的很多问题，例如：

(1) 根据质量守恒关系估算工业生产产量。

(2) 根据处理的物料量，来确定某些生产设备的主要尺寸或规模。

(3) 设计化工生产中的实际生产规模。

运用物料衡算解决问题时要注意：确定衡算范围，选定计算基准。

对一个化工过程进行物料衡算，人为圈定这个过程的全部或一部分作为一个完整的衡算对象，这个圈定的部分即为衡算范围。衡算范围可以是一台设备、一套装置、一个工段、一个车间、一个工厂等。衡算范围以外的区域称为环境，人为圈定的衡算范围与环境的分界线称为边界。物料衡算过程只涉及通过(进出)边界的物料，其余物料可不考虑。

计算基准包括时间基准和物质基准。

(1) 时间基准：对连续稳定流动体系，以单位时间作基准，该基准可反映生产规模。对间歇过程，以处理一批物料的生产周期作为时间基准。

(2) 物质基准：对于液固系统，因其多为复杂混合物，选择一定质量的原料或产品作为计算基准。若以液固混合物为物质基准，称为湿物基准，在计算中物理的质量会发生变化，为可变基准。而以液固混合物中的固体物质为基准，即绝对干物基准，则可作为计算过程的不变基准。

确定衡算范围、选定计算基准的关键在于简化物料衡算的计算。

例1.1　100 kg 含水 20%的湿物料经干燥器干燥一次，物料含水量减低为 5%，求其失去水分质量。

解　以湿物为衡算基准：

$$100 \times 20\% = (100 - x) \times 5\% + x$$
$$x = 15.8\ (\mathrm{kg})$$

即失去水分质量为 15.8 kg。

以干物为衡算基准：

$$x = 80 \times (20/80) - 80 \times (5/95) = 15.8\ (\mathrm{kg})$$

同样可得失去水分质量为 15.8 kg。

例1.2　如图 1.5 所示，浓度为 20%(质量分数)的 KNO_3 水溶液以 1000 $\mathrm{kg \cdot h^{-1}}$ 的流量送入蒸发器，在 422 K 下蒸出部分水分，得到浓度为 50%的水溶液，再送入结晶器，冷却至 311 K 后，析出含有 4%结晶水的 KNO_3 晶体并不断取走，所余浓度为 37.5%的 KNO_3 饱和母液则返回蒸发器循环处理。试求每小时的结晶产品量(P)、水分蒸发量(W)、循环母液量(R)及浓缩液量(S)。

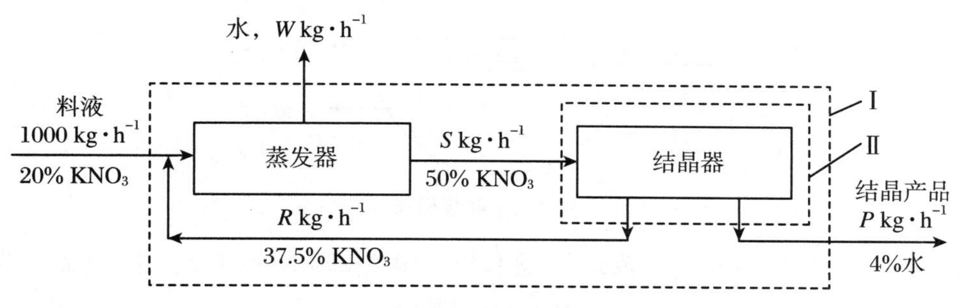

图1.5　物料衡算

解　(1) 在边界Ⅰ所示范围内做物料衡算：

$$1000 = W + P$$
$$1000 \times 20\% = P \times (1 - 4\%)$$

计算可得

$$P = 208.33(\mathrm{kg \cdot h^{-1}})$$
$$W = 791.67(\mathrm{kg \cdot h^{-1}})$$

(2) 在边界Ⅱ所示范围内做物料衡算：

$$S = R + P$$
$$S \times 50\% = R \times 37.5\% + P \times (1 - 4\%)$$

计算可得

$$R = 766.65(\mathrm{kg \cdot h^{-1}})$$
$$S = 947.98(\mathrm{kg \cdot h^{-1}})$$

1.3.2 能量衡算

化工生产过程遵循能量守恒定律,即能量衡算。

对稳定的连续过程,能量衡算可表示为

$$E_{输入} = E_{输出}$$

对有化学反应参与的过程,则有

$$E_{输入} + E_{反应放出} = E_{输出} + E_{系统累积}$$

运用能量衡算,可解决的问题有:

(1) 计算过程需要输入或输出的能量数值,选择合适的提供能量的设备。

(2) 判断能量的转化,确定能量输入或输出的基本方法。

(3) 根据能量的关系,进行能量的综合利用。

例 1.3 如图 1.6 所示,在一热交换器中用压强为 136 kPa 的饱和水蒸气加热 298 K 的空气,空气流量为 1 $\mathrm{kg \cdot s^{-1}}$,水蒸气的流量为 0.01 $\mathrm{kg \cdot s^{-1}}$。加热后,排出的冷凝水的温度为 381 K。若取空气的平均比热为 1.005 $\mathrm{kJ \cdot kg^{-1} \cdot K^{-1}}$,试计算空气出口温度(热损失忽略不计)。

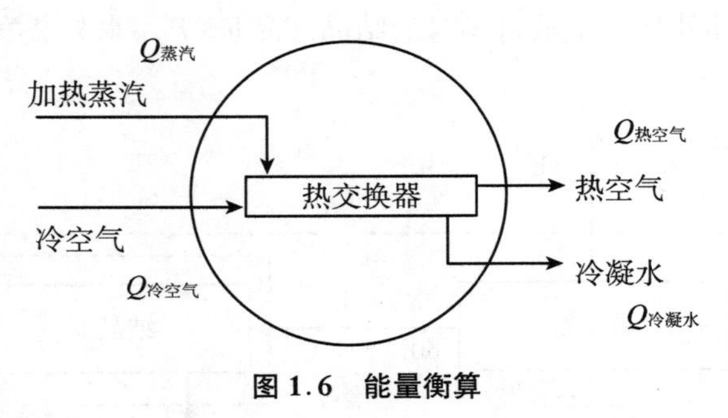

图 1.6 能量衡算

解 以封闭圆圈为衡算边界范围,以进口空气温度 298 K 为温度基准,因而其焓值为零,即 $H_{冷空气} = 0$。

查表,136 kPa 下饱和蒸汽的焓值 $H_{蒸汽} = 2690\ \mathrm{kJ \cdot kg^{-1}}$,381 K 下冷凝水焓值 $H_{冷凝水} = 452.9\ \mathrm{kJ \cdot kg^{-1}}$。

对此连续稳定过程,有

$$\sum Q_{入} = \sum Q_{出}$$
$$\sum Q_{入} = \sum Q_{蒸汽} + \sum Q_{冷空气} = 0.01 \times H_{蒸汽} + 1 \times H_{冷空气}$$
$$\sum Q_{出} = \sum Q_{热空气} + \sum Q_{冷凝水} = 1 \times 1.005 \times (T - 298) + 0.01 \times H_{冷凝水}$$

代入数据,解得 $T = 320.26$ K。

1.3.3 平衡关系

平衡是在一定条件下物系变化可能达到的极限,平衡关系则反映在此条件下过程进行的最大程度。根据平衡关系的规律可以判断一些化工过程能够到达的极限,例如热量传递的极限是体系各处温度相同,气体吸收的极限是一定条件下气体在液体中溶解达到饱和等。因此:

(1) 根据平衡关系,可以判断化工过程能否进行以及进行的程度。

(2) 根据平衡关系,可以考察外界参数对平衡的影响,从而为生产条件的选择和改进提供依据。

(3) 根据平衡数据与实际操作结果的比较,判断设备的使用效率,优化设备的设计。

1.3.4 过程速率

当一个体系没有处于平衡状态,则必然趋向于平衡的方向变化。物系当时状态与平衡状态之间的差距,即为过程向平衡状态进行的推动力。过程向平衡状态进行的过程速率与推动力成正比,与阻力成反比,即

$$\text{过程速率} \propto \frac{\text{过程推动力}}{\text{过程阻力}} \quad \text{或} \quad r = \frac{\Delta}{R}$$

对于不同化工过程,推动力可以是不一样的,在化工生产过程中这个推动力可以是温度差、浓度差、压强差等。实际生产中都力求有较高的过程速率,它可以由增大过程的推动力来得到,也可以通过减少过程的阻力来提高。一个化工过程常由多个步骤或单元组成,此时,过程的总阻力为各步骤的阻力之和。当其中某一步骤的阻力远远大于其他步骤的阻力时,该步骤就对过程速率起关键作用,为控制步骤。当推动力一定时,要提高过程速率,应着重降低控制步骤的阻力。

1.4 化工过程开发

化工过程开发是指一个全新的化工过程,或一部分经改变的化工过程从实验室研究过渡到大规模工业生产,使新产品、新工艺或新技术在工业装置中运转或转变为生产的全过程。化工过程开发的目标是将实验室成果最终转化为工业化的生产装置。化工成果在从实验室走上工业化的道路上必须经过化工过程开发的阶段,其过程一般分为以下几个环节。

1.4.1 实验室研究

实验室研究的主要目的是研究化学反应规律及反应过程特征,定量归纳,确定原料路线和工艺方案,确定适宜的操作条件,获取开发所需要的热力学和动力学数据。实验室研究,因规模较小,一般也称为小试。

1.4.2 可行性研究

可行性研究是对要开发的化工项目进行研究并做出评价，判断是否宜于开发。内容包括评价工艺是否合理、生产是否安全、产品质量指标能否符合要求、开发的周期、过程的能耗等；进行经济评价，估算基建投资与产品成本等；以及对社会效益、环保效益进行评估。如技术经济指标、社会效益、环境保护不符合相关标准，则应及时终止开发，防止造成更大的损失。

1.4.3 中间试验

中间试验装置也称为试验工厂，是按照小试的数据和资料设计建立的，目的是求取建造大型工业装置所需的数据资料，并验证已掌握的数据。用中间试验装置进行不同条件下的比较试验，找出优化方案，获取操作经验，确定设备造型并开始工业装置的设计。

1.4.4 工业装置的设计和投产

化工装置的设计由专职人员进行，包括工艺流程说明、物料流程图、带控制点管道流程图、设备名称表和设备规格说明书、对工程设计的要求、设备布置图、装置操作说明、三废及处理、安全技术与劳动保护说明、生产规模等内容。工业装置投入生产前，要培养出符合生产要求的操作工人和技术人员。

1.5 单位制及单位换算

1.5.1 国际单位制

国际单位制是国际计量大会采纳和推荐的一种一贯单位制，其国际代号为 SI，也称 SI 制。国际单位制按一贯计量单位制的原则构成，采用十进制构成其倍数和分数单位；只能通过 SI 词头构成倍数和分数的单位，其基本单位及其定义只能由国际计量大会决定，SI 导出单位的专门名称及其符号只能由国际计量大会选定。国际单位制中的单位由基本单位、辅助单位、导出单位三部分构成。

7 个严格定义的基本单位是：米（长度）、千克（质量）、秒（时间）、安培（电流）、开尔文（热力学温度）、摩尔（物质的量）和坎德拉（发光强度），如表 1.1 所示。

表 1.1　国际单位制:基本单位

物理量名称	单位名称	单位符号
长度	米	m
质量	千克	kg
时间	秒	s
电流	安培	A
热力学温度	开尔文	K
物质的量	摩尔	mol
发光强度	坎德拉	cd

基本单位的定义始于1889年,由于科学技术的发展,它们的定义也在不断地发生变化。2018年11月16日第26届国际计量大会决议,国际单位制的7个基本单位将全部通过不变的自然常数来定义,并自2019年5月20日实施。新定义用常数替代了实物原器,保障了国际单位制的长期稳定性。比如,千克将不再会以一个特定的人工制品的质量来定义,而是将它与普朗克常数联系起来。因为常数不受时空和人为因素的限制,保障了国际单位制的客观通用性。新定义可在任意范围复现,保障了国际单位制的全范围准确性。

国际单位制有2个辅助单位,即弧度和球面度,如表1.2所示。

表 1.2　国际单位制:辅助单位

物理量名称	单位名称	单位符号
平面角	弧度	rad
立体角	球面度	sr

导出单位是由SI基本单位或辅助单位按定义式导出的,其数量很多。其中,具有专门名称的SI导出单位总共有19个,有17个是以杰出科学家的名字命名的,如牛顿、帕斯卡、焦耳等,以纪念他们在相关学科领域里做出的贡献,它们本身有专门名称和特有符号,这些专门名称和符号又可以用来组成其他导出单位,从而比用基本单位来表示要更简单一些。表1.3中给出的是本课程常用的一些导出单位。为了表示方便,导出单位还可以与其他单位组合表示另一些更为复杂的导出单位。

表 1.3　国际单位制:导出单位(部分)

物理量名称	单位名称	单位符号	基本单位表示
频率	赫兹	Hz	s^{-1}
力,重力	牛顿	N	$kg \cdot m \cdot s^{-2}$
压力,压强	帕斯卡	Pa	$kg \cdot m^{-1} \cdot s^{-2}$(或 $N \cdot m^{-2}$)
能量,功,热	焦耳	J	$kg \cdot m^{2} \cdot s^{-2}$(或 $N \cdot m$)
功率	瓦特	W	$kg \cdot m^{2} \cdot s^{-3}$(或 $J \cdot s^{-1}$)
摄氏温度	摄氏度	℃	

1.5.2 常用单位制

由于历史的原因，除国际单位制外，世界各国或不同学科领域还有一些常用单位制。

物理学习惯使用厘米-克-秒（CGS）单位制，分别以厘米、克及秒为长度、质量及时间的基本单位，如表 1.4 所示。厘米-克-秒单位制下热能的单位为卡路里（cal），力的单位为达因（dyn）。

表 1.4　CGS 单位制：基本单位

物理量名称	长度	质量	时间	温度
单位符号	cm	g	s	℃

技术领域中习惯采用工程单位制，即米-千克力-秒单位制，如表 1.5 所示。kgf 是工程单位制中力的基本单位，称为千克力。

表 1.5　工程单位制：基本单位

物理量名称	长度	力	时间	温度
单位符号	m	kgf	s	℃

1.5.3 单位换算

同一物理量用不同单位度量时，其数值需相应地改变，这种换算称为单位换算。单位换算时，需要换算因数。例如厘米-克-秒制下，力的单位为达因（dyn），等于 $1\ g\cdot cm\cdot s^{-2}$，国际单位制中力的单位为牛顿（N），等于 $1\ kg\cdot m\cdot s^{-2}$，因此可以依上述关系推得两者的换算因数：$1\ dyn=10^{-5}\ N$。在工程单位制中，力的基本单位千克力（kgf）表示一千克的物体在北纬 45°海平面上所受的重力，其与国际单位制力的单位牛顿（N）的换算因数为：$1\ kgf=9.80665\ N$。

此外，在单位换算时还要注意用于构成十进倍数和分数单位的词头，如表 1.6 所示。

表 1.6　国际单位制词头表

所表示因数	词头名称	词头符号
10^6	兆	M
10^3	千	k
10^2	百	h
10^1	十	da
10^{-1}	分	d
10^{-2}	厘	c
10^{-3}	毫	m
10^{-6}	微	μ

本书的计算一律采用国际单位制，出现其他单位制时，计算中应将其换算成 SI 制。

第 2 章　流体的流动和输送

学习要点

1. 掌握流体流动规律，流体静力学基本方程、连续性方程、伯努利方程。
2. 理解牛顿黏性定律、流型以及边界层的概念。
3. 掌握流体输送所需功率的计算和管路的阻力计算。
4. 掌握测量流体压强、流量的方法。
5. 了解流体输送设备的类型、基本结构、工作原理及其应用。

2.1 基本概念

2.1.1 流体定义和特点

流体是气体和液体的总称。除了气体和液体外，化工生产过程研究的流体对象，还包括能表现出流体性质的流态化固体。

流体的特点包括：有流动性，流动时具有连续性；无一定形状，取决于容器形状；具有黏度，流动时流体具有内摩擦力。

2.1.2 实际流体和理想流体

基于黏度，可以将流体分为实际流体和理想流体。

实际流体指具有黏度，流动时产生摩擦阻力的流体。相应的理想流体，指不具有黏度，因而流动时不产生摩擦阻力的流体。理想流体还可分为理想液体和理想气体。

理想液体是不可压缩、受热不膨胀的液体。理想气体是指流动时没有摩擦阻力的气体，可以用理想气体状态方程来描述：

$$pV = nRT = \frac{m}{M}RT$$

式中，p 为该条件下系统的压力，单位为 Pa；V 为该条件下气体的体积，单位为 m^3；n 为气体的物质的量，单位为 mol；R 为摩尔气体常数，为 8.314 $J \cdot K^{-1} \cdot mol^{-1}$；$T$ 为该条件下系统的温度，单位为 K；m 为气体的质量，单位为 kg；M 为气体的摩尔质量，单位为 $kg \cdot mol^{-1}$。

2.1.3　流体的相关物理量

1. 密度 ρ

单位体积流体所具有的质量，SI 制单位为 $kg \cdot m^{-3}$。计算公式为

$$\rho = \frac{m}{V}$$

注意：液体的密度基本不受压强的影响，但随温度的变化而稍有变化，因此涉及液体密度时要注意相对应的温度。气体是可压缩流体，其密度随压强和温度而变化，因此气体的密度必须标明状态。

2. 相对密度 d

指给定条件下，某一物质密度 ρ_1 与另一参考物质密度 ρ_2 之比，是无单位的值。计算公式为

$$d = \frac{\rho_1}{\rho_2}$$

3. 比重 s

某物质的密度 ρ_i 与 4 ℃纯水密度的比值，是无单位的值。计算公式为

$$s = \frac{\rho_i}{\rho_{4℃ H_2O}}$$

4. 比容 v

单位质量物体所具有的体积，其数值是密度的倒数，SI 制单位为 $m^3 \cdot kg^{-1}$。计算公式为

$$v = \frac{V}{m} = \frac{1}{\rho}$$

5. 重度 γ

重度也称为容重，对于均质流体，指作用在单位体积上的重力，SI 制单位为 $N \cdot m^{-3}$。计算公式为

$$\gamma = \frac{G}{V}$$

6. 混合物的密度

气体混合物，根据混合前、后总体积及总质量不变，可得气体混合物密度 ρ_m 为

$$\rho_m = x_{v1}\rho_1 + x_{v2}\rho_2 + \cdots + x_{vn}\rho_n$$

式中，$\rho_1, \rho_2, \cdots, \rho_n$ 为气体混合物中各组分的密度；$x_{v1}, x_{v2}, \cdots, x_{vn}$ 为气体混合物中各组分的体积分数。

对于液体均相混合物，设混合前、后总体积不变，则可得混合物密度 ρ_m 为

$$\frac{1}{\rho_m} = \frac{x_{w1}}{\rho_1} + \frac{x_{w2}}{\rho_2} + \cdots + \frac{x_{wn}}{\rho_n}$$

式中，$\rho_1, \rho_2, \cdots, \rho_n$ 为液体混合物中各组分的密度；$x_{w1}, x_{w2}, \cdots, x_{wn}$ 为液体混合物中各组分的质量分数。

2.1.4　流体的压强

流体垂直作用于单位面积上的压力，称为流体的静压强，简称压强，习惯上也称之为压力。计算公式为

$$p = \frac{F}{A}$$

对于压强的单位，SI 制为 Pa（帕斯卡），等于 $N \cdot m^{-2}$。但常用的压强单位还有很多，如 CGS 制中，压强的单位有 atm（大气压）、mmHg（毫米汞柱）、mH_2O（米水柱）、$dyn \cdot cm^{-2}$（达因 · 平方厘米$^{-1}$）；工程单位制中压强单位为 $kgf \cdot cm^{-2}$（千克力 · 平方厘米$^{-1}$）。除此之外，压强的常用单位还有 bar（巴）、torr（托）等。

同一体系的压强用不同单位表示时，其数值不同，需进行单位换算。不同压强单位间的换算因数为

$$1\ atm = 101325\ Pa = 760\ mmHg = 10.33\ mH_2O = 1013250\ dyn \cdot cm^{-2} = 1.033\ kgf \cdot cm^{-2}$$

$$1\ bar = 1 \times 10^5\ Pa$$

$$1\ torr = 1\ mmHg = 133.32\ Pa$$

$$1\ atm = 1.01325\ bar = 760\ torr$$

对于某一体系，如以绝对零压（真空）为基准（起点），所测得的压强值称为绝对压强，简称绝压。

如以当地当时的大气压为基准，所测得的体系压强值称为表压或真空度。表压表示被测体系的绝压高于当地大气压的数值，真空度是指绝压低于当地大气压的数值，即

$$绝对压强 = 当地大气压 + 表压$$

$$绝对压强 = 当地大气压 - 真空度$$

三种表示体系压强值之间的关系如图 2.1 所示。

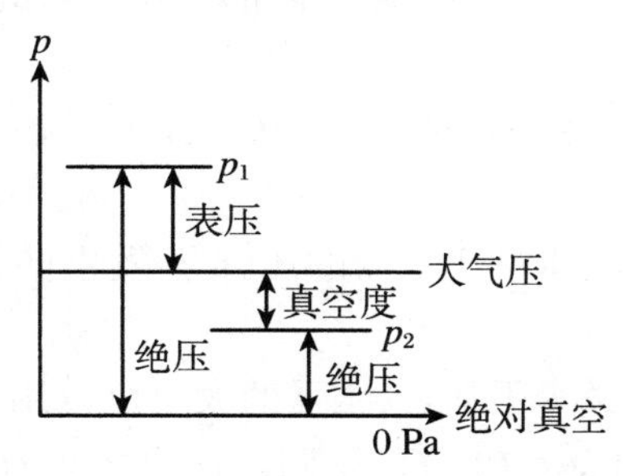

图2.1　绝对压强、表压、真空度间的关系

例 2.1　在兰州操作的苯乙烯真空蒸馏塔，塔顶的真空表读数为 80×10^3 Pa，在天津操作时，要求塔内维持相同的绝对压强，则真空表读数应为多少？兰州地区的平均大气压强为 85.3×10^3 Pa，天津为 101.33×10^3 Pa。

解　兰州塔内绝对压强为

$$85.3 \times 10^3 - 80 \times 10^3 = 5.3 \times 10^3 (Pa)$$

天津操作真空表读数应为

$$101.33 \times 10^3 - 5.3 \times 10^3 = 96.03 \times 10^3 (Pa)$$

2.2　流体静力学基本方程及其应用

2.2.1　流体静力学基本方程

流体静力学研究的是流体在重力作用和压力作用下达到平衡的规律。如图 2.2 所示，容器中有密度为 ρ 的静止液体，在液体内部任意取一底面积为 A 的垂直液柱，液柱上、下底面与基准水平面的距离分别为 Z_1 与 Z_2，液柱自身高为 h。

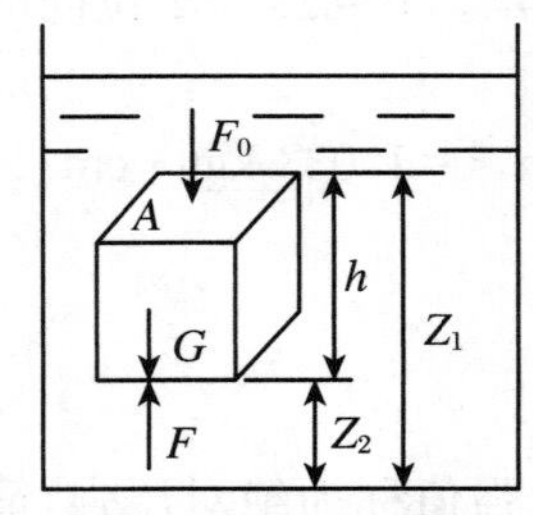

图 2.2　流体静力学模型

液柱静止时，垂直作用于液柱上底面压强 p_0 对应的压力为 F_0，垂直作用于液柱下底面压强 p 对应的压力为 F，液柱自身重力为 G，则根据受力平衡，有

$$F = F_0 + G$$

$$pA = p_0A + \rho Vg$$

$$pA = p_0A + \rho gA(Z_1 - Z_2)$$

上、下底面与基准水平面的距离分别为 Z_1 与 Z_2，它们的差即为液柱自身的高度 h，则上式可简化为

$$p = p_0 + \rho gh \tag{2.1}$$

此式即为流体静力学基本方程。

流体静力学基本方程的使用对象为重力场中静止、连续、均质的不可压缩流体。流体静力学基本方程具有以下物理意义：

(1) 当液面上方的压强 p_0 一定，静止液体内部任意一点的压强 p 与该点距液面的深度 h 以及液体密度 ρ 有关。

(2) 在静止、连续的同一液体中，处于同一水平面上的各点压强都相等，该面称为等压面，这是连通器的物理原理。

(3) 外加压强 p_0 改变时，液体中任一点的压强 p 发生同样大小的改变，这称为帕斯卡定律。

(4) $(p - p_0)/(\rho g) = h$，说明压强差、压强的大小可以用一定高度的液柱来表示，但要注明是何种液柱。用密度分别为 ρ 和 ρ^* 的不同液柱的高度 H 和 H^* 表示压强差，换算关系为 $H^* = H\rho/\rho^*$。

2.2.2　流体静力学基本方程的应用

流体静力学基本方程的实际应用十分广泛，比如基于帕斯卡定律，可设计制造出液压机。如图 2.3 所示，小、大柱塞的面积分别为 A_1、A_2，活塞上的作用力分别为 F_1、F_2。根据帕斯卡定律，密闭液体压强各处相等，即有 $F_2/A_2 = F_1/A_1 = p$，$F_2 = F_1(A_2/A_1)$，$A_2 > A_1$，则有 $F_2 > F_1$，表示力增大了。

流体静力学基本方程的另一个广泛的应用就是压强与压强差的测量。测量压强与压强差的仪器称为测压仪。常用的测压仪有两类。一类是机械式压力表，主要是利用压强使弹簧变形，从而带动指针测得压强值，如图 2.4 所示。

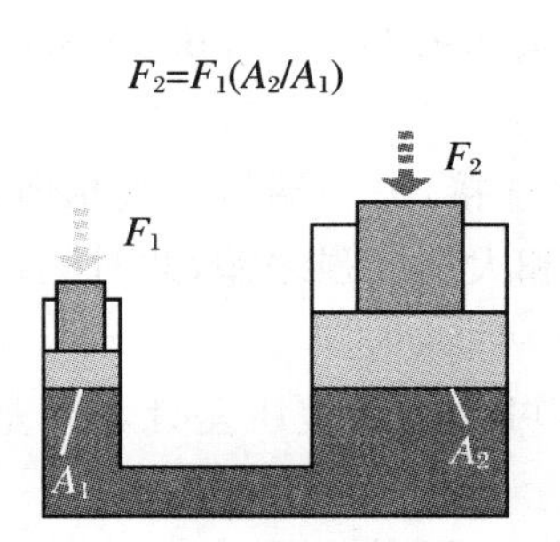

图 2.3　液压机原理

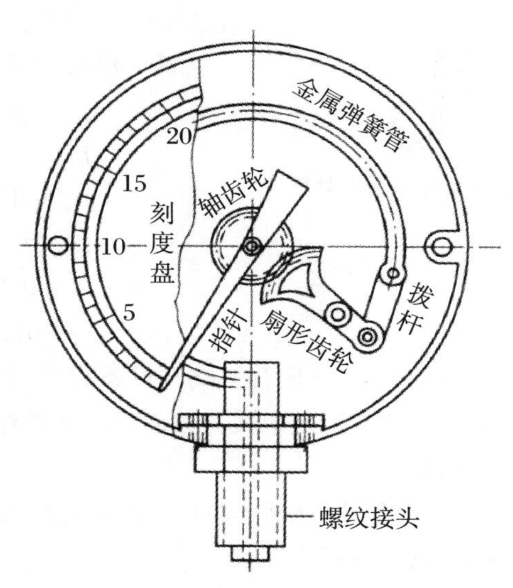

图 2.4　机械式压力表

另一类测压仪，是以静力学基本方程为依据设计的测压仪，即液柱压差计。典型的液柱压差计是 U 形管压差计。U 形管压差计的结构为一根 U 形玻璃管，内装与被测液体不互溶的指示液，且指示液密度要大于被测流体密度。如图 2.5 所示，用 U 形管压差计测量管道中 1 与 2 两截面处流体的压强差时，可将 U 形管两端分别与 1 及 2 相连通，若 p_1不等于 p_2，U 形管两侧指示液将出现高度差 R。若指示液密度与被测流体密度为 $\rho_A>\rho_B$，根据流体静力学基本方程，有

$$p_a = p_{a'}$$

图 2.5　U 形管压差计

因

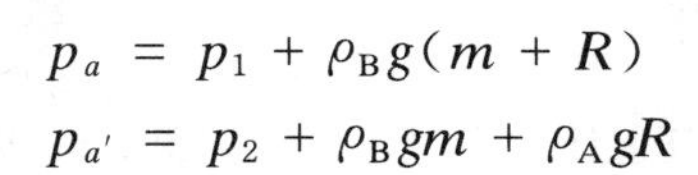

$$p_a = p_1 + \rho_B g(m + R)$$

$$p_{a'} = p_2 + \rho_B gm + \rho_A gR$$

所以有

$$p_1 + \rho_B g(m + R) = p_2 + \rho_B gm + \rho_A gR$$

化简可得

$$\Delta p = p_1 - p_2 = (\rho_A - \rho_B)gR$$

若被测流体为气体，则有

$$\rho_A - \rho_B \approx \rho_A$$

$$\Delta p = p_1 - p_2 \approx \rho_A gR$$

因此使用 U 形管压差计，根据所测得的 U 形管两侧指示液的高度差 R，结合指示液与被测液体的密度就可得出所测的压强差。

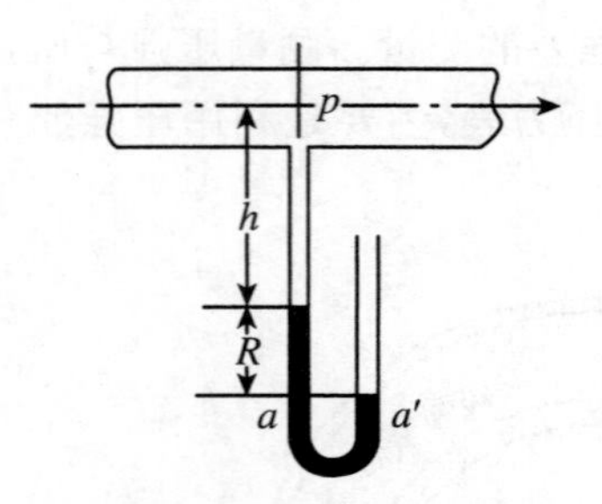

图 2.6　U形管压差计计算

例 2.2　如图 2.6 所示，水在管道内流动，在管道某一截面处连接一 U 形管压差计，指示液为汞，读数 $R=200$ mm，$h=1000$ mm，当地大气压强为 101.33 kPa，试求流体在该截面处的压强。取 $\rho_水=1000\ \text{kg}\cdot\text{m}^{-3}$，$\rho_汞=13600\ \text{kg}\cdot\text{m}^{-3}$。

解　根据 U 形管压差计的测量原理以及相关数据，有

$$p_a=p_{a'}$$

$$p_a=p+\rho_水 gh+\rho_汞 gR$$

$$p_{a'}=101.33\ \text{kPa}$$

$$\begin{aligned}p&=p_a-\rho_水 gh-\rho_汞 gR\\&=101330-1000\times9.8\times1-13600\times9.8\times0.2\\&=64874(\text{Pa})\end{aligned}$$

由例 2.2 可知，若 U 形管一端与设备或管道某一截面连接，另一端与大气相通，这时读数 R 反映的是设备或管道中某一截面处流体的绝对压强和大气压强之差，此时测得的就是流体的表压或真空度。

若所测压强差很小，为提高 U 形管压差计的灵敏度，可使用微差压差计。微差压差计如图 2.7 所示，其结构特点是：

(1) 微差压差计内装两种密度相近且不互溶的指示液，两种指示液与待测流体均不互溶。

(2) U 形管两端侧臂顶端各增设一个扩大室，俗称“水库”。扩大室的内径与 U 形管内径之比应大于 10。

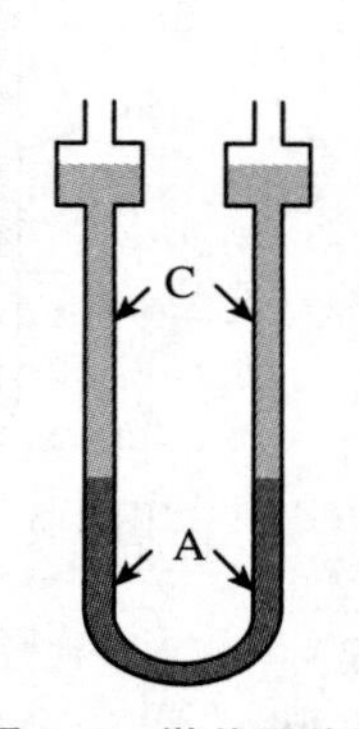

图 2.7　微差压差计

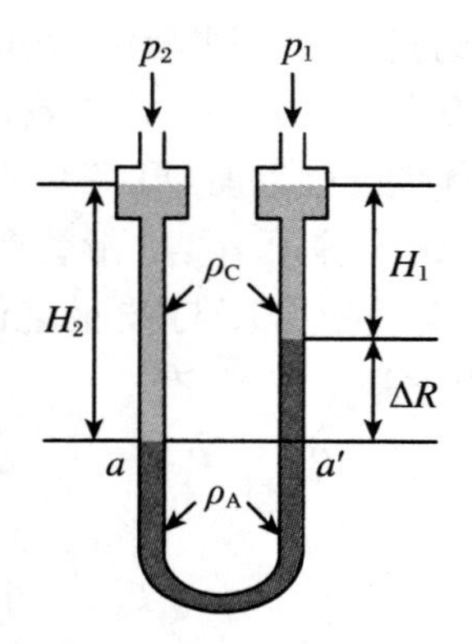

图 2.8　微差压差计原理

使用微差压差计时，当测压点压差不相等时，U 形管内密度较大的指示液 A 出现高度差 ΔR。但由于扩大室截面积相对较大，两扩大室内密度较小的指示液 C 的液面变化很微小，可认为维持等高，如图 2.8 所示。根据流体静力学基本方程，则有

$$p_a=p_2+\rho_C gH_2$$

$$p_{a'}=p_1+\rho_C gH_1+\rho_A g\Delta R$$

$$p_2+\rho_C gH_2=p_1+\rho_C gH_1+\rho_A g\Delta R$$

$$p_2-p_1=\rho_C g(H_1-H_2)+\rho_A g\Delta R$$

最终可得

$$\Delta p = (\rho_A - \rho_C) g \Delta R$$

因为两种指示液A、C密度相近，所以在Δp较小时，微差压差计可以获得相对较大的ΔR，从而提高了压差计的灵敏度。

除了上述应用外，流体静力学基本方程还有其他很多实际应用。例如，如图2.9所示基于连通器原理的装置，可用于测量容器内液体液位，以了解容器内液体的贮存量或控制设备内的液面。为了防止气体泄露，可采用液封的方法。基于流体静力学基本方程，可计算液封所需高度。如图2.10所示，已知密闭容器内气体的表压为p，则水封高度h应满足

$$p = h\rho_{水} g$$

即$h = p/(\rho_{水} g)$。

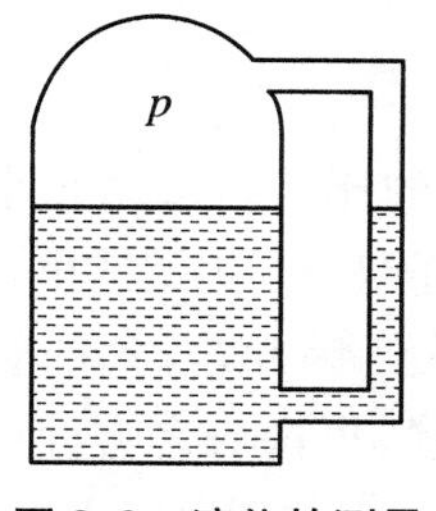

图2.9 液位的测量

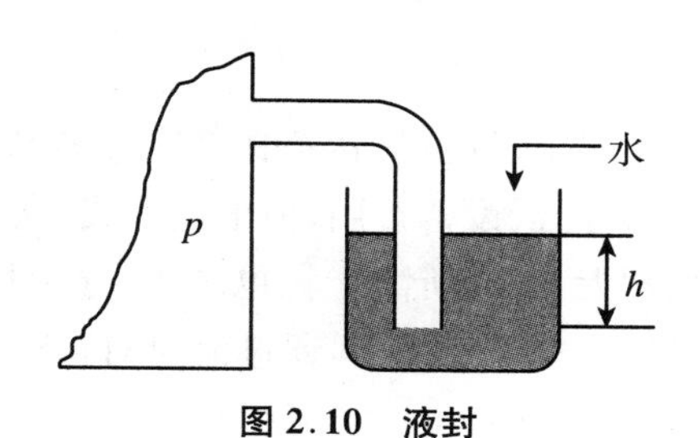

图2.10 液封

2.3 流体流动的基本方程式

2.3.1 流量与流速

流体在管路中流动时，单位时间内流体流过管道的量称为流量，包括质量流量和体积流量。

质量流量(q_m)，指单位时间内流过导管横截面的流体的质量，SI单位为$kg \cdot s^{-1}$。体积流量(q_V)，指单位时间内流过导管任一横截面的流体的体积，SI单位为$m^3 \cdot s^{-1}$。使用时要注意区分。

对于密度为ρ的流体，其质量流量和体积流量彼此之间的关系为

$$q_m = q_V \times \rho$$

流体在管路中流动时，单位时间内流体在流动方向上所通过的距离称为流速(u)，SI单位为$m \cdot s^{-1}$。需要认识到的是，对于充满圆形管路连续流动的实际流体，由于黏性，管路某一截面上各点流体的流速是不一致的。管路管中央处流体的流速最大，而紧附管壁的流体流速等于零。通常所指的流速是同一截面上各点流体流速的平均。

流体的流量与流速的关系为

$$u = \frac{q_V}{A} = \frac{q_m}{\rho A}$$

式中，A为与流动方向垂直的管路截面积，单位为m^2。

若管路为圆形管路，则

$$A = \frac{\pi}{4} \cdot d^2$$

式中 d 为管路内径，单位为 m。从而可得

$$u = \frac{4q_V}{\pi d^2} = \frac{4q_m}{\rho \pi d^2}$$

由此可知，在流量保持不变时，圆形管路中流动的流体的流速与管径的平方成反比，即有

$$d = \sqrt{\frac{4q_V}{\pi u}}$$

对于不同管径 d_1、d_2 的两条管路，则有

$$\frac{u_1}{u_2} = \frac{d_2^2}{d_1^2}$$

流体输送过程中，管路材料费在全部设备费用中占相当的比重。选用较小管径固然可以减少管路材料，降低设备费用，但根据上式，在流量一定的条件下，管径越小，流速越快，流动阻力也随之增大，流动所需能耗也越大，导致操作费用增大。因此，合理的管径需综合多方面因素来确定。一般条件下，通过流速对管径进行初步选择，再进行多方面的评价来确定实用的管径。

管材有一定的规格，工程上用公称直径 DN 来表示。公称直径是各种管子与管路附件的通用口径。同一公称直径的管子与管路附件均能相互连接，具有互换性。但公称直径不是实际意义上的管道外径或内径，不同管材的公称直径所对应的实际管径可查找相关的手册和资料确定。为了便于阅读，本书采用$\varnothing A \times B \times C$ 的方式来表示管材的尺寸，A、B、C 分别表示管材的实际外径、壁厚、长度，这样管材的内径即为

$$d_{内} = A - 2B$$

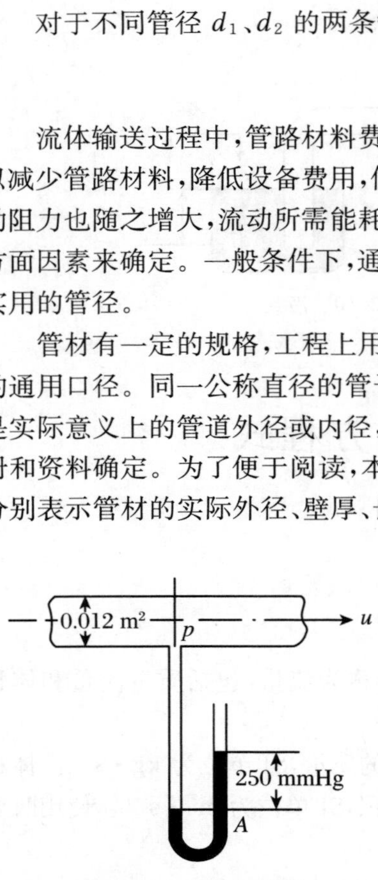

例 2.3 如图 2.11 所示，钢管截面积为 0.012 m²，空气以 10 m·s⁻¹的流速在管内流动，平均温度 50 ℃，压强为 250 mmHg（表压），U 形管压差计一端通大气，大气压强 101.3 kPa。求管内空气的体积流量和质量流量。

图 2.11 流量与流速

解 空气的体积流量

$$q_V = uA = 0.12(\mathrm{m^3 \cdot s^{-1}})$$

空气的质量流量

$$q_m = q_V \times \rho$$

有

$$\rho = \frac{pM}{RT}$$

$$T = 273 + 50 = 323(\mathrm{K})$$

$$M_{空气} = 29 \times 10^{-3}(\mathrm{kg \cdot mol^{-1}})$$

$$250\ \mathrm{mmHg} = 250 \times 101.3/760 = 33.3(\mathrm{kPa})（表压）$$

$$\rho_{空气} \ll \rho_{汞}$$

$$p = p_0 + p_{汞柱} = 101.3\ \mathrm{kPa} + 33.3\ \mathrm{kPa} = 134.6\ \mathrm{kPa} = 134.6 \times 10^3\ \mathrm{Pa}$$

代入可得 $\rho = 1.45\ \mathrm{kg \cdot m^{-3}}$，则有

$$q_m = q_V \times \rho = 0.174(\text{kg} \cdot \text{s}^{-1})$$

2.3.2 定态流动与非定态流动

流体流动系统中,管道任一截面上,流体各有关物理量(流速、压强、密度、黏度等)不随时间而改变,这种流动方式称为定态流动。定态流动系统中与流动有关的物理量只与位置有关。如图2.12所示的恒位槽,液体流动时,槽中液体液位恒定,流速不随时间而改变。连续操作的化工生产中的大多数流体流动属于定态流动。

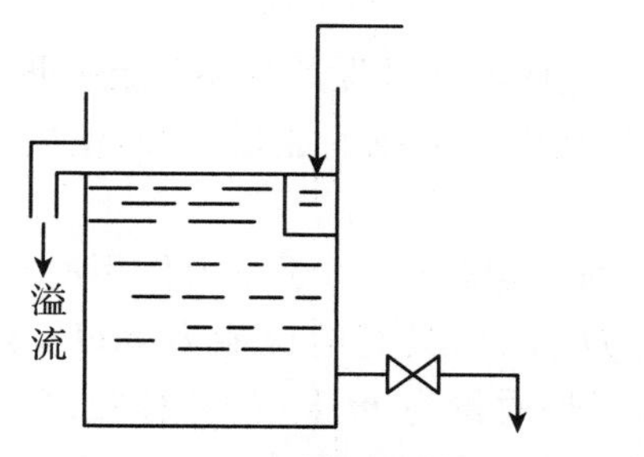

图2.12 恒位槽的定态流动

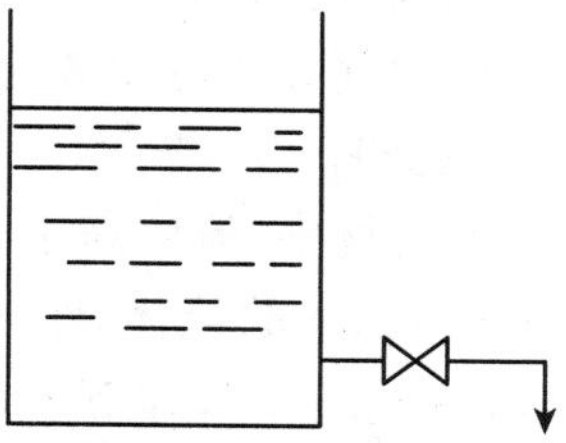

图2.13 普通水槽的非定态流动

若流动过程中任一截面上的相关物理量随时间而改变,这种流动称为非定态流动。如图2.13所示的普通水槽,液体流动时,槽中液位、流速和流量都随时间而递减。间歇操作的化工生产中许多流体流动情况属于非定态流动。对于非定态流动,若物理量随时间量规律性改变,可用微分方程求解;若无规律,则凭经验处理。

定态流动和非定态流动的根本区别在于流体流动过程中的物理量是否随时间而变化。

2.3.3 流体定态流动的物料衡算——连续性方程

充满管路的流体做定态流动时,根据质量守恒定律,单位时间通过管路各截面的流体质量应相等。如图2.14所示,对直径变化的管路做物料衡算,以截面1与2为衡算范围,则有

物料输入量 = 输出量 + 累积量

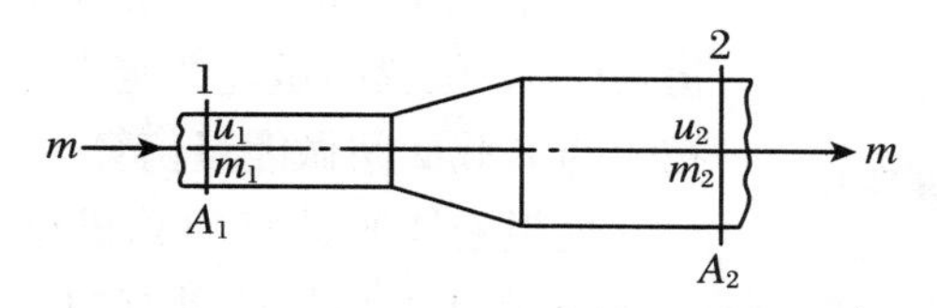

图2.14 流体流动的物料衡算

对于连续定态流动系统,累积量为0,输入量=输出量,则有

$$m_1 = m_2 = m \tag{2.2}$$

此关系即为表示流体定态流动物料衡算关系的连续性方程。对于相同的单位时间,连续性方程也可写成

$$q_{m_1} = q_{m_2} \tag{2.3}$$

或

$$A_1 u_1 \rho_1 = A_2 u_2 \rho_2 \tag{2.4}$$

对不可压缩的流体,上式成为 $A_1 u_1 = A_2 u_2$,即

$$q_{V_1} = q_{V_2}$$

如管路为圆管,则有

$$\frac{u_1}{u_2} = \frac{d_2^2}{d_1^2}$$

2.3.4　流体定态流动的能量衡算——伯努利方程

流体流动过程的实质是能量的转化过程。流体流动过程具有以下能量形式:

(1) 内能。流体内部分子运动和分子间相互作用形成的能量总和,主要决定于流体的温度,压力影响可以忽略。

(2) 位能。在重力场中,流体高于某基准面一定距离,由于重力作用所具有的能量(类似于势能)。质量为 m kg 的流体,距基准面 H 高处,具有的位能为 mgH,SI 单位为焦耳(J),基本单位为 $m^2 \cdot kg \cdot s^{-2}$,即 N · m。等于将质量为 m kg 的流体提高到 H 所需的能量,换言之,流体因处于 H 高度而能向基准面所做的功为 mgH。

(3) 动能。流体因流动而具有的能量。质量为 m kg 的流体,以速度 u 流动时,具有的动能为 $mu^2/2$,SI 单位为焦耳(J)。

(4) 静压能。是流体处于静压强 p 下所具有的能量,等于流体在流动过程中对抗压力所做的功,其总值等于 pV。对于质量为 m kg 的流体,其体积 V 为 m/ρ,所具有的静压能即为 pm/ρ,SI 单位为焦耳(J)。

流体具有的能量形式中,位能、动能、静压能统称为流体的机械能。流体流动过程中,不同形式的机械能相互间可以转化,转化遵循能量守恒定律。

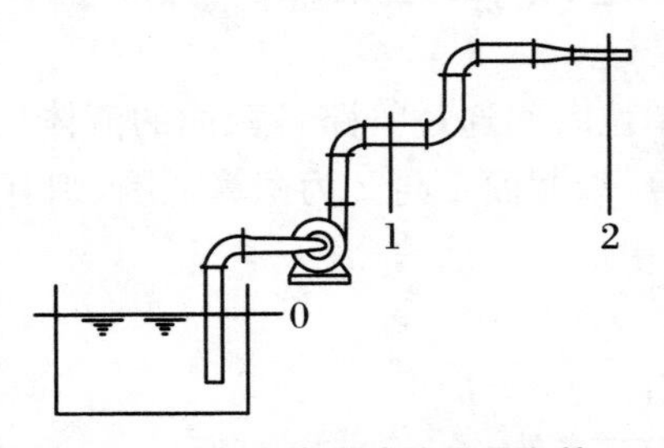

图 2.15　流体流动的能量衡算

首先以理想液体来推导机械能转化的规律。理想液体的特征是没有黏度,流动时没有阻力,且密度不随压力而变化。因此,理想液体在流动时没有内能的变化,而只有机械能间的转化。

如图 2.15 所示,质量为 m kg 的理想液体充满管道,在 1、2 位置间做连续定态流动。以 0 位置为基准面,在 1 与 2 截面间做能量衡算。

理想液体所具有的总机械能 E 为当时条件下该液体的位能、动能、静压能的总和,则理想液体在 1、2 位置所具有的总机械能分别为

$$E_1 = mgH_1 + m\frac{u_1^2}{2} + m\frac{p_1}{\rho}$$

$$E_2 = mgH_2 + m\frac{u_2^2}{2} + m\frac{p_2}{\rho}$$

1、2 两位置间没有外界能量输入,液体也没有向外界做功,根据能量守恒定律,得

$$E_1 = E_2$$

$$mgH_1 + m\frac{u_1^2}{2} + m\frac{p_1}{\rho} = mgH_2 + m\frac{u_2^2}{2} + m\frac{p_2}{\rho}$$

等式两边同时除以 mg,可得

$$H_1+\frac{u_1^2}{2g}+\frac{p_1}{\rho g}=H_2+\frac{u_2^2}{2g}+\frac{p_2}{\rho g}\tag{2.5}$$

此关系式即为表示理想流体定态流动能量衡算关系的伯努利方程。

方程中的 H、$u^2/(2g)$、$p/(\rho g)$分别表示每重力单位(即1 N)流体所具有的各种形式的能量,其单位均为m,实际上更准确的理解应该是米液柱,即1 N流体所具有的机械能可以把它自身从基准水平面升举的高度。如 $p/(\rho g)$是指每牛顿流体因处于 p 压力下而能克服其重力向外做功的能力。因 $p/(\rho g)=h$,则该项能量能将1 N该流体克服重力提升到的高度为 h。

工程上将每牛顿流体所具有的各种形式的能量称为压头。H 称为位压头,$u^2/(2g)$称为动压头,$p/(\rho g)$称为静压头。

当系统中有外界能量输入时,如图2.15所示,在0、1位置间进行能量衡算,则因有泵对流体施加能量,伯努利方程变为

$$H_0+\frac{u_0^2}{2g}+\frac{p_0}{\rho g}+H_e=H_1+\frac{u_1^2}{2g}+\frac{p_1}{\rho g}$$

式中,H_e 为泵供给的外加能量,SI单位为m,称为外加压头或有效压头。

实际流体流动时存在流动摩擦阻力,如图2.15所示,考虑实际流体在0、1位置间的能量衡算,伯努利方程变为

$$H_0+\frac{u_0^2}{2g}+\frac{p_0}{\rho g}+H_e=H_1+\frac{u_1^2}{2g}+\frac{p_1}{\rho g}+H_f\tag{2.6}$$

式中,H_f为流体流动时因摩擦阻力而消耗的能量,SI单位为m,称为损耗压头或压头损失。

式(2.6)称为实际流体流动的伯努利方程。

流体输送所需功率即单位时间耗用的能量,可按下式求算:

$$P_e=q_m gH_e=q_V\rho gH_e$$

$$P_a=P_e/\eta=q_m gH_e/\eta=q_V\rho gH_e/\eta$$

式中,P_a、P_e分别为实际功率和理论功率,SI单位均为瓦特($W,J\cdot s^{-1}$);η 为输送设备的效率。

伯努利方程遵循能量守恒定律,表达的物理意义为:

(1) 理想流体在管路中做定态流动时,管路任一截面的总能量或总压头为一常数。

(2) 能量在不同形式间可以相互转化,当某一形式压头的数值发生变化时,将相应地引起其他压头的数值变化。

2.4　伯努利方程的应用

伯努利方程遵循能量守恒定律,在运用伯努利方程进行能量衡算时,选取合适的衡算范围和衡算基准,可以使问题简化。

2.4.1　确定衡算范围

衡算范围的确定,即衡算截面的选择可以是任意的,但需要注意以下4个原则:

(1) 选取的两截面间流体要做连续定态流动。

(2) 选取的截面必须与流体流动方向垂直。

(3) 所要求取的物理量必须在两截面间或两截面上。

(4) 通常选取管路进出口两端来列伯努利方程,以方便计算。

2.4.2 选取衡算基准

衡算基准的选取包括选取基础水平面和统一压强基准。

伯努利方程中位压头的数值涉及基准水平面的位置,基准水平面可任意选取,但要遵循以下原则:

(1) 基准水平面应与地平面平行,或以地平面为基准水平面。

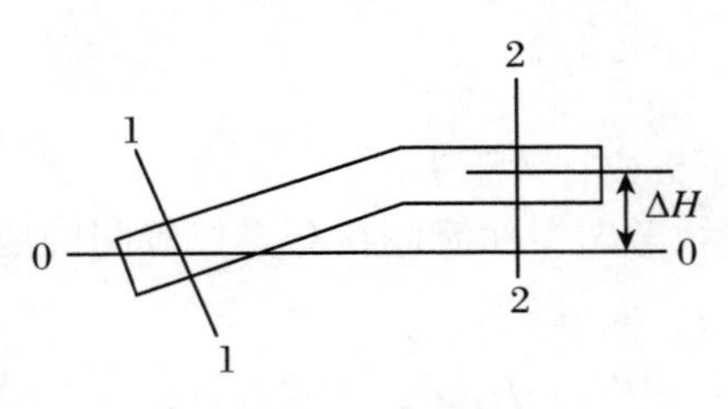

图 2.16 斜管基准水平面

(2) 基准水平面选定后,基准面上方位压头数值大于 0,下方位压头数值为负值。

(3) 对垂直管,可直接选截面为基准水平面,斜管则可选截面的水平中心线为基准水平面,如图 2.16 所示。

伯努利方程中静压头的压强,可以为绝对压强,也可以用表压或真空度来表示,但方程两边位压头涉及的压强基准必须一致。如用表压或真空度表示压强,还要注意静压头前符号的正负。

运用伯努利方程计算时,方程中所有物理量的单位应统一到 SI 制。

2.4.3 伯努利方程的化简

运用伯努利方程时,为了使问题进一步简化和减少计算,下面几种情况可以将方程进行化简:

(1) 对于水平直管,若取水平直管的中心线为基准水平面,则位压头不变,可省去不计。

(2) 流量不变,管路直径始终相等时,流速保持不变,动压头可省去不计。

(3) 对大的贮槽液面,取贮槽液面为衡算位置,贮槽液面下降极慢,液面下降流速可看作为 0,则动压头为 0。同理,如从海洋中抽水,取海平面为衡算位置,动压头可看作 0。

(4) 若两衡算截面与大气相通,则有衡算截面的压强为当地大气压,静压头相等可省去不计。

(5) 在两衡算截面间无泵或其他流体输送机械时,外加有效压头 H_e为 0。

(6) 当两截面间距离很近或流体流速很小时,阻力损失压头可不考虑。

2.4.4 伯努利方程应用举例

例 2.4 如图 2.17 所示,为一从∅200 mm 均匀缩小为∅100 mm 的导管,管中流经 30 ℃的甲烷(非标况),其流量为 1700 $m^3 \cdot h^{-1}$,连接在导管缩小之前宽大部分的开口 U 形管压差计指示计读数为 40 mm 水柱。如果阻力损失可以忽略，以同样的压差计连接在导管狭小部分，试求其所指示的压强差。

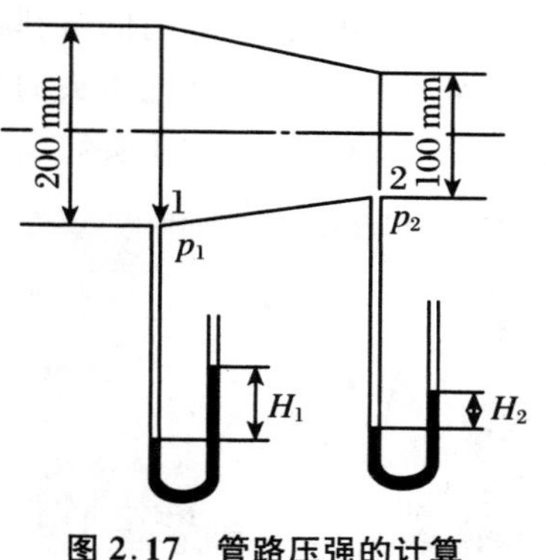

图 2.17　管路压强的计算

解　取水平导管中心线为基准水平面，阻力不计，管路中无泵，则伯努利方程可简化为

$$\frac{u_1^2}{2g}+\frac{p_1}{\rho g}=\frac{u_2^2}{2g}+\frac{p_2}{\rho g}$$

其中

$$u_1=\frac{4q_V}{\pi d_1^2}=15.04(\mathrm{m\cdot s^{-1}})$$

$$u_2=u_1\left(\frac{d_1}{d_2}\right)^2=60.16(\mathrm{m\cdot s^{-1}})$$

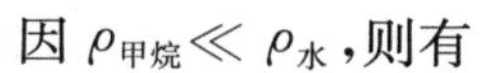

因 $\rho_{甲烷}\ll\rho_{水}$，则有

$$p_1=\rho_{水}gH_1+p_0=1000\times9.8\times0.04+101325=101717(\mathrm{Pa})$$

计算非标况下甲烷密度：

$$\rho=\frac{pM}{RT}=\frac{p_1\times16\times10^{-3}}{8.314\times303}=0.646(\mathrm{kg\cdot m^{-3}})$$

将 u_1、u_2、p_1、ρ 代入伯努利方程中，可得 $p_2=100621$ Pa，则

$$H_2=\frac{p_2-p_0}{\rho_{水}g}=-0.072\ \mathrm{m}=-72\ \mathrm{mm}$$

即压差计所示压强差为 72 mm 水液柱（真空度）。

例 2.5　如图 2.18 所示，水以 7 $\mathrm{m^3\cdot h^{-1}}$的流量流过文丘里管，在喉管处接一支管与下部水槽相通，喉管中心处与水槽液面距离为 3 m。已知截面 1 处内径为 50 mm，压强为 0.02 MPa（表压），喉管内径为 15 mm，大气压强 p_0 为 101325 Pa。设流动无阻力损失，试判断图中垂直支管中水的流向。

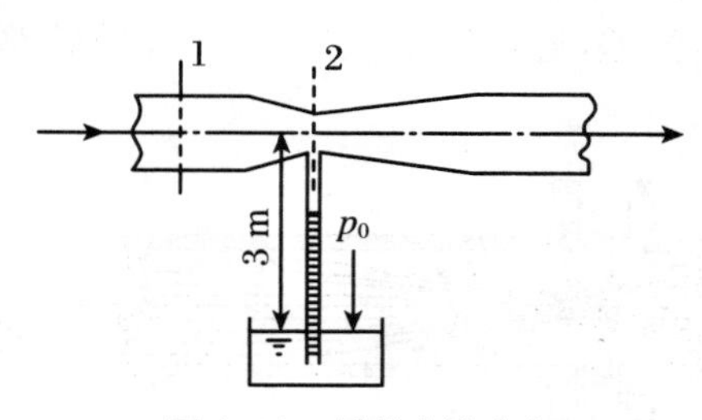

图 2.18　判断水流方向

解　对于水平文丘里管，在 1 和 2 间列伯努利方程：

$$\frac{u_1^2}{2g}+\frac{p_1}{\rho g}=\frac{u_2^2}{2g}+\frac{p_2}{\rho g}$$

其中

$$u_1=\frac{4q_V}{\pi d_1^2}=0.99(\mathrm{m\cdot s^{-1}})$$

$$u_2=u_1\left(\frac{d_1}{d_2}\right)^2=11(\mathrm{m\cdot s^{-1}})$$

$$p_1=p_0+0.02\times10^6=121325(\mathrm{Pa})$$

将以上数据代入伯努利方程，可得

$$p_2=61315(\mathrm{Pa})$$

$$p_2+\rho gH=90715(\mathrm{Pa})<p_0$$

所以可判断水向上流动。

上述例题表明，运用伯努利方程能计算不同压头间的相互转化，当某一形式压头发生变化时，将相应地引起其他压头的变化。因此工程上可以用伯努利方程来计算流体的流速或流量、流体输送所需的压头和功率等有关流体流动方面的问题。

图 2.19　杜甫塑像

此外，日常生活中很多有关流体流动的现象也可以用伯努利方程来解释。如图 2.19 所示，我国唐代伟大现实主义诗人杜甫的《茅屋为秋风所破歌》中有诗句："八月秋高风怒号，卷我屋上三重茅"，这是因为刮风时，屋面上方空气流速快，而下方空气流速慢，根据伯努利方程，屋面下方动压头小，静压头大，即屋面下方空气压力大于上方空气压力，当空气流速超过一定程度，这个压力差就掀起了屋顶茅草。

2.4.5　流体流量的测量

利用伯努利方程表述的流体动力学原理，还可以设计制造出测量流体流量的仪表，主要有孔板流量计、文氏流量计和转子流量计。

1. 孔板流量计

如图 2.20 所示，孔板流量计的结构为一片中央开有圆孔的金属板，孔板前、后有测压孔，连接测压装置如液柱压差计。

图 2.21 显示了孔板流量计的测量原理，当流体通过孔口时，因截面积骤然缩小导致流速增大，动压头增大，静压头减小，管路与孔口处产生压强差，通过测量压强差，可反映管路中流体流量的变化。

图 2.20　孔板流量计

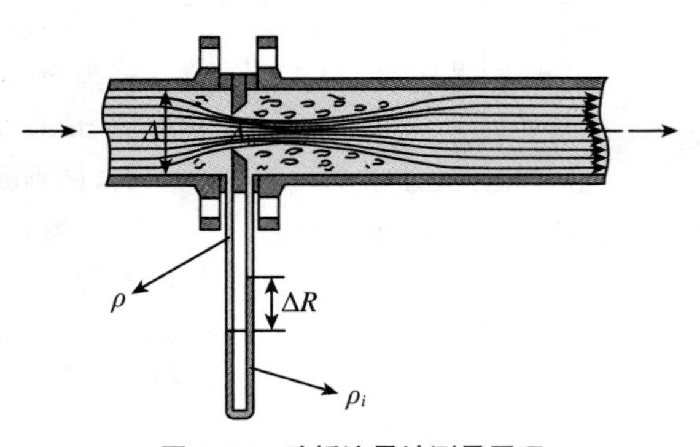

图 2.21　孔板流量计测量原理

流体密度 ρ 不变，水平管道中流体通过孔板时，根据伯努利方程，有

$$H + \frac{p}{\rho g} + \frac{u^2}{2g} = H_0 + \frac{p_0}{\rho g} + \frac{u_0^2}{2g}$$

$$H = H_0$$

$$u_0^2 - u^2 = \frac{2(p - p_0)}{\rho}$$

式中，u_0 为流体通过孔板时的流速，单位 $m \cdot s^{-1}$；u 为流体在管道中的流速，单位 $m \cdot s^{-1}$；p_0 为流体通过孔板时的压强，单位 Pa；p 为流体在管道中的静压强，单位 Pa。

对于定态流动，根据连续性方程，则有

$$u = u_0 \frac{A_0}{A}$$

即

$$u_0 = \sqrt{2\left(\frac{p - p_0}{\rho}\right) \Big/ \left[1 - \left(\frac{A_0}{A}\right)^2\right]}$$

对于实际流体而言，有流动阻力引起的压头损失，孔板处突然收缩造成的扰动，以及孔板与导管间装配带来的误差。将这些影响归纳为一个名为孔板流量系数 c_0 的校正系数，对所测的流速加以校正，则得

$$u_0 = c_0 \sqrt{2\left(\frac{p - p_0}{\rho}\right)}$$

c_0 值需由实验或经验确定，一般情况下取 0.6～0.7。

若液柱压力计读数为 ΔR，指示液密度为 ρ_i，则有

$$p - p_0 = (\rho_i - \rho) g \Delta R$$

代入前式，有

$$u_0 = c_0 \sqrt{\frac{2g\Delta R(\rho_i - \rho)}{\rho}}$$

进一步可得流量公式：

$$q_V = A_0 c_0 \sqrt{\frac{2g\Delta R(\rho_i - \rho)}{\rho}}$$

通过实验测定流量与 ΔR 的变化关系，可整理绘出 $q_V - \Delta R$ 坐标图，称为"孔板流量计工作曲线"。

2．文氏流量计

文氏流量计的结构如图 2.22 所示，主要由文丘里管、测压孔和测压仪构成。文丘里管因由意大利物理学家 G. B. 文丘里发明而得名，是一种由等直径入口段、收缩段、等直径喉道和扩散段组成的短管。

文氏流量计是孔板流量计的改进。孔板流量计因管径突然减小，压头损耗大，使用文丘里管可减小测量时的压头损失。

图 2.22　文氏流量计

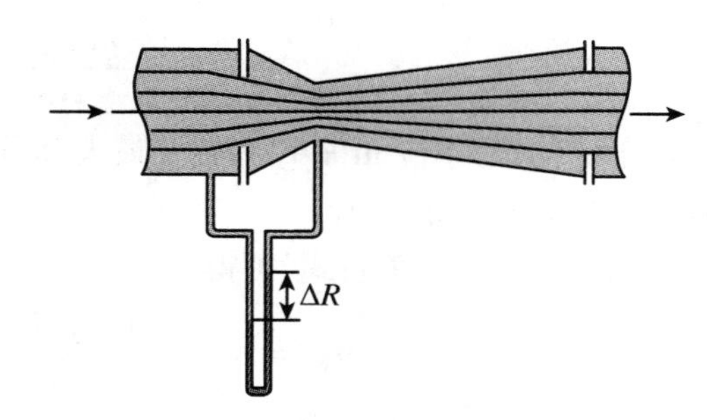

图 2.23　文氏流量计原理

文氏流量计测量流量的原理与孔板流量计相同。如图 2.23 所示，根据伯努利方程和连续性方程，可得

$$u_0 = C_V\sqrt{\frac{2g\Delta R(\rho_i - \rho)}{\rho}}$$

其中，文氏流量计流量系数 C_V 与众多因素有关，当孔径与管径之比在 $\frac{1}{3}\sim\frac{1}{2}$ 范围内时，C_V 值可取 0.98～1.0。

3. 转子流量计

转子流量计的结构如图 2.24 所示，外管为有刻度的上粗下细的垂直圆锥形玻璃管，内装有金属或其他材料制成的转子（浮子）。

如图 2.25 所示，转子流量计使用时，转子在管内上浮，转子上沿横截面变大，流体通过管壁与转子之间的环隙减小，因此 $u_1 < u_2$，$p_1 > p_2$，使转子产生垂直向上的压强差 $\Delta p = p_1 - p_2$。

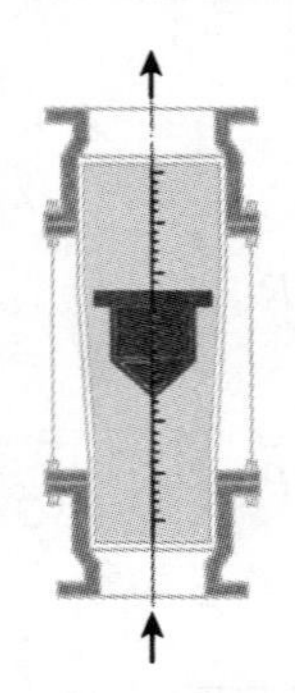

图 2.24　转子流量计

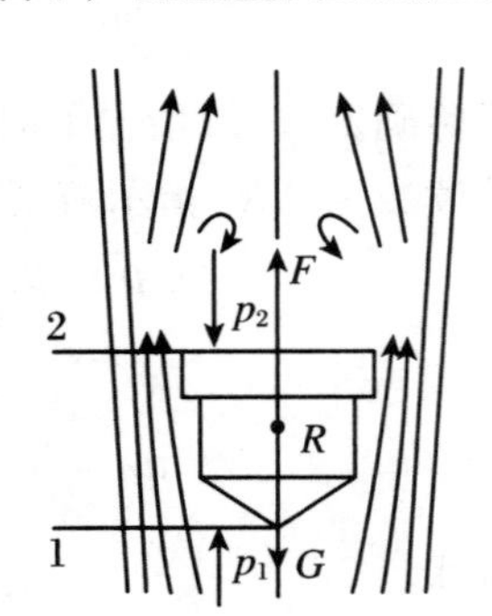

图 2.25　转子流量计原理

与孔板流量计类似，通过伯努利方程可推导出流速与 Δp 的关系：

$$u_R = c_R\sqrt{\frac{2\Delta p}{\rho}}$$

式中，c_R 为校正系数，与流体流动形态、转子形状等因素有关。

当转子受力平衡时，则有

$$压力差 + 流体浮力 = 转子重力$$

即有

$$\Delta p \cdot A_R = V_R\rho_R g - V_R\rho g$$

可得

$$\Delta p = \frac{V_R g(\rho_R - \rho)}{A_R}$$

式中，V_R 为转子的体积，单位 m^3；A_R 为转子最大部分横截面积，单位 m^2；ρ_R、ρ 分别为转子和所测流体的密度，单位 $kg \cdot m^{-3}$。

将上式代入流速与 Δp 关系式，可得

$$u_R = c_R\sqrt{\frac{2V_R g(\rho_R - \rho)}{A_R\rho}}$$

$$q_V = c_R a_R\sqrt{\frac{2V_R g(\rho_R - \rho)}{A_R\rho}}$$

式中，a_R 为环隙面积，为转子处于平衡位置时锥管截面和转子最大截面之差，单位为 m^2。

对特定的流体和转子而言，V_R、A_R、ρ_R、ρ 均为定值，流量与 a_R 成正比。转子横截面积

不变，流体的流量越大，转子在锥管中上升的位置越高，环隙面积越大。

转子流量计在出厂前，锥管不同截面位置所示流量刻度是用 20 ℃的水或 20 ℃、1 个大气压下的空气进行标定的。当使用转子流量计所测流体与上述标定用流体不同时，流量计刻度须做换算。根据上式可知，在 c_R、a_R不变的条件下，有

$$\frac{q_{V,b}}{q_{V,a}} = \sqrt{\frac{\rho_a(\rho_R - \rho_b)}{\rho_b(\rho_R - \rho_a)}}$$

式中，$q_{V,a}$为锥管刻度所示流量；ρ_a 为标定刻度用流体密度，即 20 ℃的水或 20 ℃、1 个大气压下空气的密度；$q_{V,b}$为实测流体流量；ρ_b 为实测流体密度。

以上三种流量计中，孔板和文氏流量计减小管道截面的节流口面积不变，压强差随流量发生变化，通过压差计读数来反映流量；而转子流量计节流口压强差恒定，节流口位置和面积随流量变化，通过节流口面积的变化来反映流量的大小。因此孔板和文氏流量计为差压流量计，而转子流量计为变截面流量计。

2.5　实际流体流动

不同于理想流体，实际流体具有黏度，流体分子间有吸引力，流体流动时存在内摩擦力，产生阻力。实际流体在流过固体壁面时，由于黏度，流体对壁面有附着力，将在壁面上黏附一层静止的流体。壁面上静止的流体层对其邻近的流体层的流动起约束作用，产生阻力，阻碍流体的流动。此外，流体流动过程中可能发生流向突然改变，管路中存在的管件、阀门产生涡流和搅动，也会造成能量的损失。

2.5.1　牛顿黏性定律与流体黏度

流体处于运动状态下，具有一种抗拒流体向前运动的特性，称为黏性。黏性是流动性的反面，是流体内摩擦力的表现。流体的内摩擦力是指流体内部相邻的两流体层间的相互作用力，又称为流体的黏滞力或黏性摩擦力。内摩擦力是实际流体流动阻力产生的根据，流体流动须克服内摩擦力而做功。

如图 2.26 所示，相邻的两层流体层之间的接触面积为 A，层间距离为 $\Delta\delta$。对上层流体层施加一个恒定的力 F，则流体层以恒定速度 u 沿 x 方向运动。

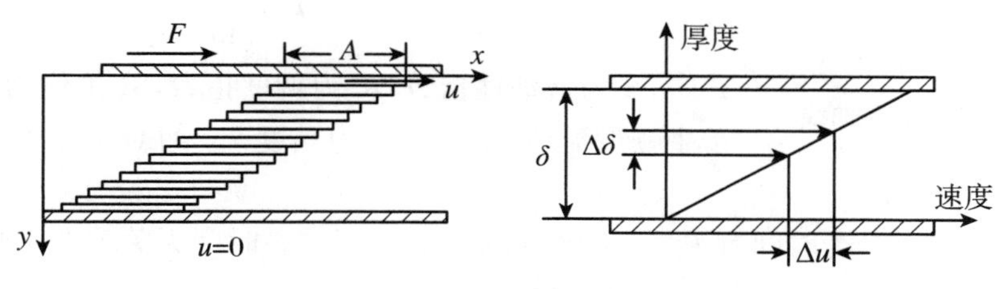

图 2.26　牛顿黏性定律

由于流体黏性的作用，与该流体层接触的下层流体层黏附于该层上，并随之一起运动。

各层流体的速度沿垂直流体层的方向向下逐层递减，直至速度为 0。实验证明，对于多数流体，任意相邻的两流体层之间所作用的力 F 与两流体层的速度差 Δu 及接触面积 A 成正比，与两流体层间的垂直距离 $\Delta\delta$ 成反比，即有

$$F = \mu A \frac{\Delta u}{\Delta \delta}$$

当 $\Delta\delta \to 0$ 时，则有

$$F = \mu A \frac{\mathrm{d}u}{\mathrm{d}\delta}, \quad \tau = \mu \frac{\mathrm{d}u}{\mathrm{d}\delta} \tag{2.7}$$

上式称为牛顿黏性定律。式中，τ 为剪应力，SI 单位为 Pa($\mathrm{N \cdot m^{-2}}$)；μ 为流体的黏度，SI 单位为 Pa·s，CGS 单位为泊(P)或厘泊(cP)。两种单位制黏度单位的换算关系是

$$1\ \mathrm{Pa \cdot s} = 10\ \mathrm{P} = 1000\ \mathrm{cP}$$

黏度又称黏性系数，是使流体产生单位速度梯度的剪应力，是反映流体流动时产生内摩擦力大小的一个参数。黏度是流体重要的物理性质参数之一，是流体内部摩擦力的表现，是流动性的反面，流体黏度越大，流体的流动性越小。不同流体具有不同的黏度，主要通过实验测定，大多数纯物质的黏度可以从手册和资料中查询到。

流体的黏度会随温度和压强改变而变化。液体的黏度受压强的影响很小，但随温度的升高而显著降低。这是因为液体的内摩擦力主要是由分子间的引力所产生，温度升高，液体体积膨胀，分子间距离增大，吸引力减小，黏度降低。而对于气体则不同，气体的黏度随温度升高而增大，因为温度升高，气体分子运动速度增大，碰撞概率增大。气体的黏度也随压强提高而增大。

2.5.2　非牛顿型流体

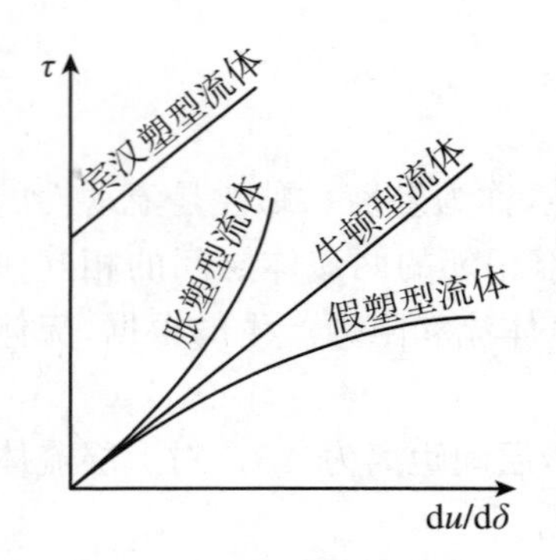

图 2.27　牛顿型流体与非牛顿型流体剪应力与速度梯度关系曲线

服从牛顿黏性定律的流体称为牛顿型流体，一般水溶液比较接近牛顿型流体。工程上还经常遇到另一类流体，其流动特性不遵循牛顿黏性定律，这一类流体被称为非牛顿型流体。根据剪应力 τ 与速度梯度 $\mathrm{d}u/\mathrm{d}\delta$ 关系的不同，可将非牛顿型流体分为若干类型。图 2.27 为牛顿型流体与几种常见的非牛顿型流体的剪应力与速度梯度的关系曲线。

不同于牛顿型流体，非牛顿型流体的剪应力与速度梯度关系用如下形式的方程进行描述：

$$\tau = K\left(\frac{\mathrm{d}u}{\mathrm{d}\delta}\right)^n$$

式中，n 为流动性指数；K 为稠度指数，SI 单位为 $\mathrm{Pa \cdot s}^n$。对于牛顿型流体，$n = 1$，K 为黏度 μ。而对于非牛顿型流体，K 并非黏度。

非牛顿型流体，分为时间有关型和时间无关型。重要的是时间无关型非牛顿型流体，常见的有三种：

(1) 假塑型流体。大多数非牛顿型流体属于此种类型。属于这类流体的有聚合物溶液或熔融体、油脂、淀粉溶液、油漆等。这类流体的流动特性是其表观黏度随速度梯度的增大

而增加得较少，即有

$$\tau = K\left(\frac{\mathrm{d}u}{\mathrm{d}\delta}\right)^n, \quad n < 1$$

(2) 胀塑型流体。如某些湿沙，含有硅酸钾、阿拉伯树胶的水溶液，这类流体在流动时，表观黏度随速度梯度的增大而增大，以方程表示为

$$\tau = K\left(\frac{\mathrm{d}u}{\mathrm{d}\delta}\right)^n, \quad n > 1$$

(3) 宾汉塑型流体。如牙膏、纸浆、泥浆、污水等，是非牛顿型流体中最简单的。其特性与牛顿型流体的差别是，该类流体流动时存在一个极限剪应力 τ_0，在剪应力小于 τ_0 时，流体不发生流动，为使该类流体流动，需要先施加一个额外的剪应力，使流体变形，之后流体再随剪应力增加而有相应的速度梯度，流体开始流动，其关系为

$$\tau = \tau_0 + \mu\frac{\mathrm{d}u}{\mathrm{d}\delta}$$

本书所讨论的实际流体均限于服从牛顿黏性定律的牛顿型流体。

2.5.3　流体流动的形态与雷诺数

流体做定态流动时有两种截然不同的流动形态：滞流和湍流。

滞流也称为层流。流体在圆管中做滞流流动时，流体的质点做一层滑过一层的位移，层与层之间没有明显的干扰，各层间流体分子只因扩散而转移。如图 2.28 所示，滞流时流体流速沿断面按抛物线分布；紧靠管壁流体流速为零，管中央流速最大，管中流体平均流速为最大流速的 1/2。

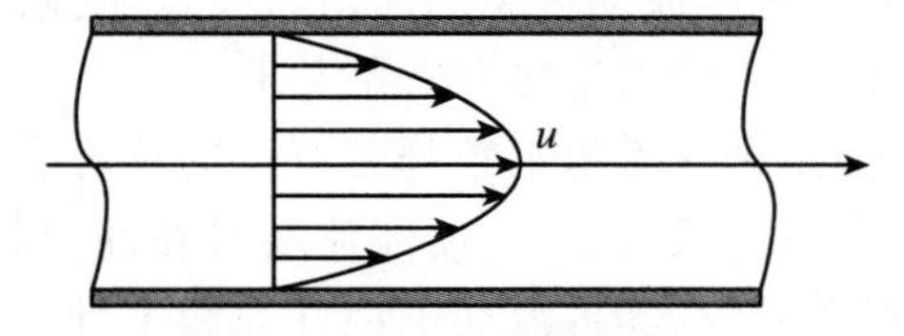

图 2.28　滞流流速分布

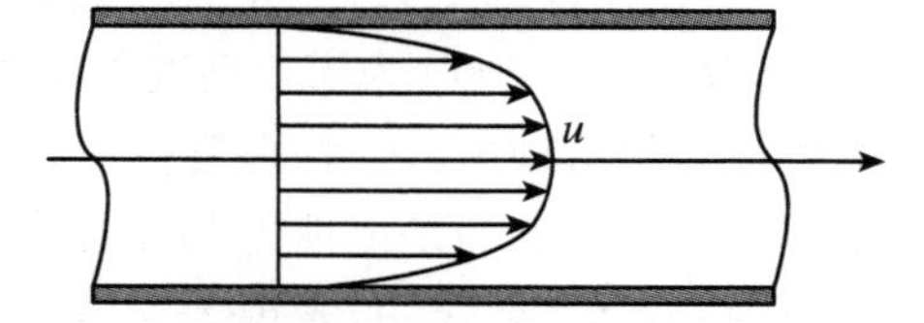

图 2.29　湍流流速分布

湍流也称紊流。湍流时流体质点有剧烈的骚扰涡动，一层滑过一层的流动情况基本消失，只有靠近管壁处还保留滞流的形态。湍流时的流速特点如图 2.29 所示，靠近管壁一定距离的流体流速沿管壁至中心方向逐步增大，接近管中央相当大范围内的流体流速接近最大流速，管内流体平均流速为管中央最大流速的 0.8 左右。

英国物理学家雷诺于 1883 年首先对流体的流动形态进行了实验观察，即流体力学发展历史上著名的雷诺实验，并发表了题为“An experimental investigation of the circumstances which determine whether the motion of water shall be direct or sinuous, and of the law of resistance in parallel channels”(决定水的运动是直的还是弯曲的条件以及平行水槽中阻力定律的实验研究)的研究论文。图 2.30 为雷诺实验示意图，清水从恒位槽进入水平玻璃圆管做定态流动，用阀门

图 2.30　雷诺实验

调节流速。实验时，有色液体经喇叭口中心处的针状细管流入玻璃管内，随清水一起向前流动。从有色液体的流动状况可以观察到玻璃圆管内水流的流动形态。

如图 2.31 所示，当清水流速低时，圆管中心的有色液体呈直线平稳地向前流过管路，这表明水流质点规则有序地向前流动，互不干扰，为滞流形态。随水流速度逐渐增大，滞流形态开始被破坏，原来呈直线向前流动的有色液体开始弯曲，上下波动，此为滞流向湍流的过渡形态。当流速进一步增大到某一数值时，有色液体的波动更加剧烈，液体一进入玻璃圆管就迅速与清水混合向四周散开，为湍流形态。

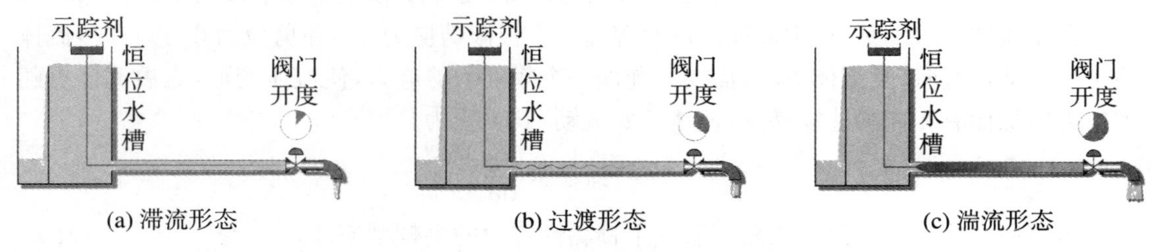

图 2.31 流体流动的形态

雷诺通过大量实验发现，影响流体流动形态的因素除流体流速 u 外，还有圆管直径 d、流体密度 ρ 和流体黏度 μ。四个物理量可归纳为一个无量纲的复合数群——雷诺数（Re）：

$$Re = \frac{du\rho}{\mu}$$

雷诺数的数值可用于判别流体的流动形态。流体在圆形直管中流动，雷诺数小于 2000 时，流体的流动形态为滞流；雷诺数大于 4000 时，流动形态属于明显的湍流；而在 $2000 < Re < 4000$ 范围内，流动形态是从滞流转变为湍流的过渡状态。外界条件的变化，如管路直径的变大、管壁粗糙度的增大、外界的轻微震动，都可使流体流动形态从滞流转变成湍流。通常选定雷诺数 $Re = 2000$ 为滞流转变的临界值，此时相应的流速称为临界流速。

类似雷诺数这种由若干物理量按一定方式组合而成的无量纲数都有特定的物理意义。如雷诺数实际上表示的是惯性力和黏性力之比。当雷诺数较小时，流体流动时黏性力起主导作用，惯性力起次要作用，表现为滞流形态；当雷诺数较大时，流动中惯性力起主导作用，黏性力起次要作用，表现为湍流形态。无量纲数可以使实验机制更清晰，使复杂问题简单化，是科学研究中的一种重要方法。

计算雷诺数 Re 所涉及的各物理量的单位必须统一为 SI 制。

除圆形管路外，某些情况下，也会采用非圆形管路。对于非圆形管路，计算雷诺数所涉及的圆管直径 d 可用当量直径 d_e 代替。当量直径的定义为

$$d_e = 4 \times \frac{\text{流体流过的横截面积}}{\text{流体润湿的周边}}$$

如图 2.32 所示，由直径 d_1 的外管与直径 d_2 的内管所形成的套管，流体从两管管隙间流过，此套管的当量直径为

$$d_e = 4 \times \frac{\frac{\pi}{4}(d_1^2 - d_2^2)}{\pi(d_1 + d_2)} = d_1 - d_2$$

例 2.6 用∅48 mm×4 mm 的钢管输送 20 ℃的硫酸，计算硫酸达到湍流时的最低输送体积流量为多少。已知 20 ℃时硫酸的黏度为 25.4×10^{-3} Pa · s，密度为 1840 kg · m^{-3}。

解　湍流的条件为

$$Re = \frac{du\rho}{\mu} \geqslant 4000$$

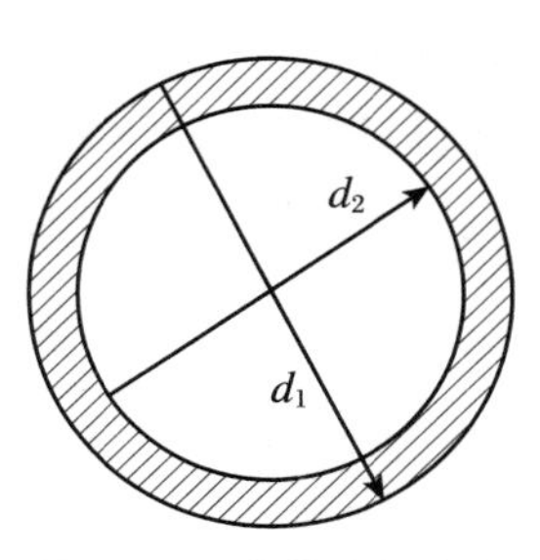

图 2.32　套管当量直径

对于管路中 20 ℃的硫酸，达到湍流的条件为

$$Re = \frac{0.04 \times u \times 1840}{0.0254} = 4000$$

即

$$u = 1.33(\mathrm{m \cdot s^{-1}})$$

则达到湍流，硫酸的最低输送体积流量为

$$q_V = u \times \frac{\pi}{4} d^2 = 0.00167(\mathrm{m^3 \cdot s^{-1}})$$

2.5.4　流体流动的边界层

流体流过壁面，流体润湿壁面，由于流体具有黏性，流体层间的内摩擦力会使相邻流体层流速减慢，会在壁面附近形成具有明显速度梯度的流体层，称为边界层。因此边界层的定义为：流体的流速低于未受壁面影响的流速的 99%的区域，称为边界层。边界层是边界影响所及的区域。在边界层以外是流体速度梯度接近零的区域，称为流体的主体区。在主体区，流体的速度认为均一，可按理想流体处理。

边界层内流体的流动形态可以是滞流，也可以是湍流。滞流时，整个边界层都由滞流组成，称为滞流边界层。湍流时，如图 2.33 所示，主要区域是湍流，但靠近壁面的一薄层流体仍为滞流，称为滞流内层。滞流内层黏附在壁面，是流体流动、传热、传质的主要阻力。

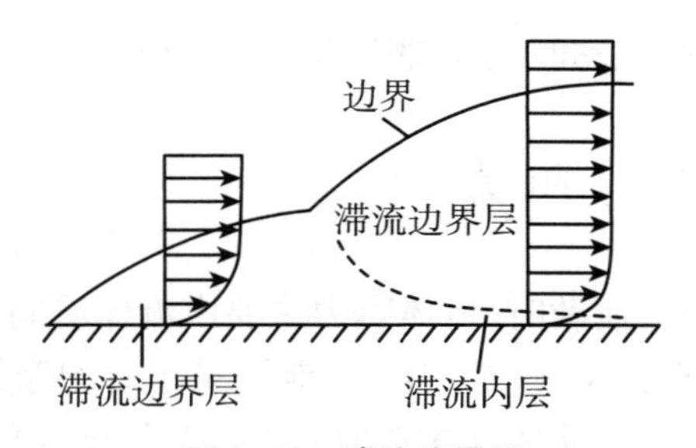

图 2.33　湍流边界层

流体流入管路后，边界层并不是流体一接触管口就形成的，而是流体进入管内后逐步形成的。如图 2.34 所示，管口的流体流速分布是较为均匀的，进入管内后受黏度的作用而产生速度梯度，逐渐形成边界层。

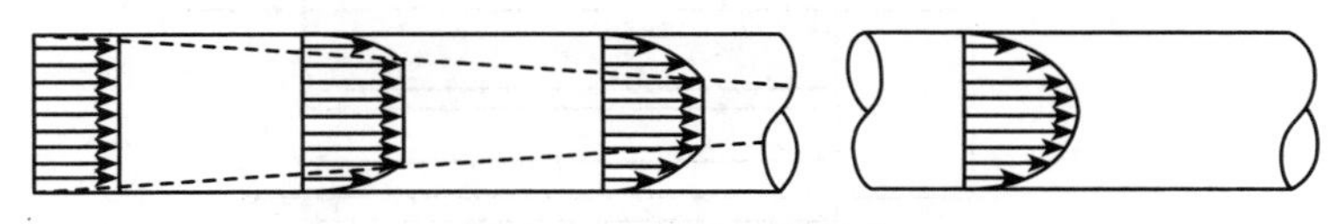
图 2.34　边界层的形成

流体流过曲面或障碍时还会发生边界层分离现象。如图 2.35 所示，流体流过曲面时，在曲面上逐步形成边界层，因流动截面受阻会在 B 处达到最大流速，流过 B 以后，因流道扩

大降低了流速,会在 C 点处造成流体的逆向流动和漩涡,使边界层从壁面分离。实际管路中,流体流经管件、阀门、管束或异形壁面时往往会发生边界层的分离。边界层的分离会导致流体流动阻力的增大。

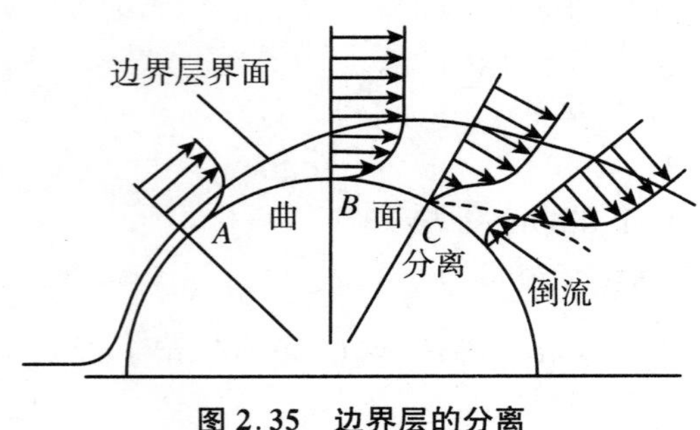

图 2.35　边界层的分离

2.6　流体在圆管内流动时的阻力计算

实际流体流动时,因摩擦阻力将消耗流体所具有的一部分机械能,产生压头损失 H_f,需要由外界输入能量来完成流体的输送。实际流体在圆形管路中流动时的阻力分为两种情况:直管阻力和局部阻力。直管阻力是流体流经直管时,由于流体内摩擦力而产生的阻力。局部阻力是流体流经管路中的管件,如阀门、弯头、突然扩大或缩小的截面等局部地方引起的阻力。

对于直管阻力,实际流体流动时的摩擦阻力与其流动形态有密切的关系。

2.6.1　滞流时的摩擦阻力

流体在圆形直管中做滞流流动时,流体阻力主要由流体层间的内摩擦力所引起,阻力服从牛顿黏性定律,因此可以根据牛顿黏性定律,推导滞流时的摩擦阻力及造成的压头损失。如图 2.36 所示,在圆管中流动的流体柱内选取管中心与管壁间任一半径 r 处的流体圆柱。

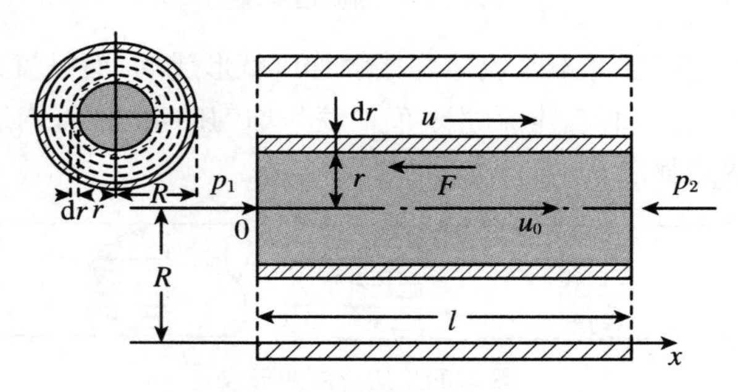

图 2.36　滞流时的摩擦阻力

取管长为 l,此流体圆柱滑动的表面积为 $2\pi rl$,如取微分距离 dr,则依据牛顿黏性定律,滑动的摩擦阻力为

$$F = \mu A \frac{\mathrm{d}u}{\mathrm{d}\delta} = \mu 2\pi r l \frac{\mathrm{d}u}{\mathrm{d}r}$$

要使流体匀速流动，就需克服此滑动的阻力，这就要求管路两端必须有一定的压强差 $\Delta p = p_1 - p_2$。流体圆柱的截面积为 πr^2，因此压强差而使流体所受到的推力为 $\Delta p \cdot \pi r^2$，此推力与其表面滑动的摩擦阻力大小相等而方向相反，即有

$$-\Delta p \cdot \pi r^2 = \mu 2\pi r l \frac{\mathrm{d}u}{\mathrm{d}r}$$

整理等式，进行积分，半径从中心处增大至 R，流速从中心处最大流速 u_0 减小至紧贴管壁的最小流速 0：

$$\int_0^R -\Delta p \cdot r\mathrm{d}r = \int_{u_0}^0 \mu 2l\mathrm{d}u$$

$$\frac{\Delta p \cdot R^2}{2} = 2\mu l u_0$$

因流体做滞流流动，流体平均流速 u 是管中心处最大流速的 1/2，即有 $u_0 = 2u$，且圆管的直径 $d = 2R$，故上式可整理为

$$\Delta p = \frac{32\mu u l}{d^2} \tag{2.8}$$

上式称为泊肃叶公式，也可进一步改写为

$$\Delta p = \frac{64}{Re} \cdot \frac{l}{d} \cdot \frac{\rho u^2}{2} \tag{2.9}$$

并进一步用于计算压头损失：

$$H_{\mathrm{f}} = \frac{64}{Re} \cdot \frac{l}{d} \cdot \frac{u^2}{2g} \tag{2.10}$$

例 2.7　某油在一圆形导管中做滞流定态流动，现管径 d 和管长 l 都增加一倍，问在流量不变时，直管阻力为原来的多少？

解　管径 d 和管长 l 都增加一倍，即有

$$d_2 = 2d_1, \quad l_2 = 2l_1$$

流量不变，则流速 u 随管径改变而变化，有

$$\frac{u_2}{u_1} = \left(\frac{d_1}{d_2}\right)^2, \quad u_2 = \frac{u_1}{4}$$

$$H_{\mathrm{f}} = \frac{64}{Re} \cdot \frac{l}{d} \cdot \frac{u^2}{2g} = \frac{32\mu l u}{\rho g d^2}$$

管径和管长改变前、后的阻力分别为

$$H_{\mathrm{f1}} = \frac{32\mu l_1 u_1}{\rho g d_1^2}$$

$$H_{\mathrm{f2}} = \frac{32\mu l_2 u_2}{\rho g d_2^2} = \frac{4\mu l_1 u_1}{\rho g d_1^2}$$

由此可知直管阻力为原来的 1/8。

2.6.2　湍流时的流动阻力

圆形直管中，流体湍流时，质点做不规则的紊乱扰动并相互碰撞。根据实验，对式(2.9)

和式(2.10)进行适当处理，可以得到计算湍流时流动阻力的公式：

$$\Delta p = \lambda \cdot \frac{l}{d} \cdot \frac{\rho u^2}{2} \tag{2.11}$$

$$H_{\mathrm{f}} = \lambda \cdot \frac{l}{d} \cdot \frac{u^2}{2g} \tag{2.12}$$

上式称为范宁公式，式中，Δp 的单位为 Pa；H_{f}的单位为 m 流体柱；l 为管路长度，d 为管径，单位均为 m；u 为流速，单位为 m/s；λ 为摩擦阻力系数，与流体流动形态、管壁相对粗糙度 ε 有关，即 λ 是 Re 数和 ε 的函数，$\lambda = f(Re,\varepsilon)$。

管壁的相对粗糙度 ε 定义为：$\varepsilon = e/d$。e 为管壁粗糙度，即管壁平均凸凹深度；d 为圆管内径。常用管路的管壁粗糙度列于表 2.1 中。

表 2.1　常用管路的管壁粗糙度

管　路	粗糙度 e(mm)	管　路	粗糙度 e(mm)
无缝钢管	0.01～0.05	铸铁管	0.3
无缝铜管	0.01 以下	旧铸铁管	0.8 以上
镀锌铁管	0.1～0.2	玻璃管	0.01 以上
轻度腐蚀无缝钢管	0.2～0.3	整平水泥管	0.3～3
明显腐蚀钢管	0.5 以上	陶排水管	0.5～6

λ 与 Re 数和 ε 的关系如图 2.37 所示。

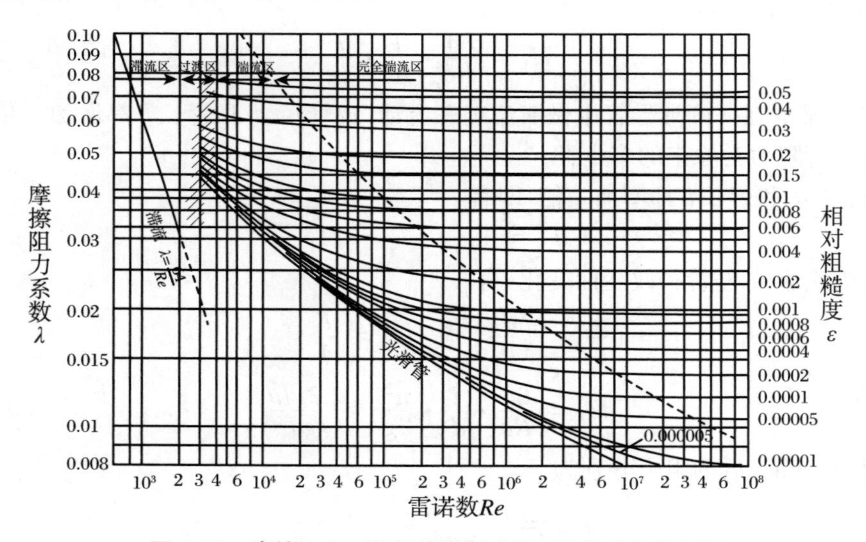

图 2.37　摩擦阻力系数与雷诺数及相对粗糙度的关系图

图 2.37 可分为四个区域。

(1) 滞流区：$Re \leqslant 2000$，λ 与 Re 成直线关系，$\lambda = 64/Re$。

(2) 过渡区：$2000 < Re < 4000$，将湍流的曲线延长查 λ 值。

(3) 湍流区：$Re \geqslant 4000$ 及虚线以下区域，λ 与 Re 数和相对粗糙度 ε 均有关。管壁越粗糙，ε 越大，则 λ 也越大。当 ε 一定时，λ 值随 Re 增大而减小，Re 达一定值后，λ 值下降减缓。但由于阻力随流速的平方而增大，因此尽管 λ 值下降，流速增大仍使阻力增大。

(4) 完全湍流区：图中虚线以上区域，λ 与 Re 无关，只与 ε 有关。

这四个区域表明，当流体流动形态为滞流时，λ 仅与 Re 有关，$\lambda=64/Re$。当流动形态为湍流时，λ 与 Re 数和相对粗糙度 ε 均有关，管壁越粗糙，摩擦阻力系数 λ 值也越大。但 Re 数超过一定值(如 $1\times10^5\sim1\times10^6$)后，$\lambda$ 值只与管壁粗糙度 ε 有关，而与 Re 数值关系不大。

除了从关系图中查询，λ 值也可按经验公式计算而得。对于光滑管，Re 为 $3\times10^3\sim1\times10^5$时，可用柏拉休斯公式计算：

$$\lambda = 0.3164Re^{-0.25}$$

光滑管 Re 为 $3\times10^3\sim1\times10^8$时，也可用柯纳柯夫公式计算：

$$\lambda = (1.8\lg Re - 1.5)^{-2}$$

对于粗糙管，$Re>10^5$时，λ 接近为常数，其值主要由管壁粗糙度决定，可用尼库拉则公式计算：

$$\lambda = (1.14 - 2\lg\varepsilon)^{-2}$$

对于 λ 值的计算，我国的化工学者也做出了重要的贡献。我国著名化工学者顾毓珍教授(图 2.38)于 1932 年发表了著名的顾氏公式用于计算 λ 值。

图 2.38　顾毓珍

对于光滑管类，Re 数为 $3\times10^3\sim3\times10^6$时，顾氏公式为

$$\lambda = 0.00559 + \frac{0.501}{Re^{0.32}}$$

对钢铁管类，Re 数为 $3\times10^3\sim2.5\times10^6$时，顾氏公式为

$$\lambda = 0.01277 + \frac{0.7543}{Re^{0.38}}$$

例 2.8　用管径∅48 mm×3.5 mm 的水平钢管，以流量 6 $m^3\cdot h^{-1}$输送 20 ℃的水。已知管长 200 m，钢管相对粗糙度 ε 为 0.0015，20 ℃水的黏度为 1.005 mPa·s。求输送所需压力差和功率。

解　根据伯努利方程，对于水平管路，位压头不变，静压头主要转化为动压头和损耗压头，即有

$$H_{静压头} = H_{动压头} + H_{损耗压头}$$

因

$$d = 48 - 3.5\times2\ \text{mm} = 41\ \text{mm} = 0.041\ \text{m}$$

$$u = \frac{q_V}{\frac{\pi}{4}d^2} = \frac{\frac{6}{3600}}{\frac{\pi}{4}\times(0.041)^2} = 1.26(\text{m}\cdot\text{s}^{-1})$$

$$Re = \frac{du\rho}{\mu} = \frac{0.041\times1.26\times1000}{1.005\times10^{-3}} = 5.14\times10^4$$

由此可知流体流动形态为湍流。从摩擦阻力系数与雷诺数及相对粗糙度的关系图中查得 $\lambda=0.0254$。根据伯努利方程和范宁公式，可计算出输送所需压力差为

$$\Delta p = \rho gH_{静压头} = \rho g\left(\lambda\cdot\frac{l}{d}\cdot\frac{u^2}{2g}+\frac{u^2}{2g}\right) = \lambda\cdot\frac{l}{d}\cdot\frac{\rho u^2}{2}+\frac{\rho u^2}{2} = 99.2(\text{kPa})$$

进一步可计算出所需理论功率 P_e：

$$P_e = q_V \Delta p = 165(\text{W})$$

2.6.3 局部阻力

除直管本身，当流体在管路系统中流经各种管件、阀门而导致流动方向变化，或流经的通道骤然缩小或扩大时，流体质点都将发生扰动而形成涡流，从而产生一定的能量损失。这种能量损失出现于管件内部及其邻近的上下游区域，因而称为局部阻力。局部阻力导致的压头损失可通过阻力系数法和当量长度法进行计算。

1. 阻力系数法

该方法是将局部阻力造成的压头损失表示为流体流动时动压头的一个倍数，即

$$H_f = \zeta \cdot \frac{u^2}{2g} \tag{2.13}$$

式中，ζ 称为局部阻力系数。

管件与阀门等的局部阻力系数可通过实验测定。表 2.2 是常见管件与阀门的局部阻力系数。

表 2.2 常见管件与阀门的局部阻力系数

管件名称	局部阻力系数 ζ	阀门名称	局部阻力系数 ζ
三通	1	全开闸阀	0.17
管接头	0.04	半开闸阀	4.5
活接头	0.04	全开标准截止阀(球心阀)	6.4
45°弯头	0.35	半开标准截止阀(球心阀)	9.5
90°弯头	0.75	全开角阀	2.0
回弯头	1.5	球形式单向阀	70.0
盘式水表	7.0	摇板式单向阀	2.0

2. 当量长度法

对于局部阻力，还可以将产生局部阻力压头损失的管件、阀门等折算成造成相当压头损失的相应直管进行计算。所折算的相应直管长度称为当量长度 l_e，单位为 m，表示流体流过某一管件或阀门时的局部阻力，相当于流过一段长为 l_e 直管的阻力。这样局部阻力所造成的压头损失，就可以运用计算直管阻力压头损失的范宁公式，即

$$H_f = \lambda \cdot \frac{l_e}{d} \cdot \frac{u^2}{2g}$$

一些管件和阀门折算的当量长度可以通过如图 2.39 所示的管件与阀门当量长度共线图查得。在图 2.39 中，将表示管件的点与表示管件所连直管内径的点相连，连线与当量长度线交点所示的值即为当量长度 l_e。

例 2.9 如图 2.40 所示，高位槽水面距管出口的垂直距离为 5 m，高位槽内压强为 4.9×10^4 Pa(表压)，管路直径为 20 mm，管路的长度(包括当量长度)为 24 m，摩擦阻力系数为 0.02，水的密度为 1000 kg · m^{-3}。现在管路内装一球阀，阀门全开时 $\zeta = 6.4$。试求管路

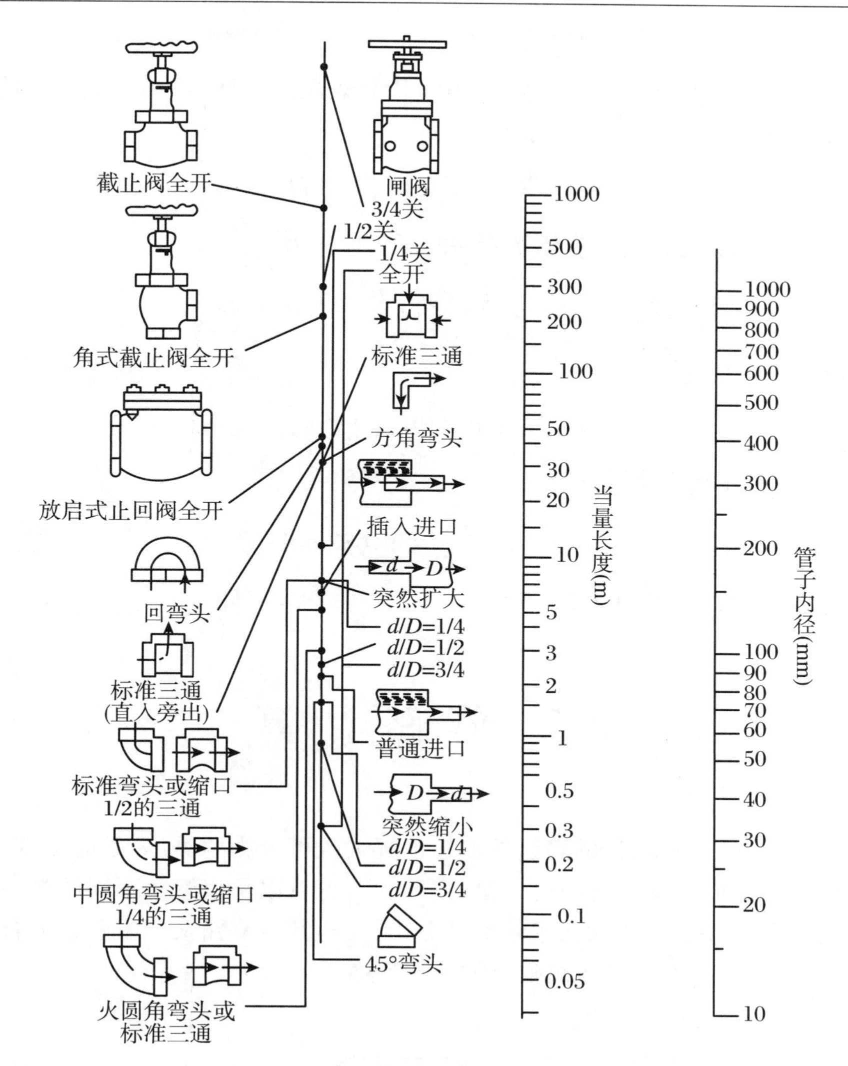

图 2.39　管件与阀门当量长度共线图

阻力的损失压头为多少。阻力损失能量为出口动能的多少倍？

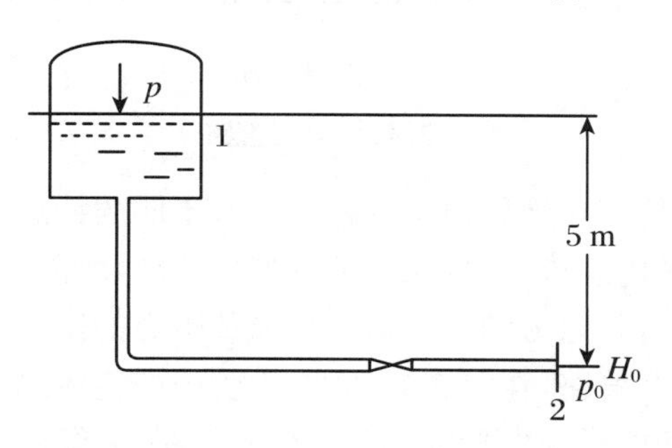

图 2.40　管路阻力计算

解　取管路出口处水平面为基准面，在 1 至 2 之间列伯努利方程：

$$H_1 + \frac{u_1^2}{2g} + \frac{p_1}{\rho g} = H_2 + \frac{u_2^2}{2g} + \frac{p_2}{\rho g} + H_f$$

依题意有

$H_1 = 5(\mathrm{m})$， $u_1 = 0$， $p_1 = 4.9 \times 10^4(\mathrm{Pa})$(表压)， $H_2 = 0$， $p_2 = 0$(表压)

伯努利方程简化为

$$5 + \frac{4.9 \times 10^4}{\rho g} = \frac{u_2^2}{2g} + H_f$$

根据范宁公式和阻力系数法可计算整个管路的压头损失为

$$H_f = \left(\lambda \cdot \frac{\sum l}{d} + \zeta\right) \cdot \frac{u_2^2}{2g} = 30.4 \times \frac{u_2^2}{2g}$$

代入伯努利方程，可得

$$\frac{u_2^2}{2g} = 0.318(\mathrm{mH_2O})$$

因此，管路阻力的损失压头为

$$H_f = 30.4 \times \frac{u_2^2}{2g} = 9.682(\mathrm{mH_2O})$$

即阻力损失能量为出口动能的 30.4 倍。

2.7　管路计算

化工生产过程中，输送流体的管路按连接情况大致可分为两类：一是简单管路，二是复杂管路。如图 2.41 所示，简单管路可以是管径不变，也可以是由管径不同的管段组成的无分支的串联管路。复杂管路包括在主管路处分出支路，其后支路又与主管路汇合的并联管路，以及主管路分出支路后支路不再汇合的分支管路。

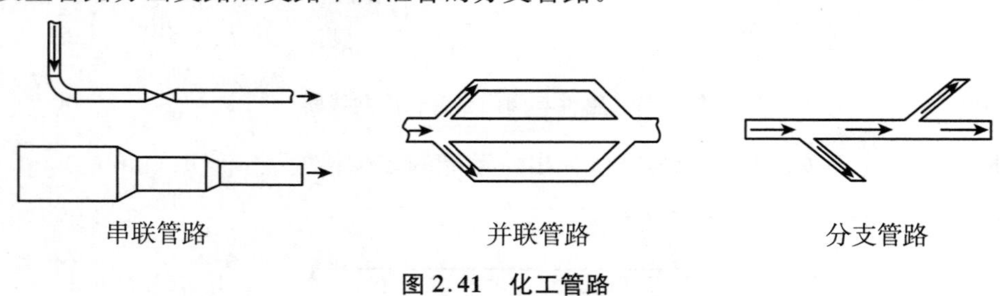

图 2.41　化工管路

不同连接方式导致了管路在流体输送过程中具有不同的特点。

对于串联管路，流体做定态流动时，无论管径如何改变，管路各处流体流量保持不变，管路阻力造成的压头损失为直管阻力的压头损失与局部阻力的压头损失之和。

对于复杂管路中的并联管路，在定态流动下，主管中的流体总流量等于并联的各支管流量之和，而并联的各支管的能量损失相等。对于分支管路，主管路流量等于分支各支管流量之和，单位质量流体在各支管流动终了时的总机械能与能量损失之和相等。

本书只针对简单的串联管路展开管路计算。对串联管路，进行计算的依据为连续性方程、伯努利方程以及能量损失计算。

2.7.1　计算流体流动阻力造成的压头损失

计算流体在流动过程中的压头损失 H_f，作为选用输送设备的依据。

例2.10　用管径∅108 mm×4 mm的管道从低于地面4 m的水井中把水抽入一个敞口蓄水池中，蓄水池水面高于地面30 m。管中水的流速为2 m·s^{-1}，管子长度与管路全部局部阻力损失的当量长度之和为100 m，摩擦阻力系数 λ 为0.02。求抽水所用离心泵的扬程。

解　在水井与蓄水池水面间列伯努利方程。以地面为基准水平面，大气压强为压强基准，有

$$H_1 = -4,\quad H_2 = 30,\quad p_1 = p_2 = 0(\text{表压}),\quad u_1 = u_2 = 0$$

则伯努利方程简化为

$$H_1 + H_e = H_2 + H_f$$

根据范宁公式，可得

$$H_e = H_2 - H_1 + \lambda \cdot \frac{l}{d} \cdot \frac{u^2}{2g}$$

代入数据，可计算出所用离心泵的扬程 $H_e = 38.08$ m液柱。

例2.11　如图2.42所示，用离心泵将贮槽中温度20 ℃、密度1200 kg·m^{-3}的硝基苯送入反应器中，每小时进料量为30000 kg，贮槽通大气，反应器压强为0.1 kgf·cm^{-2}(表压)，管路为∅89 mm×4 mm的不锈钢管，总长45 m，管上装有孔径为51.3 mm的孔板流量计(局部阻力系数为8.25)一个、全开闸阀两个以及90°标准弯头四个，贮槽液面距反应器入口管垂直距离为15 m。设离心泵的效率为65%，试计算离心泵的功率。

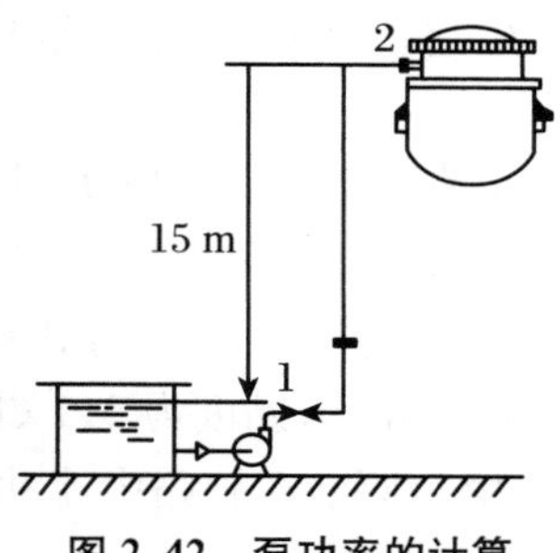

图2.42　泵功率的计算

解　以贮槽液面为1，并作为基准水平面，以反应器入口管为2，以大气压强为压强基准，有

$$H_1 = 0,\quad u_1 = 0,\quad p_1 = 0(\text{表压}),\quad H_2 = 15(\text{m})$$

伯努利方程为

$$H_e = 15 + \frac{u_2^2}{2g} + \frac{p_2}{\rho g} + \sum H_f$$

由流量可知

$$u_2 = \frac{q_m}{\rho \cdot \frac{\pi}{4} d^2} = 1.35(\text{m}\cdot\text{s}^{-1})$$

由反应器内压强可知

$$\frac{p_2}{\rho g} = \frac{0.1 \times 9.81 \times 10^4}{1200 \times 9.81} = 0.833(\text{m})$$

管路阻力造成的压头损失为直管阻力损失和局部阻力损失之和，即

$$\sum H_f = H_{f直管} + \sum H_{f局部}$$

对于直管阻力损失，查工程手册可知20 ℃硝基苯 $\mu = 2.1\times10^{-3}$ Pa·s，可得 Re 为

$$Re = \frac{du\rho}{\mu} = 62500$$

流体为湍流形态，查工程手册不锈钢管管壁粗糙度取 $e=0.2$ mm，则相对粗糙度 ε 为

$$\varepsilon=\frac{e}{d}=0.00247$$

结合 Re 与 ε，可从摩擦阻力系数与雷诺数及相对粗糙度关系图中查得直管阻力摩擦系数 $\lambda=0.0254$。

对于局部阻力，已知孔板流量计 $\zeta=8.25$，查管件与阀门当量长度共线图可知：全开闸阀当量长度为 0.8 m，标准弯头当量长度为 3.3 m，则管径当量长度总和为

$$\sum l_e=2\times0.8+4\times3.3=16.8(\mathrm{m})$$

管路阻力造成的压头总损失为

$$\sum H_f=\left(\lambda\frac{l+\sum l_e}{d}+\zeta\right)\frac{u^2}{2g}=2.62(\mathrm{m})$$

将各值代入伯努利方程，可知离心泵的扬程 $H_e=18.55$ m，从而可计算出离心泵的功率为

$$P_a=q_m gH_e/\eta=2.33(\mathrm{kW})$$

2.7.2 计算管路中流体流速和流量

依据流动过程中的压头损失 H_f或压强降 Δp，计算输送流体的可能流量或流速。

例 2.12 原油在∅114 mm×4 mm 的钢管中流过，管路总长为 3 km(包括当量长度)，若管路中允许压强降为 3 kgf · cm^{-2}，试求管路中原油适合的流量。已知原油的密度为 850 kg · m^{-3}，黏度为 5.1 cP。

解 原油在管路中流动的压强降主要是因流动时的摩擦阻力而产生，即有

$$\frac{\Delta p}{\rho g}=H_f=\lambda\cdot\frac{l}{d}\cdot\frac{u^2}{2g}$$

根据题意，压强降 Δp 应等于或略小于 3 kgf · cm^{-2}，即有

$$\frac{3\times9.81\times10^4}{850\times g}=\lambda\cdot\frac{3\times10^3}{106\times10^{-3}}\cdot\frac{u^2}{2g}$$

得到

$$\lambda u^2=0.0245$$

上式中有两个未知数，流速 u 和摩擦阻力系数λ。由于 λ 是Re 和ε 的函数，而 Re 又是 u 的函数，所以要计算出 u，需采用试差法。试差法步骤如下：

(1) 设定一个流速 u 的值并依据此值计算Re。

(2) 用计算出的 Re 结合ε 通过摩擦阻力系数与雷诺数及相对粗糙度的关系图查出λ。

(3) 用查出的 λ 与设定的u 值计算λu^2值，看其是否与 0.0245 相符或接近，如相差较大重新设定 u 值，按上述步骤重新计算，直至用设定的 u 值及获得的λ 计算出的λu^2值与 0.0245 相符或接近。

本题中，钢管的管壁粗糙度取 $e=0.2$ mm，则相对粗糙度为

$$\varepsilon=\frac{e}{d}=\frac{0.2}{114-2\times4}=0.00189$$

雷诺数 Re 为

$$Re = \frac{du\rho}{\mu} = \frac{0.106 \times 850 \times u}{5.1 \times 10^{-3}} = 1.77 \times 10^4 u$$

根据上述试差法步骤，进行计算：

设 $u = 0.75\ \mathrm{m \cdot s^{-1}}$，可得 $Re = 13275$，查表得 $\lambda = 0.032$，计算得 $\lambda u^2 = 0.0180$，小于0.0245。

设 $u = 0.90\ \mathrm{m \cdot s^{-1}}$，可得 $Re = 15930$，查表得 $\lambda = 0.031$，计算得 $\lambda u^2 = 0.0251$，大于0.0245。

设 $u = 0.89\ \mathrm{m \cdot s^{-1}}$，可得 $Re = 15753$，查表得 $\lambda = 0.031$，计算得 $\lambda u^2 = 0.0246$，接近0.0245。

因此管路中原油适合的流量为

$$q_V = 0.89 \times \frac{\pi}{4} \times 0.106^2 = 7.85 \times 10^{-3}(\mathrm{m^3 \cdot s^{-1}})$$

2.7.3　计算输送管路所需管径

依据流动过程中的压头损失 H_f，计算输送流体管路的适宜管径。

例 2.13　从水塔经管道输送水，塔的水面比出口高 10 m，管长 500 m，局部阻力为直管阻力的 50%，水温为 20 ℃，输水量为 10 $\mathrm{m^3 \cdot h^{-1}}$，试计算所用导管的最小直径。

解　以水管出口为基准水平面，大气压强为基准压强，水塔水面为1位置，水管出口为2位置，则有

$$H_1 = 10,\quad u = 0,\quad p_1 = p_2 = 0(\text{表压}),\quad H_2 = 0$$

伯努利方程为

$$10 = \frac{u_2^2}{2g} + \lambda \cdot \frac{l + \sum l_e}{d} \cdot \frac{u_2^2}{2g}$$

因流量一定，且忽略动压头，有

$$10 = \lambda \cdot \frac{l + \sum l_e}{d} \cdot \frac{\left(\frac{q_V}{\pi d^2/4}\right)^2}{2g}$$

已知局部阻力为直管阻力的 50%，代入已知数据有

$$10 = \lambda \cdot \frac{500 \times (1 + 50\%)}{d} \times \frac{1}{2 \times 9.8} \times \frac{1}{d^4}\left(\frac{10/3600}{\pi/4}\right)^2$$

于是

$$\frac{\lambda}{d^5} = 20870$$

由于 λ 是 Re 和 ε 的函数，而 Re 和 ε 又都是 d 的函数，所以本题也需采用试差法计算 d。试差法步骤如下：

(1) 设定一个管径 d 的值并依据此值计算 Re 和 ε。

(2) 用计算出的 Re 和 ε 通过摩擦阻力系数与雷诺数及相对粗糙度的关系图查出 λ。

(3) 用查出的 λ 与设定的 d 值计算 λ/d^5 值，看其与 20870 是否相符或接近，如相差较大重新设定 d 值，按上述步骤重新计算，直至用设定的 d 值及获得的 λ 计算出的 λ/d^5 值与

20870 相符或接近。

本题中，导管的管壁粗糙度取 $e=0.15$ mm，则相对粗糙度 ε 为

$$\varepsilon = \frac{0.15\times10^{-3}}{d}$$

20 ℃水的黏度为 $\mu=1.005\times10^{-3}$ Pa · s，则雷诺数 Re 为

$$Re = \frac{du\rho}{\mu} = \frac{d\cdot\dfrac{q_V}{\pi d^2/4}\cdot\rho}{\mu} = \frac{3521}{d}$$

根据上述试差法步骤，进行计算：

设 $d=0.070$ m，可得 $Re=50300$，$\varepsilon=0.0020$，$\lambda=0.024$，计算得 $\lambda/d^5=14280$，d 偏大。

设 $d=0.063$ m，可得 $Re=55889$，$\varepsilon=0.0024$，$\lambda=0.026$，计算得 $\lambda/d^5=26198$，d 偏小。

设 $d=0.066$ m，可得 $Re=53348$，$\varepsilon=0.0023$，$\lambda=0.025$，计算得 $\lambda/d^5=19963$，d 合理。

除采用试差法，得出合理的管径为 0.066 m 外，本题还可以通过经验公式计算 λ 值，以得出合理的管径。管路按光滑管计算，使用柏拉休斯公式，有

$$\lambda = 0.3164Re^{-0.25} = 0.3164\times\left(\frac{3521}{d}\right)^{-0.25}$$

可计算出管径为

$$\frac{\lambda}{d^5} = \frac{0.3164\times\left(\dfrac{3521}{d}\right)^{-0.25}}{d^5} = 20870$$

$$d = 0.063(\text{m})$$

2.8 流体输送机械——离心泵

在流体输送过程中，当从低能位向高能位输送时，必须为流体提供机械能，以补偿不足的能量。我国早在春秋战国时代就已设计、制造出桔槔、辘轳这样的装置用于从低处汲水(图 2.43)。

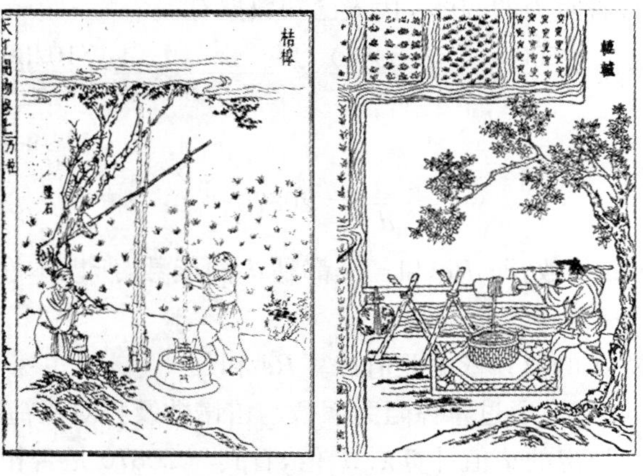

图 2.43　桔槔与辘轳

除了补偿不足的能量外，现代化工生产过程输送流体做定态流动，需要为流体提供持续的机械能，以克服流动过程中的阻力，这就需要使用流体输送机械。流体输送机械是一类用于向流体提供能量并完成输送任务的机械。

因为流体种类、性质的多样性，流体输送机械的种类众多。通常将液体输送机械称为泵，如离心泵、往复泵、旋转泵等。气体输送机械通常称为机，如通风机、鼓风机、压缩机，此外真空泵也是用于输送气体的机械。

在化工生产输送液体的机械中应用最为广泛的是离心泵，这是由于其具有体积小、结构简单、操作容易、适应范围广、购置费和操作费低等优点。

2.8.1　离心泵的主要部件

离心泵的构造如图 2.44 所示。离心泵最主要的基本部件是叶轮和蜗牛形的泵壳。

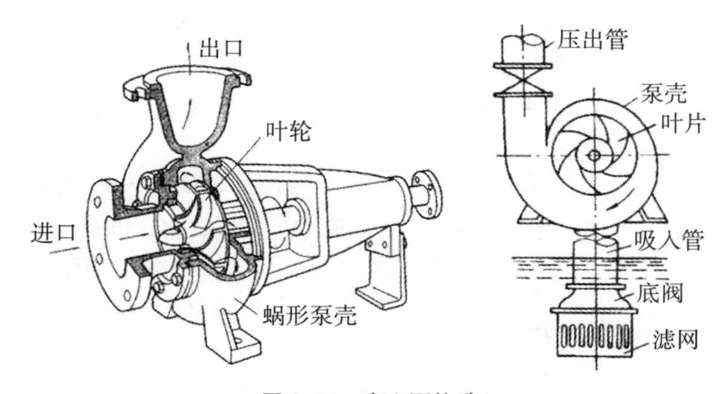

图 2.44　离心泵构造

叶轮是离心泵的关键部件，由 4 ～ 12 片向后弯曲的叶片组成，按其机械结构可分为敞式、半蔽式和蔽式三种，如图 2.45 所示。

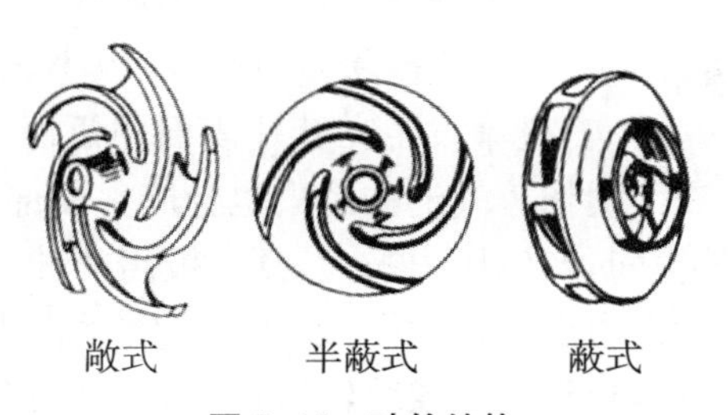

图 2.45　叶轮结构

叶轮安装在泵壳内，紧固在泵轴上，是直接对泵内液体做功的部件。工作时叶轮随泵轴由电动机带动快速旋转，将电动机的机械能传给所输送液体。泵壳中央的吸入口与吸入管路相连接，液体在泵壳内汇集。由于泵轴转动而泵壳固定不动，泵轴和泵壳接触处必须有一定间隙，为防止泵内液体沿间隙漏出，同时避免壳外空气进入泵内，在泵轴与泵体之间需安装轴封装置。离心泵在启动前，泵壳内需注满所要输送的液体，为防止启动前所注入的液体从泵内沿吸入导管漏失，在导管底部要安装单向底阀。此外为阻挡固体物质堵塞管道和进入泵内，吸入管底部还需安装滤网。

2.8.2　离心泵工作原理

离心泵在启动前,泵壳内需灌满所输送液体。启动后,叶轮高速转动带动泵壳内的液体转动。在离心力的作用下,液体从叶轮中心被抛向外缘,叶轮中心处形成低压区,使泵壳外的液体沿吸入管从泵壳中心处的吸入口被连续吸入叶轮中。同时被叶轮抛出的液体获得能量以高速进入泵壳,由于蜗形泵壳内的流道逐渐扩大使液体流速逐渐降低,部分动能转变为静压能,最后液体以较高的压强进入排出管输出。所以蜗形泵壳不仅是汇集液体的部件,也是转变能量的装置。液体在离心泵内获得动能和静压能,最终表现为静压能的提高。

依靠叶轮的连续运转,液体便连续地被吸入和排出离心泵。因此,离心泵能输送液体主要依靠高速旋转的叶轮所产生的离心力,叶轮的转速对输出压头有显著影响。

离心泵在使用过程中,如泵壳内存在气体会导致吸不上液体,这种现象称为气缚。这是因为当泵壳内存有空气时,由于空气的密度远小于液体的密度,叶轮旋转产生的离心力小,因而叶轮中心处所形成的负压不高,不足以将液体吸入泵内。发生气缚将导致离心泵不能输送液体,为避免气缚现象发生,离心泵在启动前要向泵内灌满要输送的液体,在运转过程中也需防止空气漏入。

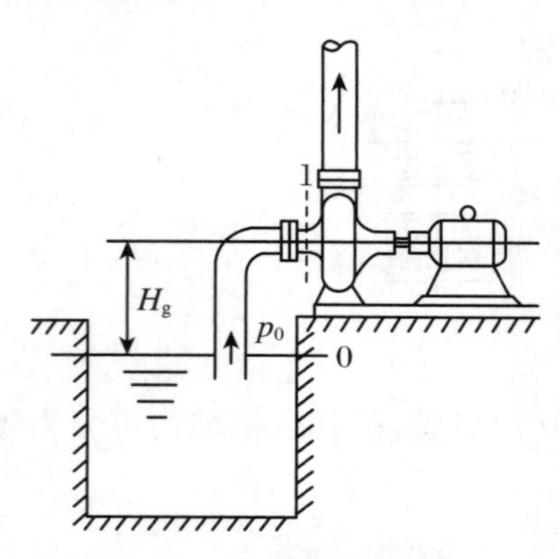

图 2.46　离心泵吸液示意图

离心泵在工作时,泵的入口附近为低压区,如图 2.46 所示,在截面 0 与截面 1 间的管路无外加机械能装置,离心泵靠液面与泵入口处的压强差($p_0 - p_1$)吸入液体。根据伯努利方程可知,当 p_0一定时,泵的安装位置离液面的高度越高,p_1越低。因此当安装高度达到一定值,泵入口处的压强会等于或小于输送温度下液体的饱和蒸气压,这样液体在中心入口处会发生沸腾而气化或使溶解在液体中的气体析出而形成气泡。所生成的气泡随液体从入口处进入叶轮的高压区后,因压力迅速增大而急剧凝聚,形成体积极小、速度很大的液滴。这些液滴凝聚发生在叶片表面附近时,细小的液体质点会以很大的速度冲向叶轮,致使叶轮表面损伤。气泡的消失也会产生局部真空,这样周围的液体会以极高速度涌向原气泡占有的空间,产生压力极大、频率极高的冲击。这种现象称为气蚀。离心泵一旦发生气蚀,在巨大冲击力反复作用下,泵体强烈震动发出噪音,叶片表面材质疲劳,会产生蜂窝状腐蚀并形成裂缝,导致泵壳或叶轮破坏,同时离心泵的流量、压头、效率都明显下降,严重时甚至不能吸入和输出液体。气蚀是泵损坏的重要原因之一,合理地确定泵安装的高度,是防止气蚀现象发生的有效措施。为避免气蚀,离心泵的安装高度必须加以限制,即存在离心泵的允许安装高度 H_g。

离心泵的允许安装高度 H_g可在图 2.46 中的 1、2 两截面间,列伯努利方程进行计算,有

$$\frac{p_0}{\rho g} = H_g + \frac{p_1}{\rho g} + \frac{u_1^2}{2g} + \sum H_{f1,0}$$

因为 0 截面处液面与大气相通,因此 p_0为大气压 p_a,所以上式变为

$$H_g = \frac{p_a - p_1}{\rho g} - \frac{u_1^2}{2g} - \sum H_{f1,0}$$

为了防止气蚀现象，泵入口处压强 p_1 不能过低，入口处压强对应的压头与动压头之和 $p_1/(\rho g)+u_1^2/(2g)$，必须大于操作温度下所输送液体饱和蒸气压 p_v 对应的静压头 $p_v/(\rho g)$ 一定数值，此数值称为离心泵的气蚀余量 *NPSH*，即

$$NPSH=\frac{p_1}{\rho g}+\frac{u_1^2}{2g}-\frac{p_v}{\rho g}$$

将 *NPSH* 代入前式并整理，可得泵的允许安装高度 H_g 为

$$H_g=\frac{p_a-p_v}{\rho g}-NPSH-\sum H_{f1,0}$$

NPSH 的具体数值，不同型号泵有各自的标准。首先由泵的制造厂家在流量不变条件下，测定刚好发生气蚀时入口处的压强值，以计算出该流量下离心泵的临界气蚀余量 $(NPSH)_c$，其值会随测定时流量的增加而变大。实验所测定的 $(NPSH)_c$ 加上一定的安全量得到必需气蚀余量 $(NPSH)_r$，该值会作为离心泵的性能列入泵的产品样本。$(NPSH)_r$ 再加大 0.5 m 以上即得到离心泵的气蚀余量 *NPSH*，用于计算离心泵的允许安装高度 H_g。

2.8.3　离心泵主要性能参数和特性曲线

离心泵的主要性能参数有：

(1) 转速 n，常用每分钟的转数($r\cdot min^{-1}$)作为单位。

(2) 流量 q_V，是离心泵输送液体的能力，即离心泵单位时间内排出的液体体积，SI 单位为 $m^3\cdot s^{-1}$。离心泵的流量与泵的结构、尺寸有关，也与离心泵的转速有关。同一离心泵不同转速 n 下的流量关系大致为

$$\frac{q_{V1}}{q_{V2}}=\frac{n_1}{n_2}$$

(3) 扬程 H_e，又称泵的压头，为泵在输送液体时传递给单位质量流体的能量，SI 单位为 m(液柱)。扬程与转速的关系为

$$\frac{H_{e1}}{H_{e2}}=\frac{n_1^2}{n_2^2}$$

(4) 功率 P，表示离心泵在单位时间内做功的大小，SI 单位为 W。包括有效功率，即泵提供的理论功率 P_e；轴功率，即电动机输入泵轴的功率，是泵的实际功率 P_a。功率与转速的关系为

$$\frac{P_1}{P_2}=\frac{n_1^3}{n_2^3}$$

(5) 效率 η，为泵的有效功率与轴功率之比，即

$$\eta=\frac{P_e}{P_a}\times 100\%$$

离心泵能在相当广泛的流量范围内操作，流量可通过排出口阀门控制。流量改变时，离心泵的扬程 H_e、轴功率 P_a 和效率 η 均随之改变。它们之间的关系可用图 2.47 所示的离心泵特性曲线表示。

H_e- q_V 曲线显示，当流量为 0 或接近于 0 时，离心泵的扬程最大，随着流量的增大，扬程逐渐减小。

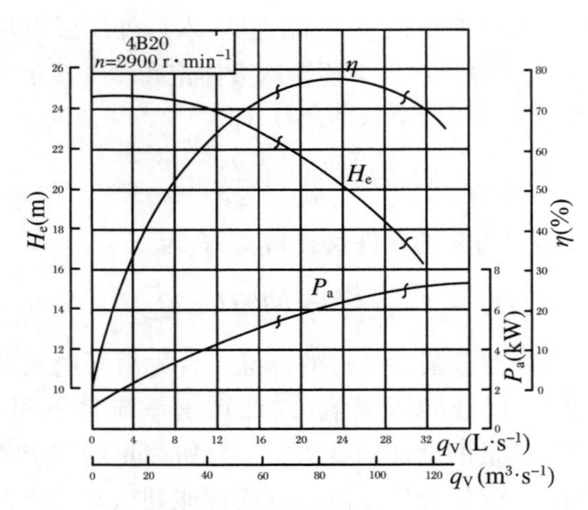

图 2.47　离心泵特性曲线

P_a- q_V曲线显示，流量为 0 时轴功率最小，当流量增大时，轴功率也随之增大。因此离心泵启动前应关闭出口阀门，以避免电机过载。

η - q_V曲线显示，流量为 0 时，效率也为 0，而在一定的流量下，泵有一最高效率点，该点为泵的最适宜操作条件。离心泵在工作过程中，可通过出口阀门调节流量，尽量使泵在最高效率点附近运转。

当有多台离心泵并联在同一管路中工作时，能增大输送的流体流量，但流量的增大并不与并联的离心泵台数成正比。多台离心泵串联在管路中工作时，能提高输出压头，但压头的提高也不与串联的离心泵台数成正比。

习　　题

1. 贮槽内存放密度为 860 kg · m^{-3} 的油品，贮槽内径为 2000 mm，贮槽上端与大气相通。如图 2.48 所示，槽侧边测压孔距槽底为 800 mm，测压孔的 U 形管压力计中汞柱的读数为 150 mm，汞柱面的高度与油槽测压孔的高度相同或接近，汞的密度为 13600 kg · m^{-3}。试求该条件下贮槽内全部油品的体积和质量。

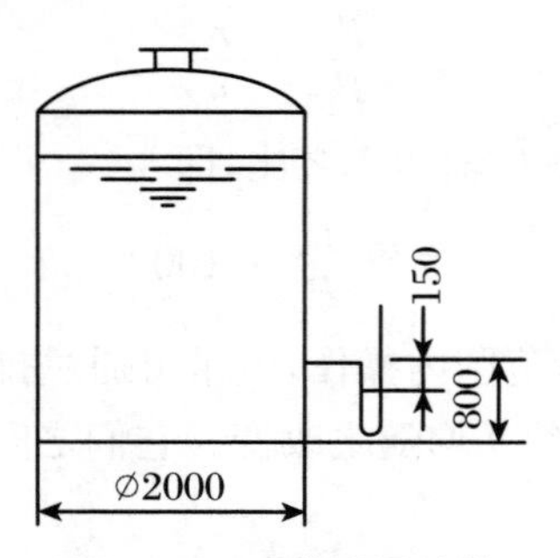

图 2.48　贮槽油量计算

2. 微差压差计中轻指示液为苯甲醇，密度为1048 kg·m^{-3}，重指示液为氯化钙溶液，密度为1400 kg·m^{-3}。若将氯化钙溶液密度调整为1200 kg·m^{-3}，问测量灵敏度提高为原来的多少倍？

3. 20 ℃的水经管道输送，每小时输送72 t。试按1.5 m·s^{-1}的常用流速，计算输水管管径。

4. 水泵汲入管为管径∅88.5 mm×4 mm的水管，压出管为管径∅75.5 mm×3.75 mm的水管，汲入管中水的流速为1.2 m·s^{-1}，试求压出管中水的流速。

5. 如图2.49所示，高位水槽水面距出水管净垂直距离为6.0 m，出水管为管径∅75.5 mm×3.75 mm的水管，管道较长，流动过程中的压头损失为5.7 m水柱，试求每小时可输送的水量体积。

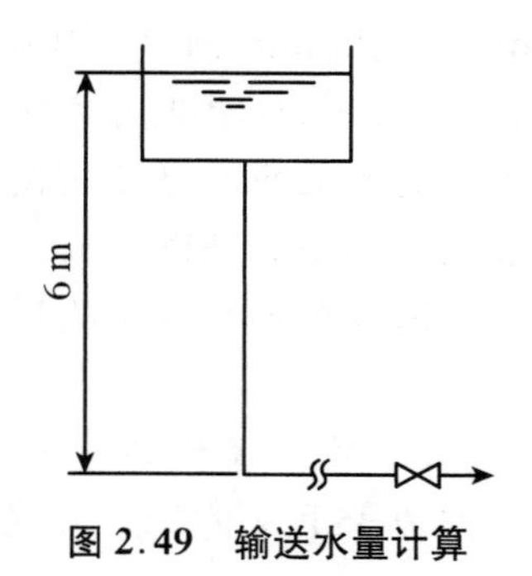

图2.49　输送水量计算

6. 用泵将碱液槽中碱液抽往吸收塔顶，经喷头喷出作为吸收剂用。如图2.50所示，碱液池中碱液深度为1.5 m，池底至塔顶喷头口的垂直距离为16 m。泵的汲入管为管径∅75.5 mm×3.75 mm的水管，压出管为管径∅60 mm×3.5 mm的水管。碱液在喷头口前的静压力按压力表指示为30 kPa(表压)，密度为1100 kg·m^{-3}。输送系统中压头损失为3 m碱液柱。计划送液速度25 t·h^{-1}。若泵的效率为55%，试求泵所需的实际功率。

7. 如图2.51所示的喷射泵，泵内水流量为10 t·h^{-1}，进口2处静压力为1.5 kgf·cm^{-2}(表压)，进口管内径53 mm，喷嘴1处口内径为13 mm，试求该喷射泵理论上在喷嘴处能形成的真空度。设当时大气压为101.3 kPa。

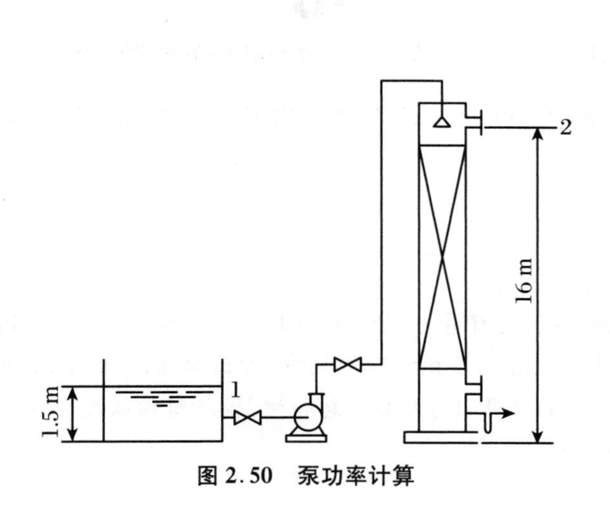

图2.50　泵功率计算

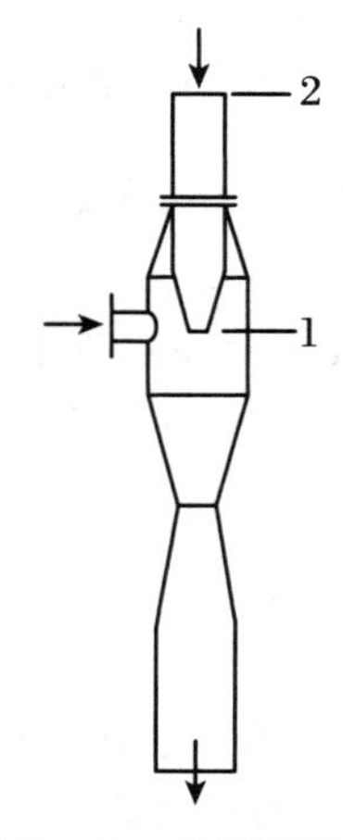

图2.51　喷射泵计算

8. 在管径∅60 mm×3.5 mm的钢管管道上安装上孔板以测量管中20 ℃苯的流量，苯的最大流量为10 $m^3 \cdot h^{-1}$，相应的孔板前、后液柱压力计的允许最大读数为200 mmHg，试求孔板的最小直径。

9. 利用上题的孔板流量计进行测量时，求流量为6 $m^3 \cdot h^{-1}$时压差计读数和苯在管道内的流速。已知流量系数$c_0=0.62$。

10. 原用塑料(相对密度为1.19)转子的转子流量计测量气体流量，若转子改用铝(相对密度为2.67)制，转子形状及大小不变，则测量范围变为原测量范围的多少倍?

11. 若将20 ℃硫酸用∅48 mm×3.5 mm的冷拔无缝钢管输送，已知20 ℃的硫酸的黏度为25.4×10^{-3} Pa·s，密度为1840 $kg \cdot m^{-3}$，试求其达到湍流时的最低流速和最低体积流量。

12. 20 ℃的甘油在∅33.5 mm×3.25 mm钢管中以0.2 $m \cdot s^{-1}$流速流动，已知甘油的黏度为1.499 Pa·s，密度为1260 $kg \cdot m^{-3}$，试求其流动阻力。

13. 如图2.52所示，需用离心泵将水池中水送至密闭高位槽中，高位槽液面与水池液面高度差为15 m，高位槽中的气相表压为49.1 kPa。吸入管长60 m(包括局部阻力的当量长度)，管子管径均为∅68 mm×4 mm，摩擦系数为0.021，需求水的流量为25 $m^3 \cdot h^{-1}$，试计算选用离心泵扬程。

14. 如图2.53所示，鼓风机吸入管的内径为200 mm，测得U形管压力计的读数为25 mmH_2O。若空气在吸入管内的阻力等于$u^2/(2g)$，u为空气在管道内流速，空气密度为1.2 $kg \cdot m^{-3}$，试求吸入管内空气体积流量。

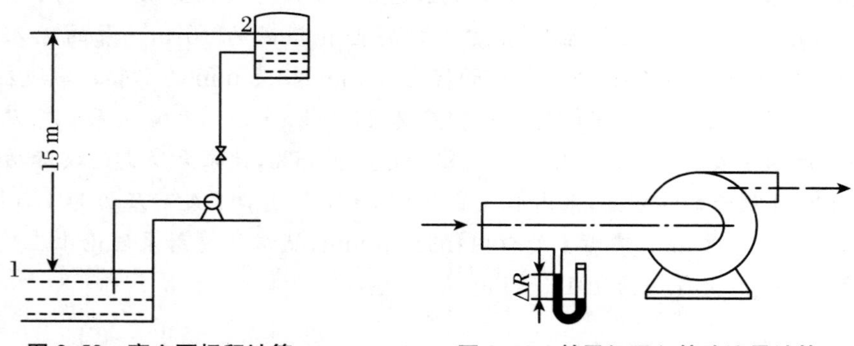

图2.52　离心泵扬程计算　　**图2.53　鼓风机吸入管路流量计算**

15. 某流体以滞流在管中流动，流量不变，流体密度变化不大，当发生以下改变时，推导摩擦阻力的变化为多少。

(1) 管长增加一倍；

(2) 管径增加一倍；

(3) 油温提高使黏度为原来的1/2。

16. 将某油品用离心泵送往高位槽，送料量为7200 $kg \cdot h^{-1}$。油品密度为900 $kg \cdot m^{-3}$，黏度为2.5×10^{-2} Pa·s。导管用∅8 mm×3 mm不锈钢管，管出口比液面高15 m，管路上附的管件(孔板流量计、闸阀、弯头等)的局部阻力系数的总和为15，管壁粗糙度为0.15 mm，管长40 m。设泵的效率为0.4，试求泵所需功率。

第3章　固体颗粒在流体中的沉降和流态化

学习要点

1. 了解固体颗粒在流体中的运动及应用。
2. 理解固体流态化现象,散式流化与聚式流化、沟流和节涌等基本概念。
3. 掌握固体流态化过程三个阶段的变化规律。
4. 了解流化床的类型及其在工业上的应用。

自然界的大风扬尘、沙漠迁移、河流夹带泥沙,都是流态化现象。流态化在工业生产和实际生活中有很多应用,比如风选、水簸用以分离固体粒子,以及硫铁矿的沸腾炉焙烧和石油馏分的流化床催化裂化等。近代化学工业首先使用流态化技术的是20世纪20年代的粉煤气化。而最重要的里程碑当推第二次世界大战期间从石油的催化裂化来大量生产汽油。石油开采过程中存在很多的液固两相流动过程,如钻井过程中的岩屑携带,水力压裂与砾石充填过程中的井筒中支撑剂和充填颗粒材料的携带,以及出砂油气井排砂生产过程中井筒中砂粒的携带等。

本章主要讨论固体颗粒在流体中的沉降及应用,进而讨论有关固体流态化的现象、规律以及流化床的类型及其在工业上的应用。

3.1　固体颗粒在流体中的沉降

固体颗粒在流体中的沉降,在实际生活生产中有很多的应用。由蜀郡太守李冰父子在公元前256年组织修建的都江堰水利工程被誉为中国古代水利史上的奇迹。该工程利用地形、地势,根据水力学弯道环流原理,把引水口设在内江凹岸,水流进入弯道后形成横向环流,在重力和离心力的共同作用下,表层水流和底层水流做分层运动,泥沙较少的表层水进入内江凹岸,而富含砂石的底层水则趋向外江凸岸,实现水沙分离,从而巧妙地将清水导入引水渠,减少泥沙淤积。古代中国人民利用泥沙重力沉降和离心力沉降的原理,实现了"四六分洪、二八排沙",形成了科学完整、调控自如的工程体系,达到了无坝引水、自动调水调沙和泄洪的目的。都江堰水利工程尊重自然、顺应河流自身规律,体现了"乘势利导、因时制宜"的设计思想,蕴含着人与自然和谐相处的传统自然观,是中国传统文化的优秀代表,体现了中国人民的伟大智慧和工匠精神,也是世界人民共有的宝贵财富。

本节内容就是探讨固体颗粒在流体中沉降过程的一般规律。固体颗粒在流体中的沉降是非均一相固体物料分级、分类和分离的基础。固体颗粒在流体中的沉降过程中最简单的情况就是单个圆球颗粒在流体中的自由沉降,也就是圆球颗粒在沉降过程中没有发生螺旋或摇摆的垂直沉降,同时也没有壁效应(固体圆球距离壁面超过 10 倍圆球直径)。

3.1.1 圆球颗粒的沉降

1. 圆球颗粒沉降速度

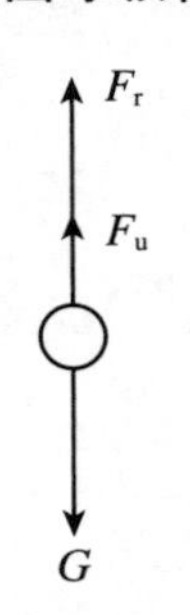

图 3.1 圆球颗粒在流体中受力示意图

圆球颗粒在静止或流速很慢的流体中沉降时,会受到重力 G、浮力 F_u和摩擦阻力 F_r的作用,如图 3.1 所示。当圆球刚开始沉降时,因受重力作用产生加速运动,随后流体对颗粒的阻力随着固体颗粒沉降速度的增加而增加。经过一段时间后,颗粒的重力与流体对其产生的阻力平衡时,颗粒就会匀速下沉,此时颗粒与流体的相对速度叫作沉降速度。

假设圆球颗粒的直径为 d_p(单位为 m),密度为 ρ_p(单位为 $kg \cdot m^{-3}$),流体密度为 ρ(单位为 $kg \cdot m^{-3}$),则其在流体中的重力 G 和浮力 F_u的表达式分别为

$$G = \frac{1}{6}\pi \cdot d_p^3 \cdot \rho_p \cdot g$$

$$F_u = \frac{1}{6}\pi \cdot d_p^3 \cdot \rho \cdot g$$

通常情况下,圆球颗粒在流体中运动所受摩擦阻力 F_r的一般表达式为

$$F_r = \xi A \frac{\rho v^2}{2} = \xi \frac{\pi d_p^2}{4} \cdot \frac{\rho v^2}{2}$$

式中,A 为圆球颗粒垂直于运动方向的投影面积,也就是受到摩擦阻力的有效面积,$A = \frac{1}{4}\pi d_p^2$,单位为 m^2;ξ 为沉降时摩擦阻力系数,无量纲;v 为圆球颗粒沉降速度,单位为 $m \cdot s^{-1}$。

图 3.1 中圆球颗粒在流体中所受三种力的合力 F_T为

$$F_T = G - F_u - F_r = \frac{1}{6}\pi \cdot d_p^3 \cdot \rho_p \cdot g - \frac{1}{6}\pi \cdot d_p^3 \cdot \rho \cdot g - \xi \frac{\pi d_p^2}{4} \cdot \frac{\rho v^2}{2}$$

根据牛顿第二定律,有 $F_T = ma = m\frac{dv}{dt}$($m$ 为圆球颗粒质量,单位为 kg;t 为时间,单位为 s),可得

$$m\frac{dv}{dt} = \frac{1}{6}\pi \cdot d_p^3 \cdot \rho_p \cdot g - \frac{1}{6}\pi \cdot d_p^3 \cdot \rho \cdot g - \xi \frac{\pi d_p^2}{4} \cdot \frac{\rho v^2}{2}$$

$$\frac{dv}{dt} = \frac{\rho_p - \rho}{\rho_p} \cdot g - \frac{3\xi\rho v^2}{4 d_p \cdot \rho_p}$$

在圆球颗粒沉降过程中,随着颗粒沉降速度的增大,摩擦阻力加速度由零逐渐增大,而有效重力加速度保持不变,这就存在一个沉降最终平衡状态,此时颗粒沉降加速度为零:

$$\frac{dv}{dt} = 0$$

此时达到受力平衡状态,圆球颗粒沉降速度 v 为一常数,整理可得

$$v = \sqrt{\frac{4 d_p \cdot (\rho_p - \rho) g}{3\xi\rho}} \tag{3.1}$$

2. 圆球颗粒沉降阻力系数 ξ 与沉降雷诺数 Re 的关系

和流体流动形态一样，圆球颗粒在流体中的沉降也有两种形态：滞流和湍流，如图 3.2 所示。

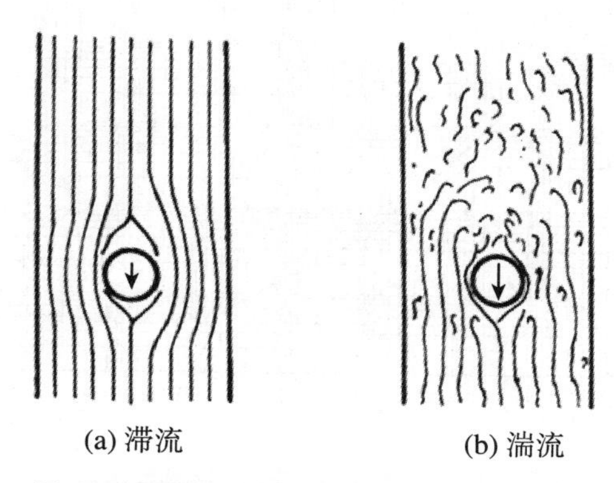

图 3.2　圆球颗粒在流体中沉降形态示意图

在图 3.2(a) 中，当固体圆球颗粒的密度与流体的密度比较接近时，对于直径较小的固体圆球颗粒可以非常慢的速度在流体中沉降，圆球颗粒受到的阻力主要是黏附在颗粒表面的流体膜与流体间的摩擦力，此时流体表现为一层一层地绕过圆球颗粒，这种沉降形态就是滞流沉降。和流体在圆形直管里的滞流流动一样，流动阻力主要是由吸附在固体圆球颗粒表面的流体膜与流体间因黏度而产生的剪应力所引起的。

在图 3.2(b) 中，当固体圆球颗粒沉降速度较大时，颗粒背部会出现流动旋涡，这些流动旋涡使得圆球颗粒前、后流体的压力不同，增加了颗粒沉降阻力。随着圆球颗粒沉降速度继续增加，吸附于颗粒表面的流体膜因为相对速度较大而从球面脱开，颗粒周围会形成大量旋涡，颗粒沉降的滞流形态遭到破坏而进入湍流形态。此时圆球颗粒所受的阻力主要取决于旋涡和扰动而不再是流体的黏度。

圆球颗粒在流体中的沉降形态的判断也是根据雷诺数，此时叫固体颗粒沉降雷诺数：$Re=\dfrac{d_p v\rho}{\mu}$（$\mu$ 为流体的密度，单位为 Pa · s）。

图 3.3 是典型的固体圆球颗粒沉降阻力系数 ξ 与沉降雷诺数 Re 的关系图，该图可以分成三个区域：

(1) 斯托克斯(Stokes)区

当 $Re<1\sim2$ 时，固体圆球颗粒沉降形态属于滞流，沉降阻力系数 $\xi=24/Re$，此时沉降速度可以由斯托克斯(Stokes)公式计算：

$$v=\frac{d_p^2(\rho_p-\rho)g}{18\mu} \tag{3.2}$$

斯托克斯公式适用于颗粒直径较小(比如 50 μm 以下)的固体圆球在一般流体介质中的沉降，或者用于化工生产中经常遇到的较大颗粒(一般 50 μm 以上)在黏滞流体中的沉降过程。

当流体为气体时，可以忽略气体的密度，斯托克斯公式可以简化为

$$v=\frac{d_p^2\cdot\rho_p\cdot g}{18\mu} \tag{3.3}$$

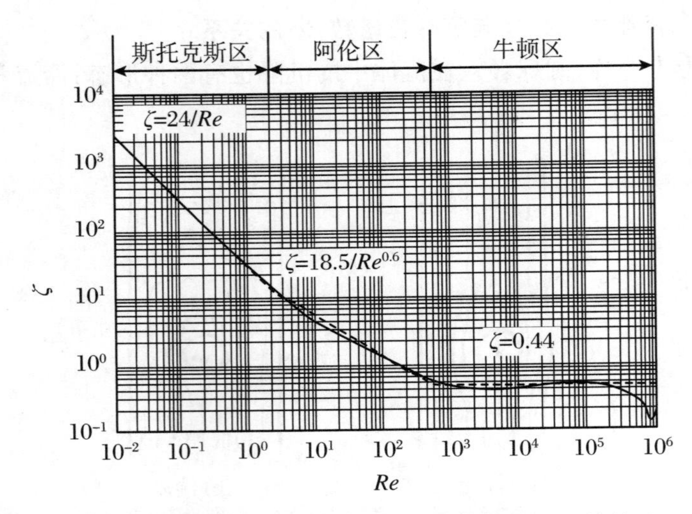

图 3.3 圆球颗粒沉降阻力系数 ξ 与沉降雷诺数 Re 的关系

(2) 阿伦(Allen)区

当 $Re = 1 \sim 500$ 时,固体圆球颗粒沉降形态属于过渡区域,沉降阻力系数 $\xi = 18.5/Re^{0.6}$,代入式(3.1),整理可得计算该区域固体圆球颗粒沉降速度的阿伦(Allen)公式:

$$v = \frac{0.774 d_p^{1.14} (\rho_p - \rho)^{0.71}}{\rho^{0.29} \mu^{0.43}} \tag{3.4}$$

阿伦公式用于化工生产中处理有关沉降过程中的过渡区域,计算相对较复杂,本书不做详细讨论。

(3) 牛顿(Newton)区

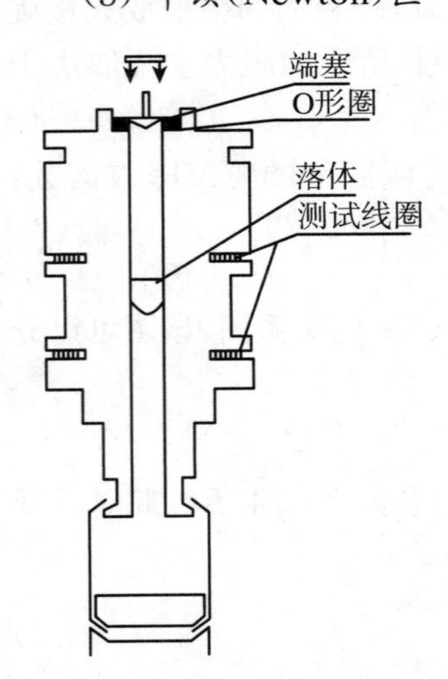

图 3.4 落球式黏度计

当 $Re > 500$ 时,固体圆球颗粒沉降形态属于湍流,与流体在圆管中的强烈湍流类似,沉降阻力系数几乎不发生变化,此时 $\xi = 0.44$,将其代入式(3.1),可得出计算该区域固体圆球颗粒沉降速度的牛顿(Newton)公式:

$$v = 1.74\sqrt{\frac{d_p \cdot (\rho_p - \rho) g}{\rho}} \tag{3.5}$$

牛顿公式适用于颗粒直径较大(比如 1 mm 以上)的固体圆球沉降过程。

在实际生产中,可以利用式(3.2)设计出落球黏度计用于测量流体黏度(图 3.4)。落球黏度计的基本原理如下:将一个固体圆球(玻璃球、钢球等)放入一定温度的黏性液体中,一开始固体圆球在重力与浮力的共同作用下有向下的沉降加速度,随着沉降速度的增加,球体受到液体的阻力也增加,逐渐接近使球体下降的力,当受力达到平衡时,球体便会匀速下落,此时的速度就是上面讨论的沉降速度。由于球体受到的阻力主要来自液体的黏滞性,根据斯托克斯公式,可以推导出流体的黏度表达式:

$$\mu = \frac{d_p^2(\rho_p - \rho)g}{18v} \cdot f = \frac{d_p^2(\rho_p - \rho)gt}{18l} \cdot f \tag{3.6}$$

式中，l 为圆球颗粒匀速下落的某段距离，单位为 m；t 为圆球颗粒在距离 l 内的下落时间，单位为 s；f 为器壁效应校正系数，通常取 0.960 ～ 0.998。

落球黏度计结构简单，操作方便，可快速提供测定数据，可测较大范围的剪切应力，有利于生产工艺的控制以及溶液结构和性能的研究，现在的落球黏度计甚至可以测量高温高压下的流体黏度，应用范围十分广泛。

例 3.1　用落球黏度计测定液体黏度。密度为 8000 $kg \cdot m^{-3}$、直径为 2.2 mm 的合金圆球，在待测液体中以 3 $mm \cdot s^{-1}$ 的速度匀速沉降，已知该液体密度为 950 $kg \cdot m^{-3}$，黏度计校正系数为 0.96，试求该液体的黏度。

解　因固体圆球沉降速度很慢，可先假定是滞流沉降过程，将已知条件代入式(3.6)，有

$$\mu = \frac{d_p^2(\rho_p - \rho)g}{18v} \cdot f = \frac{0.0022^2 \times (8000 - 950) \times 9.81}{18 \times 0.03} \times 0.96 = 0.59(\text{Pa} \cdot \text{s})$$

校核雷诺数：

$$Re = \frac{d_p v\rho}{\mu} = \frac{0.0022 \times 0.03 \times 950}{0.59} = 0.11 < 1$$

说明测量条件为滞流沉降，运用斯托克斯公式合适。

3.1.2　重力沉降的应用

重力沉降可以使得悬浮在流体中的固体颗粒下沉而与流体分离。重力沉降是从流体中分离出固体颗粒的最简单方法。当然只有颗粒较大(一般直径 0.1 mm 以上)、流体流速较小时，重力沉降的作用才较明显。

1. 气体除尘

在化学、燃料、冶金等工业中，常会产生含有大量粉尘的气体，必须除去粉尘，才能使以后生产过程得以顺利地继续进行。气体除尘简称除尘，是指除去悬浮在气体中粉尘的过程。比如某些工业排放出的含尘废气，应当进行一定程度的除尘，而不能直接排放入大气。再比如在接触法制造硫酸中，如果在原料气内悬浮着的砷、硒等微粒不予除去，就会使催化剂中毒。除了满足工业生产的要求外，除尘也是为了回收利用、劳动保护、城乡卫生和农作物的保护等。

利用粉尘与气体的比重不同的原理，使粉尘靠本身的重力从气体中自然沉降下来的净化设备，通常称为沉降室或降尘室。它是一种结构简单、体积大、阻力小、易维护、效率不高的净化设备，一般用于预除尘的粗净化工段。

重力降尘室的工作原理如图 3.5 所示，含尘气体从一侧以水平方向的均匀速度 u 进入沉降室，尘粒以沉降速度 u_t 下降，运行 t 时间后，尘粒沉降于室底，净化后的气体从另一侧出口排出。

实际生产中，为了提升除尘效率，一般采用多层降尘室(图 3.6)。多层隔板的设计使得含尘气体由管道进入降尘室后因流道截面积扩大而流速降低。只要气体从降尘室进口流到

出口所需的停留时间等于或大于尘粒从降尘室的顶部沉降到底部所需的沉降时间，则尘粒就可以被分离出来。

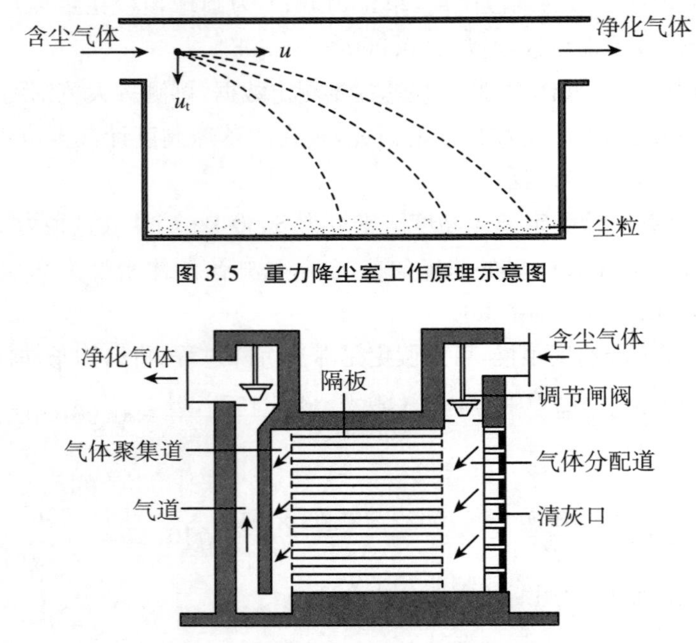

图 3.5　重力降尘室工作原理示意图

图 3.6　多层重力降尘室工作原理示意图

2. 液体澄清和悬浮液增稠

在化工生产中，经常会有固液混合物需要处理，比如液相反应生成的沉淀、溶液浓缩后生成的晶体等，这种固体颗粒悬浮于液体之中所形成的非均相体即为悬浮液。处理悬浮液实现固液分离常用于回收固体产品、获得澄清液体和净化排放废液等方面。

利用重力沉降分离悬浮液的设备称为沉降槽(图 3.7)。当分离的目的是得到澄清液时，所用设备称为澄清器；当分离的目的主要是得到含固体颗粒的沉淀物时，所用设备称为增稠器。也就是说，沉降槽具有澄清液体和增稠悬浮液的双重功能。

沉降槽的双重作用决定了其在结构上必须具备以下两个特点。其一是在得到澄清液体时，从料浆中分出大量清液，要求液体向上的速度在任何瞬间都必须小于颗粒的沉降速度，因此沉降槽应有足够的沉降面积，保证清液向上及增浓液向下的通过能力。其二是在得到固体沉淀物时，沉降槽必须要达到增浓液所规定的增浓程度，增浓程度取决于颗粒在槽中的停留时间，为此沉降槽加料口以下应有足够的高度，保证底流集聚所需的时间。

沉降槽可间歇操作也可连续操作。工业生产中比较常见的有沉淀池、多层倾斜板式沉降槽、逆流澄清器、耙式浓密机及沉降锥斗等。沉降槽适用于处理量大而固体含量不高、颗粒不太细微的悬浮料浆，工业上大多数污水处理都采用连续沉降槽。

3. 固体颗粒分级

利用不同粒径或不同密度的固体颗粒在流体中的沉降速度不同，可以实现固体颗粒大小的分级或不同密度物料的分离，这样的设备叫作分级器。图 3.8 是简单分级器工作原理示意图，它由三个不同直径的柱形容器串联而成，待分离的悬浮液进入第一个柱子顶部，水或其他密度适宜的流体从各级柱子底部向上流动，控制悬浮液的加料速度，可以实现固体颗粒的自由沉降。在各级沉降柱中,大颗粒因沉降速度大于流体向上的速度而沉于底部,粒径较小的颗粒则被带入下一个沉降柱。通过选择调节沉降柱流动面积的大小、选择合适的液体密度并调控其流速,可以实现将悬浮液中的固体颗粒按照指定的粒径范围进行分级,这也是水力选矿的基本原理。

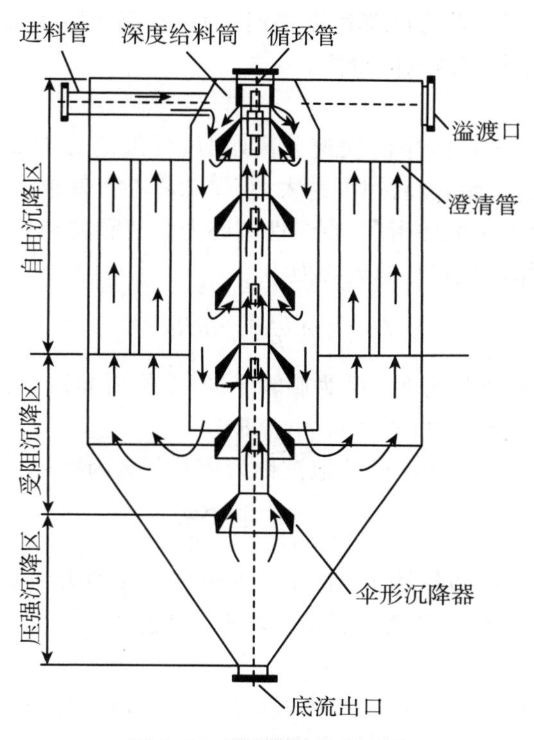

图3.7　沉降槽结构示意图

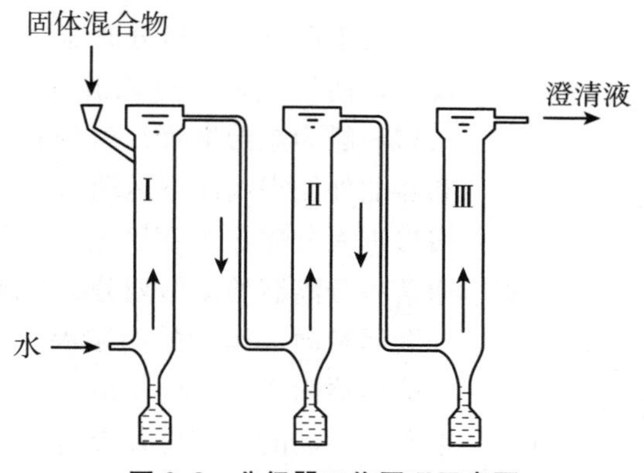

图3.8　分级器工作原理示意图

4. 合金除杂

性能优越的铝合金广泛应用于航空航天、机械制造、电子、石油化工和建筑行业。为保证其高性能,此类合金对杂质铁的含量要求非常严格。在熔融状态下,选择添加合适的配位剂,利用重力沉降的方法可以很好地实现铁杂质的去除。这种方法相比用电解铝工艺除铁更加环保、节能、绿色和高效,在处理回收铝合金方面显示了突出的优势。

3.1.3 离心沉降

重力沉降依赖于固体颗粒自身的重力，颗粒较大的粒子沉降明显，因此分离效果较好。而对于粒径较小的固体颗粒，重力沉降速度很慢，为了提高沉降速度，可以对固体颗粒施加外力，比如离心力，以实现更快地沉降分离。

1. 离心力和分离因数

为了实现固体颗粒在悬浮液中的快速分离，利用外加离心力比利用重力要有效得多。固体颗粒的离心力由旋转产生，旋转速度越大，获得的离心力就越大。当流体带着固体颗粒旋转时，若固体颗粒密度大于流体密度，则惯性离心力会使颗粒在径向上与液体发生相对运动而飞离中心。此时固体颗粒获得的离心力为

$$F_c = m\frac{v_c^2}{R} = mR\omega^2 \tag{3.7}$$

式中，m 为固体颗粒质量，单位为 kg；R 为旋转半径，单位为 m；v_c为固体颗粒旋转时的切向速度，单位为 $\mathrm{m \cdot s^{-1}}$；ω 为旋转角速度，$\omega = v_c/R$。

这时候的离心力 F_c和重力 mg 的比值被称为离心分离因数 k_c：

$$k_c = \frac{v_c^2}{Rg} = \frac{R\omega^2}{g} \tag{3.8}$$

离心分离因数 k_c表示在离心力作用下，引起固体颗粒沉降的力为其本身重力的倍数，它是衡量分离效率的重要指标，标志着离心沉降设备的分离能力。

2. 离心旋风分离

离心沉降有很多的用途，其中典型的代表就是气体的旋风分离。在离心分离设备中，通过让含尘气体产生旋转运动将粉料颗粒甩向边壁，然后通过边壁附近向下的气流将已分离的颗粒带到排尘口。

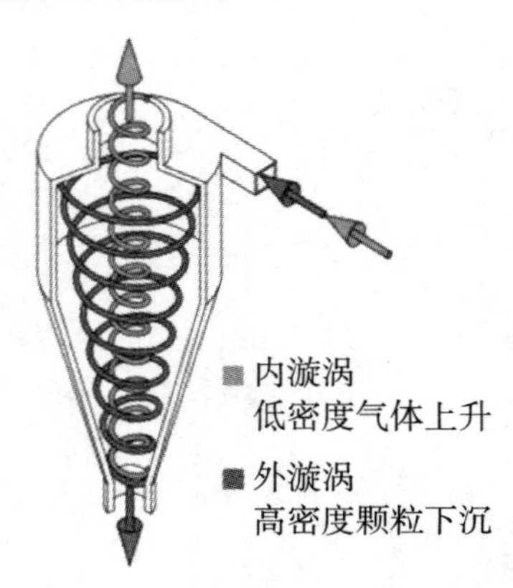

图 3.9 旋风分离器工作原理示意图

对于标准的旋风分离器（图 3.9），通过入口结构的设计迫使气流切向进入旋风分离器内产生旋转运动。入口一般为矩形截面。气流在做旋转运动的同时沿分离器的外侧空间向下运动。在分离器锥体段，迫使气流缓慢进入分离器内部区域，然后气体沿轴向向上运动。通常将分离器的流型划分为双漩涡，即轴向向下运动的外漩涡和向上运动的内漩涡。入口气体中的含尘颗粒在分离器内离心力场作用下向边壁运动，同时由边壁附近向下运动的气体将其带到分离器排尘口，净化气体经过中央部位的升气管排出。

在旋风分离的过程中，粒径较小的固体颗粒的离心沉降形态大多数属于滞流沉降，所以可以用斯托克斯公式来计算沉降速度。

在重力场下，固体颗粒沉降速度的斯托克斯公式为

$$v = \frac{d_p^2(\rho_p - \rho)g}{18\mu} = g \cdot \frac{d_p^2(\rho_p - \rho)}{18\mu}$$

在离心力场下，固体颗粒沉降速度为

$$v = \frac{v_c^2}{R} \cdot \frac{d_p^2(\rho_p - \rho)}{18\mu} \tag{3.9}$$

因旋风分离的流体是气体，其密度相对较小，式(3.9)可以简化为

$$v = \frac{v_c^2}{R} \cdot \frac{d_p^2 \cdot \rho_p}{18\mu} \tag{3.10}$$

根据式(3.10)，已知设定的气体流速，则可以计算出在该流速下的固体颗粒的粒径 d_p：

$$d_p = \sqrt{\frac{18R\mu v}{v_c^2 \rho_p}} = \frac{3}{v_c} \cdot \sqrt{\frac{2R\mu v}{\rho_p}} \tag{3.11}$$

从式(3.11)可以看出，固体颗粒的粒径 d_p和旋转速度 v_c成反比，也就是说，旋风分离的气体流速越大，可以分离的固体颗粒的粒径越小。旋风分离被广泛应用于气固分离工段，比如含尘气体的净化(如锅炉废气除尘)，以及气体中微粒的回收(如流化床反应中固体催化剂粉尘的回收)等。

在实际生产中，只要旋转速度合适，即使是微小的固体微粒或液体微粒也能快速沉降。采用超高速离心时，甚至可以实现对同位素的旋风分离。通常情况下，旋风分离器的气体流速范围为 15 ～ 25 $m \cdot s^{-1}$，速度太小除尘效果不好，被离心沉降出的固体颗粒质量分数较低，没有实用价值；速度也不能太大，太大会造成气流阻力增加甚至导致磨损加剧。

例 3.2　20 ℃时，含有某种吸入性粉尘气体进入旋风分离器的进气流速为 20 $m \cdot s^{-1}$，已知分离器中的气体平均旋转半径为 0.5 m，粉尘颗粒直径为 8 μm，密度为 1600 $kg \cdot m^{-3}$。试求粉尘颗粒的离心沉降速度为多少，并与重力沉降做出比较。

解　先假定离心沉降是滞流沉降过程，查得 20 ℃时空气黏度为 18.2 $\mu Pa \cdot s$，忽略此时空气密度(1.205 $kg \cdot m^{-3}$)，将已知条件代入式(3.10)，有

$$v = \frac{v_c^2}{R} \cdot \frac{d_p^2 \cdot \rho_p}{18\mu} = \frac{20^2 \times (8 \times 10^{-6})^2 \times 1600}{0.5 \times 18 \times 18.2 \times 10^{-6}} = 0.25(m \cdot s^{-1})$$

校核雷诺数：

$$Re = \frac{d_p v \rho}{\mu} = \frac{(8 \times 10^{-6}) \times 0.25 \times 1.205}{18.2 \times 10^{-6}} = 0.132 < 1$$

说明粉尘沉降为滞流沉降。

此时粉尘的重力沉降为

$$v = \frac{d_p^2(\rho_p - \rho)g}{18\mu} = g \cdot \frac{d_p^2(\rho_p)}{18\mu} = 9.81 \times \frac{(8 \times 10^{-6})^2 \times 1600}{18 \times 18.2 \times 10^{-6}} = 3.07 \times 10^{-3}(m \cdot s^{-1})$$

离心沉降和重力沉降相比得到分离因数 $k_c = 0.25 / 0.00307 = 81.4$。

“绿水青山就是金山银山”，利用重力沉降、离心分离等方法处理工厂排放的废气、废液等污染物，能够避免或减少环境污染。如沉降室可分离大于 50 μm 的粗颗粒，旋风分离器能分离 5～10 μm 的颗粒，但对于更小的细颗粒物，比如严重危害人类健康的 PM 2.5 等更小粒径的颗粒，则需要通过袋滤器、电除尘器、膜分离等方法进行捕集。所以我们在积极倡导和践行环保绿色发展理念的同时，也需要发展高效、节能、高性价比的烟气净化设备(除尘设备)及技术，这样才能从根本上解决发展与环保问题。

3.2 流 态 化

3.2.1 流态化现象

流态化一般指固体流态化，简称流化，它是利用流动流体的作用，将固体颗粒群悬浮起来，从而使固体颗粒具有某些流体表观特征，并且具有液体的某些性质（图 3.10），这种现象叫作流态化。生产上利用这种流体与固体间的接触方式实现生产过程的操作，称为流态化技术。随着技术的革新，流态化技术越来越成熟，对于强化某些单元操作和反应过程以及开发新工艺方面有着重要作用，广泛应用于化学、石油、冶金、原子能等领域的焙烧、干燥、吸附、气化、催化反应和催化裂化等许多过程中。

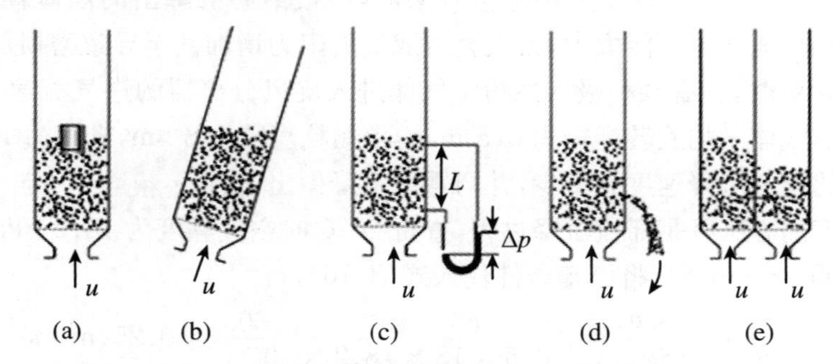

图 3.10 流态化床层具有类似于液体的性质

(a) 浮力，密度比床层平均密度小的物体可以漂浮在床面上；(b) 床层倾斜，床面保持水平；(c) 具有静压差，符合流体静力学规律 $\Delta P = \rho g L$；(d) 类似液体流动性，颗粒像液体一样从小孔流出；(e) 连通器性质，流化床之间通过连通实现同一水平面

3.2.2 流化床的三个阶段

图 3.11 展示了固体颗粒床层随着流体流速逐渐增加而发生的流化过程。以空气通过砂粒堆积的床层为例，通过测得床层阻力（床层压力降）与空气流速（流体表观流速，也叫空床流速）的关系（图 3.12），可以观察到床层会发生以下几个阶段的变化：

1. 固定床阶段

此时空气流速 v 较小，固体颗粒静止不动，床层高度和床层空隙率均保持不变（图 3.11），低流速的流体只是通过静止颗粒的空隙流动，颗粒受到的阻力较小，颗粒床层满足滞流形态，床层压力降与流速的关系可以用欧根（Ergun）方程的滞流公式来描述：

$$\Delta p = 150 \frac{(1-\varepsilon)^2}{\varepsilon^3} \cdot \frac{L \mu v}{d_p^2} \tag{3.12}$$

式中，Δp 为床层压力降，单位 Pa，$\Delta p = \rho g L$；ε 为床层空隙率，指固体颗粒间自由空隙占总床层体积的分数；L 为床层高度，单位 m；μ 为流体的黏度，单位 Pa·s；v 为流体的流速，单位 $m \cdot s^{-1}$。

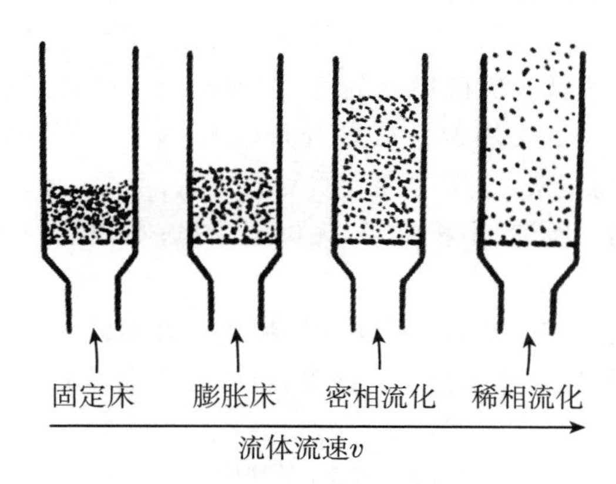

图 3.11　固体颗粒床层的流化过程

图3.12显示在固定床阶段，气体通过床层的压力降 Δp 与流速 v 成正比关系，随着流速 v 的增加，压力降 Δp 呈线性增大。

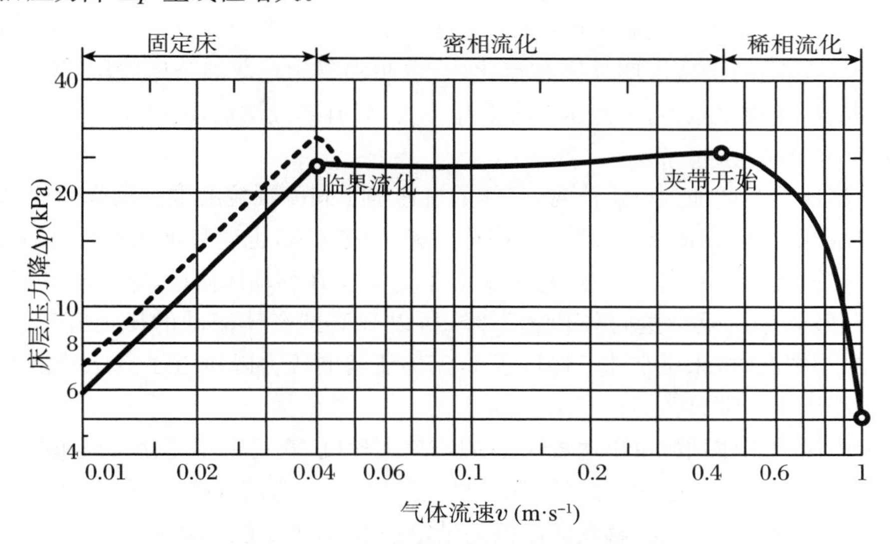

图 3.12　固体颗粒床层阻力与空床流速的关系

2. 流化床阶段

(1) 膨胀床

随着流体流速的逐步增加，床层高度发生轻微膨胀，固体颗粒相互离开，少量固体颗粒在一定区间内振动和游动，床层空隙率略微增加，此时床层称为膨胀床。

(2) 临界流化床

继续增加流体流速，当流体把颗粒托起，也就是流体通过床层的压强降等于床层的总重力(包括固体颗粒床层及床层空隙中的流体重力)时，固体颗粒刚好悬浮在向上流动的流体中，此时床层处于临界流化状态，叫作临界流化床或初始流化床，此时的流速称为临界流化流速或最小流化速度 $v_{m,f}$。临界流化流速是流化床的重要特性，是固定床变为流化床的转折点。

临界流速现象告诉我们哲学上的一个普遍道理：量变是质变的基础和必要准备，质变是量变的必然结果。以流体通过固体颗粒床层为例，只有当流体速度达到一定值时，固体颗粒才能悬浮于流体中做随机运动，从固定床阶段进入流化床阶段。初始流化速度以下是量变阶段，量变达到一定的程度就会突破原有的度，引起质变。这对我们平时的生活、学习和工作有很好的启示，既然事物的发展都是从量变开始的，那么不管从事任何工作都要脚踏实地，埋头苦干，做好量变的积累，这样才会有质变的飞跃；反之，好高骛远、急于求成、揠苗助长，是不可能取得成功的。所谓"不积跬步，无以至千里；不积细流，无以成江海"，讲的就是这个道理。

实践证明，当颗粒沉降雷诺数 $Re \leqslant 10$ 时，流化床大多数情况下属于滞流形态，根据欧根方程的滞流公式（式(3.12)）并结合实践观测，可以推出临界流化速度的简化计算公式：

$$v_{m,f} = \frac{d_p^2(\rho_p - \rho)g}{1650\mu} \tag{3.13}$$

式(3.13)基本上能满足大多数滞流条件下流化床临界流速的计算要求。

(3) 密相流化床（沸腾床）

继续增加流体流速（超过临界流化速度），悬浮的固体颗粒床层继续膨胀，床层高度和空隙率都进一步增加，可以观察到一些固体颗粒被气体夹带上升至床层上界面，床层有一清晰的起伏的上界面，此时的床层叫作密相流化床，也叫沸腾床。在沸腾床阶段，流体流动的压力降仍然是克服床层总重力，因此压力降变化不大，只有稍微增加（图 3.12）。

3. 移动床阶段

当流体流速继续增加到一定值时，流体的流速等于固体颗粒的重力沉降速度，床层界面消失，固体颗粒随流体夹带流出，此时床层称为稀相流化床，也叫移动床或输送床。此时流速为固体颗粒被夹带出的临界速度，称为带出速度 v_t。在移动床阶段，床层的空隙率快速增加，原来要克服的床层重力这时候快速下降，所以观察到流体流动的压力降迅速下降（图 3.12）。到极端情况时，床层空隙率接近于 1，流体流动的压力降接近于空床的阻力，此时的固体颗粒接近于全部带出。

移动床阶段的固体颗粒带出速度 v_t 也叫作终端速度，它是密相流化床操作的最高极限，同时也是稀相流化床或输送床的最低极限，也就是说，流化床的操作范围是流体流速介于临界流化速度与带出速度之间。移动床阶段的带出速度 v_t 等于固体颗粒的重力沉降速度，可以参照前面的圆球颗粒沉降速度计算公式（式(3.1)）进行计算。

同样，在流化床各个特定的范围内，固体颗粒的带出速度 v_t 都可以根据相应的条件计算得到。

(1) 滞流：当 $Re < 1 \sim 2$ 时，固体圆球颗粒重力沉降阻力系数 $\xi = 24/Re$，此时带出速度 v_t 可以由斯托克斯公式（式(3.2)）计算得到。

(2) 过渡区域：当 $Re = 1 \sim 500$ 时，固体圆球颗粒重力沉降阻力系数 $\xi = 18.5/Re^{0.6}$，此时带出速度 v_t 可以由阿伦公式（式(3.4)）计算得到。

(3) 湍流：当 $Re > 500$ 时，固体圆球颗粒阻力系数 ξ 几乎不发生变化，$\xi = 0.44$，此时带出速度 v_t 可以由牛顿公式（式(3.5)）计算得到。

需要说明的是，以上带出速度的计算，都是以固体圆球颗粒间互不干扰为前提的。实际流化床操作条件下，固体颗粒密集分布，颗粒之间一定有互相干扰，从结果来看，实际的固体颗粒的沉降速度会小一些。

在计算粒径不均匀的固体颗粒床层的带出速度时，为了不使最小颗粒夹带出去，要用颗粒最小直径代入计算，以确保操作的可靠性。

例 3.3　在 20 ℃时，用空气对直径为 50 μm 的圆球形固体催化剂（密度为 1000 kg · m^{-3}）进行流化，试求带出速度和临界流化速度分别为多少。

解　假定该流化操作是滞流状态，查得 20 ℃时空气黏度为 18.2 μPa · s，此时空气密度为 1.205 kg · m^{-3}，将已知条件代入斯托克斯公式求算临界带出速度 v_t：

$$v_t = \frac{d_p^2(\rho_p - \rho)g}{18\mu} = \frac{(50\times10^{-6})^2\times(1000-1.205)\times9.81}{18\times18.2\times10^{-6}} = 0.0748\ (\mathrm{m\cdot s^{-1}})$$

校核雷诺数：

$$Re = \frac{d_p\, v_t \rho}{\mu} = \frac{(50\times10^{-6})\times0.0748\times1.205}{18.2\times10^{-6}} = 0.248 < 1$$

说明假定滞流状态合理。此操作条件下的临界流化速度 $v_{m,f}$ 可以直接利用式(3.13)计算得到：

$$v_{m,f} = \frac{d_p^2(\rho_p - \rho)g}{1650\mu} = \frac{(50\times10^{-6})^2\times(1000-1.205)\times9.81}{1650\times18.2\times10^{-6}} = 8.16\times10^{-4}(\mathrm{m\cdot s^{-1}})$$

3.2.3　散式流化和聚式流化

1. 散式流化

对于大多数的液固流化系统，散式流化是指在密相流化阶段，固体颗粒均匀地分散在液体流化介质中，随流速增大，固体颗粒间的距离均匀增大，又称均匀流化(图 3.13(a))。散式流化有以下特点：

(1) 床层高度随流体表观流速的增大而均匀增加。

(2) 流体流过床层时，压力降比较稳定，波动很小。

(3) 床层中各部分密度几乎相等，床层上界面平稳而清晰。

(4) 流体与固体的密度差较小的体系比较容易形成散式流化。

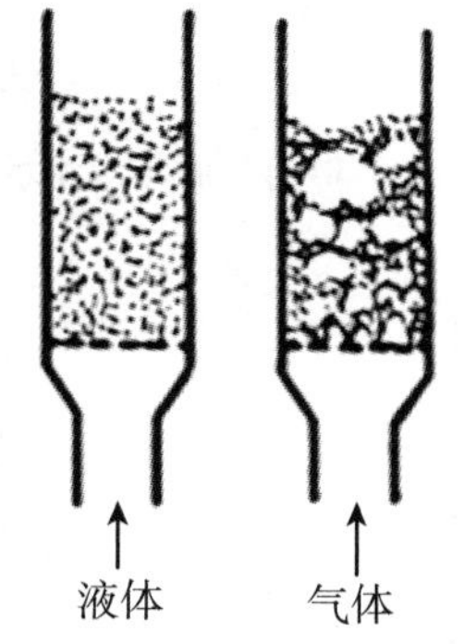

图 3.13　散式流化与聚式流化示意图

2. 聚式流化

对于大多数的气固流化系统，聚式流化是指在密相流化阶段，气体鼓泡通过床层时，气泡在上升过程中会发生膨大、合并和夹带固体颗粒，最后在床面上破裂，使床层上界面呈现明显的起伏波动，有些固体颗粒会发生黏聚或以团聚形式运动，整个床层显得极不均匀。聚式流化也称鼓泡流化(图 3.13(b))。聚式流化有以下特点：

(1) 床层中出现组成不同的两个相：含固体颗粒甚少的不连续气泡相和含固体颗粒较多、分布较均匀的连续乳化相。

(2) 乳化相内的固体颗粒运动状况和空隙率接近初始流化状态。

(3) 通过床层的流体，一部分从乳化相的颗粒间通过，超过临界流速以上的流体则以气泡形式通过床层。

(4) 当增加气体流量时,通过乳化相的气体量不变,气泡数量相应增加。

(5) 流体流过床层的压力降波动较大,不像散式流化那样平稳。

在通常情况下,不能笼统地认为凡是液固流化系统都是散式流化,凡是气固流化系统都是聚式流化。比如,当用水来流化大粒径的重颗粒时可能呈现聚式流化,而用高压气体来流化小粒径的轻颗粒时则可能呈现出散式流化。

需要指出的是,率先发现和区分“散式”和“聚式”流态化,建立系统的广义流态化理论的科学家是我国为数不多享誉世界的著名化学工程学家、国际流态化学科的奠基人和开拓者郭慕孙院士(1920—2012)。郭先生少年立志,青年时期出国留学寻求知识救国之路,在实现科技强国之梦的道路上,他辛勤耕耘,勇于创新,开创流态化学科先河,将自己的全部才智毫无保留地献给了深深热爱的祖国和人民,他以拳拳赤子之心倾尽终生报效祖国,留下了宝贵的精神财富,永远激励后人。

3. 节涌和沟流

在聚式流化中,会经常出现节涌和沟流这两种不正常的现象,会影响流化质量(图 3.14)。

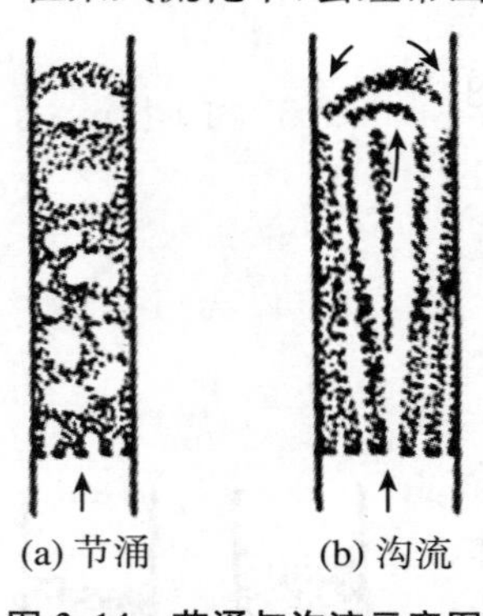

图 3.14 节涌与沟流示意图

(1) 节涌

节涌也叫腾涌,气体鼓泡通过流化床层时,气泡长大或汇合成大气泡,将床层分割成气泡和固体颗粒层,颗粒层像活塞一样被气泡向上推动,到达床层上界面时,气泡崩裂,固体颗粒会分散落下。产生节涌的主要原因是气固流化床的床层高度与直径的比值过大、气体流速太高或气流分布不均匀等。此外,大颗粒比小颗粒容易产生节涌。

节涌现象会导致床层压力降大幅波动(图 3.15),也会引起床层温度不稳定,还会加剧固体颗粒对设备器壁的磨损甚至将床中构件冲坏。

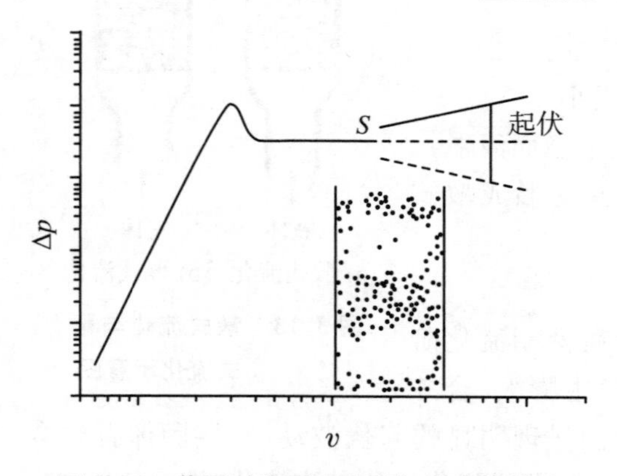

图 3.15 节涌时床层压力降与流速的关系

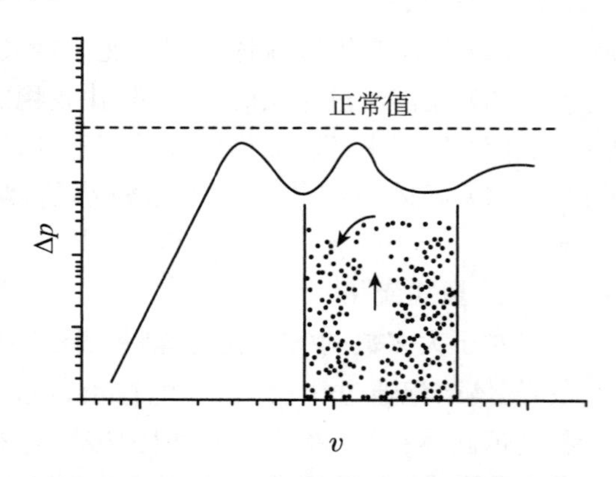

图 3.16 沟流时床层压力降与流速的关系

(2) 沟流

沟流是气体通过固体颗粒床层时发生“短路”,导致床层内密度分布不均匀,气固接触不良,部分床层变成“死床”而得不到良好流化的现象。引起沟流的主要原因有较大的床层直径、较小的固体颗粒以及气流分布不均匀等。

沟流现象会使得床层压力降比正常值要低，且有波动性(图 3.16)，从而导致床层密度和温度等不均一。

需要指出的是，节涌与沟流都会使气固两相接触不充分、不均匀，流化质量不高，使得传质、传热和化学反应效率下降。为了改善这种情况，实际生产中需要采用合适的气体分布方式(图 3.17 和图 3.18)并附加挡板等内构件来解决节涌和沟流现象。

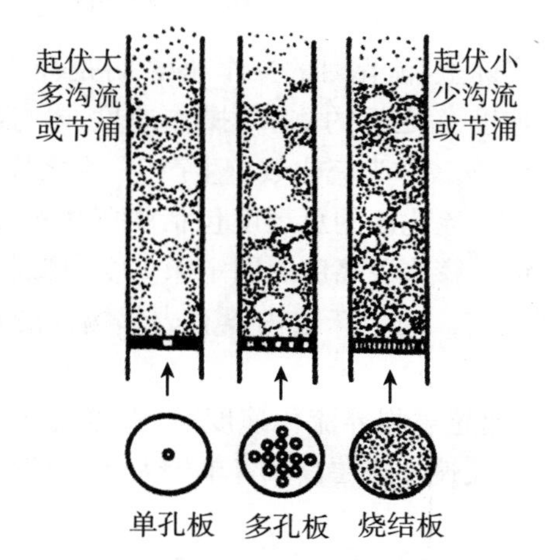

图 3.17　气体分布方式对流化质量的影响

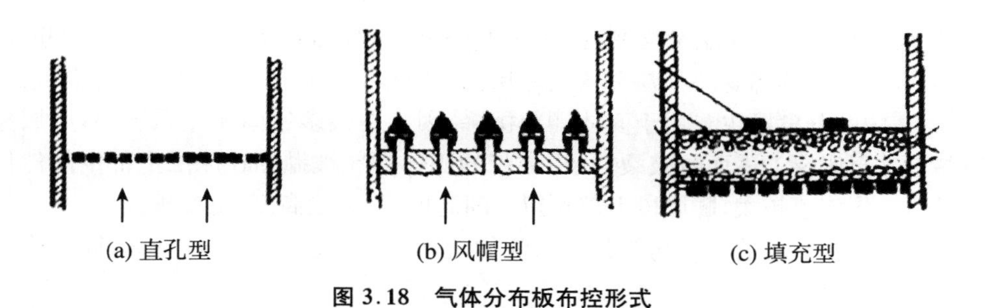

图 3.18　气体分布板布控形式

3.3　流化床设备

流态化技术因为其传热效能高，床内温度易于维持均匀以及容易实现大量固体颗粒输送，所以被广泛应用于多种单元操作中，比如流化干燥、流化吸附、流化浸取和流化输送等。在实际的化工生产中，还大量用于化学反应器方面，比如沸腾焙烧、沸腾气化、沸腾催化和流化催化裂化等。

3.3.1　流化床设备的主体结构

常用的流化床主体结构包括锥体底部、流化段(包括膨胀段和分离段)、扩大段三个部分(图 3.19)。

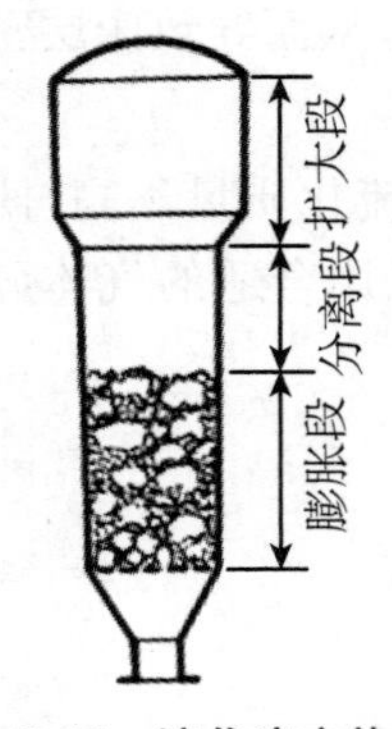

图 3.19　流化床主体结构示意图

流化床底部通常设计为锥形，锥角 90°或 60°，主要对进入气体进行预分布作用或用于卸载催化剂等功能。

流化床流化段的直径 D（单位为 m）一般由气体体积流量 q_v 和空床操作流体流速 v_f 来计算：

$$D = \sqrt{\frac{4q_v}{\pi v_f}} \tag{3.14}$$

实际上，流化时的操作速度 v_f 是介于临界流化速度 $v_{m,f}$ 和带出速度 v_t 之间的，此时操作速度 v_f 与临界流化速度 $v_{m,f}$ 的比值 $v_f/v_{m,f}$ 称为流化数。生产中，流化数一般在 1.5～10 之间。

流化床的总高度包括膨胀床高度、分离段高度和扩大段高度。膨胀段高度由固定床高度和膨胀比决定。固定床高度由固体颗粒（比如催化剂）的用量决定。对于床层内没有内部构件的自由床，床高和床径的比值一般为 1 左右。

在流化床阶段，当流体流速超过临界流化速度后，随着流速继续增加，床层空隙率逐步增加，床层不断膨胀，此时操作流速下床层高 L_f（单位为 m）与固定床高 L_0（单位为 m）的比值即为膨胀比 R：

$$R = \frac{L_f}{L_0} = \frac{\rho_0}{\rho_f} = \frac{1-\varepsilon_f}{1-\varepsilon_0} \tag{3.15}$$

式中，ρ_f 为操作流速下的床层平均密度，单位 $kg \cdot m^{-3}$；ρ_0 为固定床层平均密度，单位 $kg \cdot m^{-3}$；ε_f、ε_0 分别为操作流速下床层和固定床层的空隙率。

图 3.19 中的分离段主要用于固体颗粒沉降，因为在很多气固流化系统中，床层夹带大量气泡在上升至床层上表面时破裂，气泡夹带的固体颗粒被抛洒在床层上部空间然后沉降下来。显然操作流速越大，膨胀段上部预留空间高度（分离段高度）也要越大。

流化床上部扩大段的主要功能是降低流体流速，利于气、固进一步分离，同时也方便安装旋风分离器等设备。

3.3.2　流化床设备类型及其应用

根据不同的划分角度，流化床有不同的类型：

（1）按照流化床外形，可以分为圆锥形流化床和圆筒形流化床。

（2）按照流化床内层数的多少，可以分为单层流化床和多层流化床。图 3.20 展示了多层圆筒形流化床的结构特点。

（3）按照流化床层是否安装内部构件，可以分为自由床和限制床（图 3.21）。

（4）按照固体颗粒是否在系统内循环，可以分为单器流化床和双器流化床。图 3.22 展示了双器流化床的结构特点。

除此之外还有一些其他的分类方法，这里就不一一列举了。

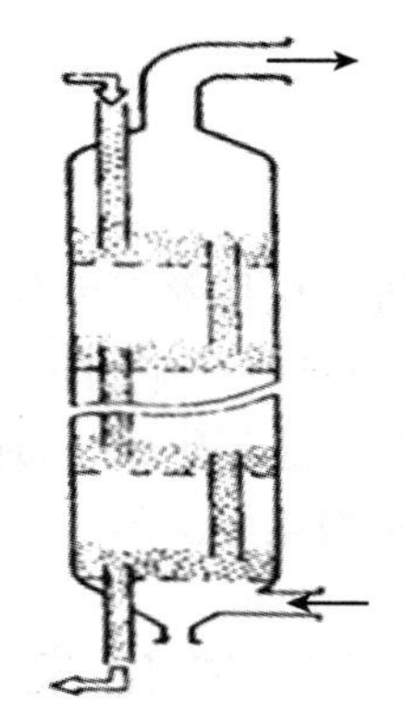
图 3.20　多层圆筒形流化床结构示意图

在实际的生产中,需要根据具体的工艺要求来选择不同类型的流化床。比如,硫铁矿的沸腾焙烧工段、煤的沸腾气化工段、油页岩的沸腾气化工段以及某些固体颗粒的干燥或分解反应等工段,都可以选择自由床。在这些工段的操作中,作为反应物原料的固体颗粒连续进入流化床反应器,在床内以流化状态发生反应(或干燥等过程),床内只有气体分布板,不需要安装换热器等构件(图 3.21(a))。

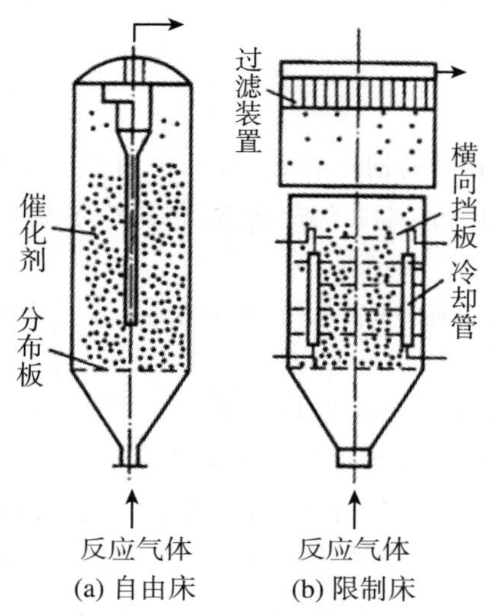

图 3.21　自由床与限制床结构示意图

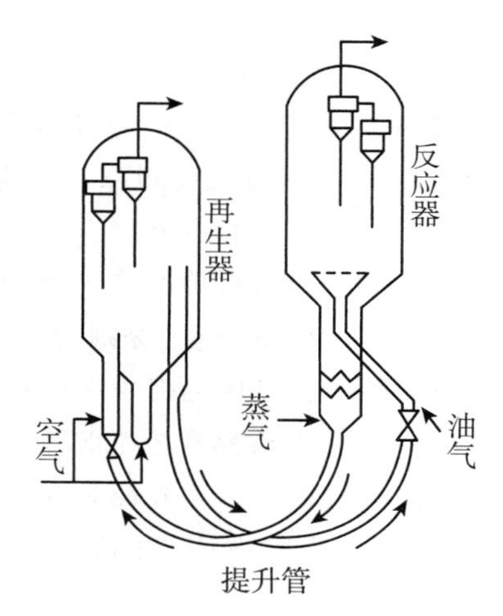

图 3.22　双器流化床结构示意图

对于一些有机催化反应,比如丙烯腈的合成和二甲苯的催化氧化等,因为催化剂作为固体颗粒在床层内达到流化状态,流化床内除了需要气体分布板外,还需要安装必要的挡板(网)、热交换管和用于回收催化剂颗粒的旋风分离器等构件,以确保床层操作稳定,所以要选择限制床(图 3.21(b))。

实际生产工艺中,有些催化剂或吸附剂容易“中毒”或失活,需要将反应器中的催化剂或吸附剂输送到再生器进行“再生”或脱吸附,然后再返回反应器,这样的工艺要求则可以选择双器流化床(图 3.22)。

3.3.3　流化床技术发展方向

尽管流化床技术发展很快,但是仍然有很多问题需要解决,以满足实际生产的需求。

首先,急需发展自动化、网络化和精准化的流化控制系统。流化床的控制比固定床复杂,因为操作弹性低,操作条件不能有太大的变化,对特定固体颗粒,液体或气体向上流动的速度只能在较窄的范围内变化,否则固体颗粒不是被吹跑,就是吹不起来。因此对控制系统提出了更高的要求。

其次,要改进流化工艺以解决流化过程中的固体颗粒损耗。流化过程固体颗粒损耗大,因为要达到流化状态,固体颗粒要在反应器内上下翻滚,颗粒之间、颗粒和反应器内壁、颗粒和流动介质之间不断碰撞摩擦,产生粉末容易被吹走,引起较大的物料损失。改进流化工艺和设计新型流化设备有望能改善这个问题。

再次,进一步降低能耗和操作成本问题。流化床与固定床相比,在同样的生产能力下,流化床体积较大，有时候可达10倍之多。这是因为固体沸腾起来需要较大的空间，加上扩展段，增加的体积就更大了。所以流化床反应器比固定床占据更多的空间，制作成本和能耗也较高。目前这方面的研发方兴未艾。

习　题

1. 试求一直径为0.1 mm、密度为2200 kg · m^{-3}的圆球在20 ℃水中的匀速沉降速度。

2. 20 ℃时牛奶乳液乳胶颗粒的平均直径为4 μm，求其沉降速度，假设吸水后牛奶乳胶颗粒的相对密度为1040 kg · m^{-3}。

3. 在20 ℃时，用水对筛分直径为150 μm的石英砂(密度为1600 kg · m^{-3})进行流化，试求带出速度和临界流化速度分别为多少。

4. 醋酸乙烯合成用催化剂的平均粒径为0.4 mm，密度为1690 kg · m^{-3}；气体的平均密度为1.4 kg · m^{-3}，平均黏度为1.37×10^{-5} Pa · s，试求其临界流化速度。

5. 已知某物料颗粒平均直径为98 μm，最小颗粒直径为50 μm，其临界流化速度、带出速度分别为多少？已知物料ρ=1200 kg · m^{-3}，气体的平均密度ρ=1.2 kg · m^{-3}，μ=1.8×10^{-5} Pa · s。

第4章 传 热

学习要点

1. 掌握热阻概念和传导传热计算。

2. 掌握对流传热的机理和对流传热速率方程。

3. 掌握热交换总传热方程式及其计算，理解主要热阻控制传热速率的概念和强化传热应采取的措施。

4. 了解列管换热器、夹套换热器、螺旋板换热器、平板换热器的基本构造、特性。

传热是指由于温度差引起的能量转移，又称热传递。由热力学第二定律可知，凡是有温度差存在时，热就必然从高温处传递到低温处，因此传热是自然界和工程技术领域中极为普遍的一种传递现象。无论在能源、宇航、化工、动力、冶金、机械、建筑等工业部门，还是在农业、环境保护等其他部门中，都涉及许多有关传热的问题。

2014年，在日本京都国际会议中心举行的2014国际传热大会上，清华大学刘静教授获得威廉·伯格奖(The William Begell Medal)，这是中国科学家首次获得国际传热界最高奖。在2050年以前，我国能源结构仍将以"非洁净能源"——煤为主，传热研究在环境和生态领域方面所起的重要作用是显而易见的。

本章主要讨论传热过程的基本规律和传热速率的影响因素及其在实际生产中的应用，并对常用热交换设备和强化传热途径进行简单介绍。

4.1 概 述

4.1.1 传热在化工生产中的应用

传热是化工生产过程中的常规单元操作之一，几乎所有的化工生产都会伴有传热过程。有的是加热或冷却物料，使之达到指定温度；有的是保温以减少热量损失；有的是回收热能再利用等。

1. 为化学反应过程创造必要的条件

化学反应是化工生产的核心，多数化学反应都有一定的温度条件且伴随着反应热。比如，氨合成反应的操作温度为470～520 ℃，氨氧化法制备硝酸过程的反应温度为800 ℃等，为了达到要求的反应温度，必须先对原料进行加热；而这两个过程的反应又都是可逆放热反应,为了保持最佳反应温度、加快正反应速度,又必须及时移走反应放出的热量(若是吸热反应,要保持反应温度,则需及时补充热量)。

2. 为物理传质单元操作创造必要的条件

某些化工传质单元操作过程(如蒸发、结晶、蒸馏和干燥等)往往需要输入或输出热量,才能保证操作的正常进行。如蒸馏操作中,为使塔釜内的液体不断气化,就需要向塔釜内的液体输入热量,同时,为了使塔顶的蒸气冷凝得到回流液和液体产品,需要从塔顶蒸气中移出热量。这些过程传热和传质是同时发生的。

3. 提高热能的综合利用

化工生产中,有许多过程都存在着能量供应和需求不匹配的矛盾,造成能量利用不合理和大量浪费,也对大气环境造成了不可忽视的热污染。仍以合成氨生产过程为例,合成塔出口的合成气温度很高,为将合成气中的反应产物氨与反应原料氮气、氢气加以分离必须要降温,为提高热量的综合利用和回收余热,可用其副产蒸气或加热循环气等。提高热能综合利用率已成为各国实施可持续发展战略必须优先考虑的重大课题。

化工生产中对传热过程的要求通常有以下两种情况:一是强化传热,即加大传热速率的过程。如各种换热设备中的传热,要求传热速率快,传热效果好。另一种是削弱传热,也即减小传热速率的过程。要求传热速率慢,以减少热量或冷量的损失,如设备和管道的保温过程。为此,必须掌握传热的共同规律。

4.1.2 传热方式

1. 按照传热机理划分

按照传热机理不同,传热方式可以分为热传导、热对流和热辐射。

(1) 热传导

又称导热,是借助物质的分子或原子振动以及自由电子的热运动来传递热量的过程。在物质内部在传热方向上无质点宏观迁移的前提下,只要存在温度差,就必然发生热传导。可见热传导不仅发生在固体中,同时也是流体内的一种传热方式。

在静止流体内部以及在做层流运动的流体层中垂直于流动方向上的传热,是凭借流体分子的振动碰撞来实现的,换言之,这两类传热过程也应属于导热的范畴。所以说,固体和静止流体中的传热以及做层流运动的流体层中垂直于流动方向上的传热均属于导热。

导热过程的特点是:在传热过程中传热方向上无质点块的宏观迁移。

(2) 热对流

热对流是利用流体质点在传热方向上的相对运动来实现热量传递的过程,简称对流。根据造成流体质点在传热方向上的相对运动的原因不同,又可分为强制对流和自然对流。

若相对运动是由外力作用引起的,则称为强制对流。如传热过程因泵、风机、搅拌器等对流体做功造成传热方向上质点块的宏观迁移。

若相对运动是由于流体内部各部分温度的不同而产生密度的差异,使流体质点发生相对运动的,则称为自然对流。例如,我们可以观察到燃烧炉上方的空气是晃动的,这是因为靠近炉子表面的空气被加热升温后,密度减小而上浮,离炉子表面较远的空气温度相对较低,由于密度较大而下沉,冷、热气团形成自然对流的结果。

一般地，流体在发生强制对流时，往往伴随着自然对流。但强制对流过程的速率比自然对流要大得多，故在工业换热设备中，通常流体中的热对流过程控制为强制对流方式。

(3) 热辐射

热辐射是一种通过电磁波来传递热量的方式。具体地说，物体先将热能转变成辐射能，以电磁波的形式在空中进行传送，当遇到另一个能吸收辐射能的物体时，即被其部分或全部吸收并转变为热能，从而实现传热。

根据赫尔-玻尔兹曼定律，凡温度高于绝对零度的物体均具有将其本身的能量以电磁波的方式辐射出去，同时有接收电磁波的能力，且物体的辐射能力大致与物体的绝对温度的4次方成正比。因此，辐射传热就是不同物体间相互辐射和吸收能量的结果。辐射传热不仅是能量的传递，同时还伴有能量形式的转换。热辐射不需要任何媒介，换言之，可以在真空中传播。这是热辐射不同于其他传热方式的另一特点。应予指出，只有物体温度较高时，辐射传热才能成为主要的传热方式(如化工生产现场的管式炉)。

实际上，传热过程往往并非以某种传热方式单独出现，而是两种甚至是三种传热方式的组合。例如，热水瓶抽真空的目的是减少导热过程的损失；瓶口加塞是为了减少对流损失；内胆镀银是为了减少辐射传热的损失。再如，化工生产中普遍使用的间壁式换热器中的传热，主要是以热对流和导热相结合的方式进行的。

2. 按照传热过程中冷、热流体的接触方式来划分

按照传热过程中冷、热流体的接触方式的不同，可以分为直接接触式传热、间壁式传热和蓄热式传热。

(1) 直接接触式传热

直接接触式传热是指两股或多股流体在无固体间壁情况下的热能传递过程，大多情况下还伴随有传质过程。由于冷、热流体间可直接进行物理接触，因此该换热方式的优点在于传热面积大、传热速率高、传热效果好，且传热设备的结构简单，维修方便。图4.1就是直接接触式传热方式，将燃烧后的高温烟气直接与水接触进行换热，由于填料层的作用，大大增加了烟气与水的接触面积，同时延长了烟气与水在逆流换热过程中的接触时间。这种换热方式在化工领域应用比较广泛。

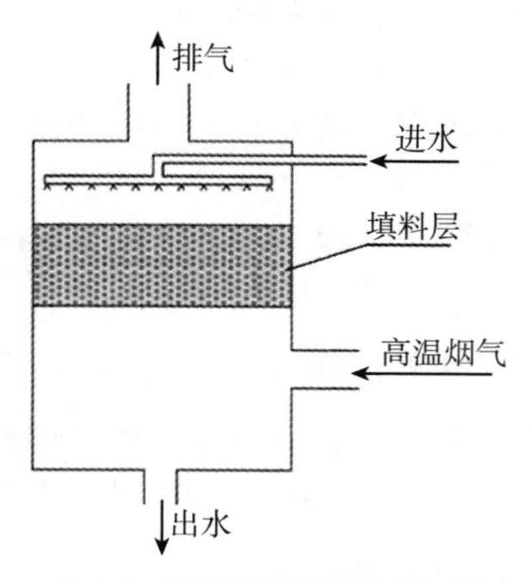

图4.1　直接接触式传热示意图

(2) 间壁式传热

间壁式传热是指冷、热流体被固体壁面(传热面)所隔开,它们分别在壁面两侧流动,固体壁面即构成间壁式换热器。间壁式换热器的类型有很多,它还可划分为管式换热器(图4.2)、板式换热器和热管换热器等。

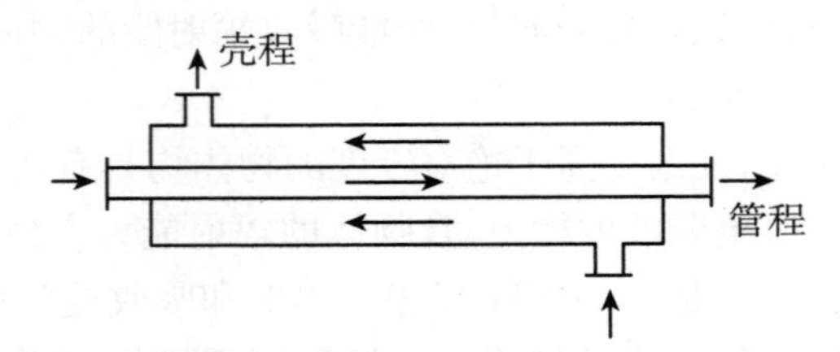

图4.2　间壁式管式换热器传热示意图

热、冷流体通过间壁两侧的传热过程步骤如下:热流体将热量传至固体壁面一侧(对流传热);热量自壁面一侧传至壁面另一侧(热传导);热量自壁面另一侧传至冷流体(对流传热)。

(3) 蓄热式传热

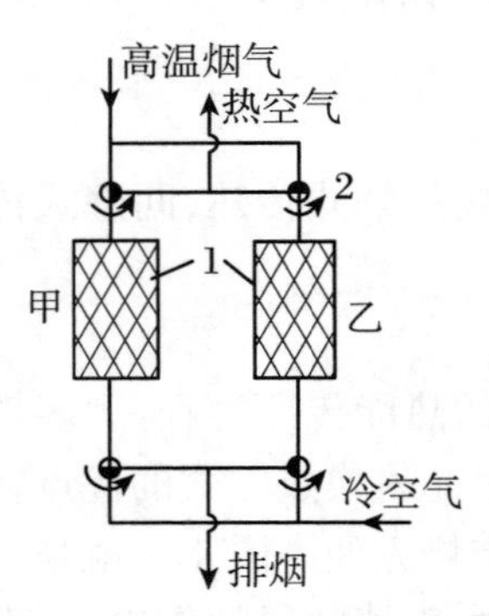

图4.3　蓄热式换热器传热示意图

蓄热式传热是指热、冷流体交替地流过蓄热器,利用蓄热器内固体填充物作为传热面来积蓄和释放热量而达到传热的目的。与一般间壁式换热器的区别在于换热流体不是在各自的通道内吸、放热量,而是交替地通过同一通道利用蓄热体来吸、放热量。传热分两个阶段进行:先是热介质流过蓄热体放出热量,加热蓄热体并被储蓄起来;接着是冷介质流过蓄热体吸取热量,并使蓄热体被冷却。重复上述过程就能使换热连续进行。通常在生产中必须有两套并列设备或同一设备中具有两套并列蓄热体通道同时工作(图4.3)。常用于冶金工业、化学工业等。例如炼钢平炉和煤气炉常用来预热空气等。

3. 按照传热面各点温度与时间是否有关来划分

按照传热面各点温度与时间是否有关,可以分为稳态传热和非稳态传热。

一般地,导热体内部在空间和时间上的温度分布称为温度场,记为

$$t = f(x, y, z, \theta)$$

式中,t 为某点的温度,单位K或℃;x、y、z 为某点的空间坐标,单位m;θ 为时间,单位s。

(1) 稳态传热

当$\frac{\partial t}{\partial \theta}=0$时,$t=f(x,y,z)$。也就是当温度场内各点的温度不随时间改变时,为稳定温度场。所谓稳态传热是指传热系统中各点的温度仅随位置而变化,不随时间而改变,也叫定态传热。对于定态一维温度场,$t=f(x)$。通常均衡的连续操作多属于稳态传热。

(2) 非稳态传热

当$\frac{\partial t}{\partial \theta}\neq 0$时,$t=f(x,y,z,\theta)$。也就是当温度场内各点的温度随时间变化,则为不稳定温度场。所谓非稳态传热是指传热面各点的温度随时间而变化的传热过程。例如,从燃烧

炉夹出的煤块，内外温度随时间变化，其导热速率也随时间变化。大多数间歇操作属于非稳态传热。

4.2　传导传热

4.2.1　傅里叶热传导定律

一般地，在温度场中，同一时刻温度相同的点所组成的面称为等温面（图 4.4）。等温面上无热量交换，并且各个等温面互不相交。将相邻等温面的温度差 Δt 与其法线方向上的距离 Δn 之比的极限称为温度梯度：

$$\mathrm{grad}\,\vec{t} = \frac{\partial t}{\partial n} = \lim_{\Delta n \to 0} \frac{\Delta t}{\Delta n}$$

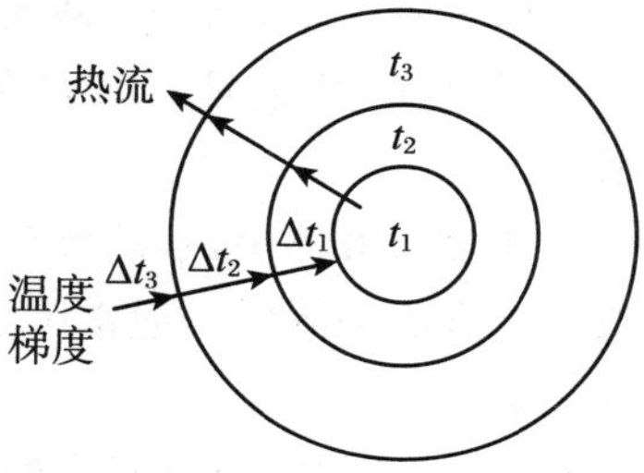

温度梯度是一个向量，其方向垂直于该点所在的等温面，以温度增加的方向为正方向，与热量传递的方向相反（图 4.4）。

图 4.4　等温面示意图（$t_1 > t_2 > t_3$）

对于稳态一维温度场，温度梯度为$\frac{\mathrm{d}t}{\mathrm{d}x}$。

在热传导过程中，傅里叶（Fourier）定律指出，通过等温面的导热速率与温度梯度和传热面积成正比，其关系如下：

$$\varphi = \frac{\mathrm{d}Q}{\mathrm{d}\tau} = -\lambda \mathrm{d}S \frac{\mathrm{d}t}{\mathrm{d}x} \tag{4.1}$$

式中，Q 为传导的热量，单位为 J；τ 为传热时间，单位为 s；φ 为导热速率，即单位时间内通过某个传热面的热量$\frac{\mathrm{d}Q}{\mathrm{d}\tau}$，单位为 $\mathrm{J \cdot s^{-1}}$ 或 W；S 为导热面积，是垂直于热流方向的截面积，单位为 $\mathrm{m^2}$；λ 为导热系数或热导率，是导热物体的一种物理属性，单位为 $\mathrm{W \cdot m^{-1} \cdot K^{-1}}$。式中负号表示传热的方向（热流方向）与温度梯度方向相反，即热量是向温度降低的方向传递的。

4.2.2　导热系数

导热系数 λ 是衡量物质导热能力大小的一个参数，从式(4.1)可以得到

$$\lambda = -\frac{\varphi}{\mathrm{d}S \cdot \frac{\mathrm{d}t}{\mathrm{d}x}} = -\frac{\frac{\mathrm{d}Q}{\mathrm{d}\tau}}{\mathrm{d}S \cdot \frac{\mathrm{d}t}{\mathrm{d}x}} \tag{4.2}$$

导热系数是分子微观运动的一种宏观表现，是导热体的一种物理性质，其数值越大，说明导热越快，导热性能越好。导热系数的物理意义是：当物体的两个等温面距离为 1 m，温差为 1

K 时，每秒经过 1 m^2 传热面积所能传导的热量。

不同材质的导热材料的导热系数 λ 相差较大，通常情况下，$\lambda_{金属固体} > \lambda_{非金属固体} > \lambda_{液体} > \lambda_{气体}$。

金属是最好的导热体，其中银和铜的导热系数最大。金属的导热系数大多随着杂质含量的降低而增大，合金的导热系数比纯金属要低。

对于大多数质地均匀的固体，其导热系数与温度有着近似直线关系：

$$\lambda = \lambda_0(1 + \gamma t)$$

式中，λ 为固体在温度 t 时的导热系数，单位为 $W \cdot m^{-1} \cdot K^{-1}$；$\lambda_0$ 为固体在温度为 0 ℃(273.15 K)时的导热系数，单位为 $W \cdot m^{-1} \cdot K^{-1}$；$\gamma$ 为温度系数，单位为 K^{-1} 或 $℃^{-1}$，大多数金属材料的 γ 为负值，非金属固体材料的 γ 一般为正值。

液体可分为金属液体(液态金属)和非金属液体。液态金属的导热系数比一般液体的高，其中熔融的纯钠具有较高的导热系数，大多数金属液体的导热系数随温度的升高而降低。

在非金属液体中，水的导热系数最大。除水和甘油外，大多数非金属液体的导热系数亦随温度的升高而降低。通常纯液体的导热系数较其溶液的要大。液体的导热系数基本上与压强无关。

对于混合液体，其导热系数可以按照下式估算：

$$\lambda = k(\lambda_1 m_1 + \lambda_2 m_2 + \cdots) = k\sum_{i=1}^{n}\lambda_i m_i$$

式中，k 为常数，对于一般溶液其值为 1.0，对于有机物的水溶液其值为 0.9；$\lambda_1, \lambda_2, \cdots$ 为混合溶液各组分的导热系数，单位为 $W \cdot m^{-1} \cdot K^{-1}$；$m_1, m_2, \cdots$ 为混合溶液各组分的质量分数。

相比于固体和液体，气体是最差的导热体，气体的导热系数最小，但有利于保温和绝热场合。很多保温材料具有大量空隙，空隙中充满气体而具有保温功能。一般地，气体的导热系数随着温度的升高而增加，这与温度升高后气体分子的热运动加剧、碰撞机会增多有关。在相当大的压强范围内，气体的导热系数随压强的变化很小，可以忽略不计，只有当压强很高(大于 200 MPa)或很低(小于 2.7 kPa)时，才应考虑压强的影响，此时导热系数随压强的升高而增大。

对于气体混合物，其导热系数可以按照下式估算：

$$\lambda = \frac{\lambda_1 x_1 M_1^{1/3} + \lambda_2 x_2 M_2^{1/3} + \cdots}{x_1 M_1^{1/3} + x_2 M_2^{1/3} + \cdots}$$

式中，$\lambda_1, \lambda_2, \cdots$ 为混合气体各组分的导热系数，单位为 $W \cdot m^{-1} \cdot K^{-1}$；$x_1$，$x_2, \cdots$ 为混合气体各组分的摩尔分数；M_1，$M_2, \cdots$ 为混合气体各组分的相对分子质量。

需要注意的是，在导热过程中导热体内的温度沿传热方向发生变化，其导热系数也在变化，但在工程计算中，为简便起见通常使用平均导热系数。

4.2.3　平面壁的稳态热传导

1. 单层平面壁的稳态热传导

对于一个面积为 S(单位 m^2)、厚度为 b(单位 m)的单层平面壁稳态热传导(图 4.5),传热速率为一常数。若平面壁的导热系数不随温度变化,每个壁面就是一个等温面,两壁间温度也不随时间而变(分别是 t_1、t_2),壁内温度仅沿壁面的垂直方向变化,则此时傅里叶定律可以写成:

$$\varphi = -\lambda S\frac{\mathrm{d}t}{\mathrm{d}x}$$

积分,有

$$\int_{t_1}^{t_2}\mathrm{d}t = -\frac{\varphi}{\lambda S}\int_0^b \mathrm{d}x$$

$$\varphi = \lambda S\frac{t_1 - t_2}{b} \tag{4.3}$$

也可以写成

$$\varphi = \lambda\frac{S}{b}\Delta t = \frac{\Delta t}{\dfrac{b}{\lambda S}} = \frac{\Delta t}{R} \tag{4.4}$$

或

$$q = \frac{\varphi}{S} = \frac{\Delta t}{b/\lambda} = \frac{\Delta t}{R'} \tag{4.5}$$

式中,$\Delta t = t_1 - t_2$为传热温差,即传热推动力,单位为 K 或℃;$R = \dfrac{b}{\lambda S}$ 为对应于导热速率 φ 的导热热阻,即传热阻力,单位 $K \cdot W^{-1}$或$℃ \cdot W^{-1}$;$q = \dfrac{\varphi}{S}$ 为热通量或热流密度,单位为 $W \cdot m^{-2}$;$R' = \dfrac{b}{\lambda}$为对应于热通量 q 的导热热阻,单位 $m^2 \cdot K \cdot W^{-1}$或 $m^2 \cdot ℃ \cdot W^{-1}$。

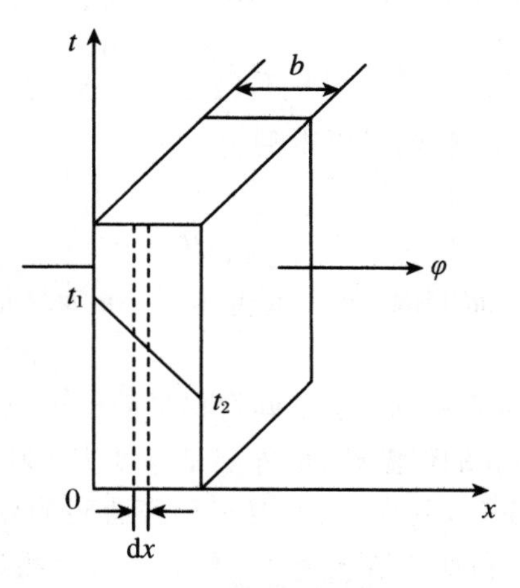

图4.5　单层平面壁热传导示意图($t_1 > t_2$)

这里由热传导过程整理得到式(4.4)和式(4.5),是为了和传递过程普遍存在的关系式保持一致：

$$传递过程速率 = \frac{传递过程推动力}{传递过程阻力}$$

式(4.4)和式(4.5)也表明导热速率 φ 或热通量 q 与导热推动力 Δt 成正比，与导热阻力 R 成反比，与欧姆定律的形式是一样的。

2. 多层平面壁的稳态热传导

工程上常常遇到多层不同材料组成的平面壁，例如工业用的窑炉，其炉壁由里向外通常由耐火砖、保温砖以及普通建筑砖构成，其中的导热过程就属于多层平面壁导热。下面以厚度分别为 b_1、b_2 和 b_3 的三层平面壁（面积都为 S）串联在一起的导热过程为例，介绍多层平面壁导热的计算方法，其中每层平面壁的导热系数分别为 λ_1、λ_2、λ_3，各层间表面温度关系分别为 $t_1 > t_2 > t_3 > t_4$（图 4.6）。

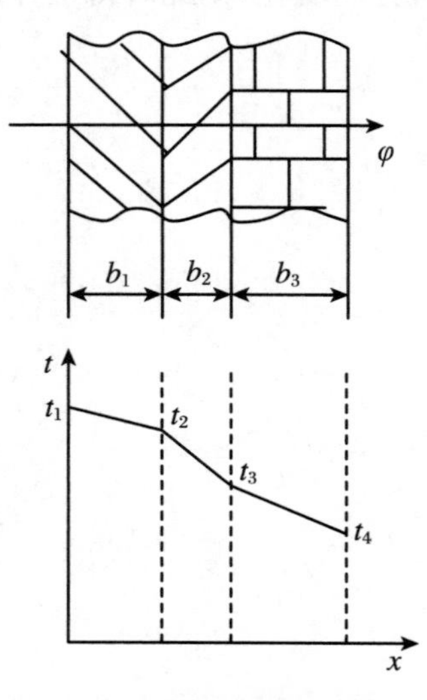

图 4.6　多层平面壁热传导示意图
($t_1 > t_2 > t_3 > t_4$)

对于稳定传热过程，通过上述串联的各个平面壁的导热速率 φ 都是相等的，即有

$$\varphi = \frac{t_1 - t_2}{\dfrac{b_1}{\lambda_1 S}} = \frac{t_2 - t_3}{\dfrac{b_2}{\lambda_2 S}} = \frac{t_3 - t_4}{\dfrac{b_3}{\lambda_3 S}} \tag{4.6}$$

由等比定则得

$$\varphi = \frac{t_1 - t_4}{\dfrac{b_1}{\lambda_1 S} + \dfrac{b_2}{\lambda_2 S} + \dfrac{b_3}{\lambda_3 S}} = \frac{t_1 - t_4}{R_1 + R_2 + R_3}$$

$$= \frac{\sum \Delta t}{\sum R} = \frac{总推动力}{总热阻} \tag{4.7}$$

从式(4.7)可以看出，多层平面壁稳态热传导的推动力是内壁和外壁的总温差；导热总阻力是各层热阻的总和，和串联电路总电阻的计算是一样的。

由式(4.6)还可以推出各层的温度差与该层的热阻成正比：

$$(t_1 - t_2) : (t_2 - t_3) : (t_3 - t_4) = \frac{b_1}{\lambda_1 S} : \frac{b_2}{\lambda_2 S} : \frac{b_3}{\lambda_3 S} = R_1 : R_2 : R_3$$

若由三层平面壁推广到 n 层，则可以得到

$$\varphi = \frac{t_1 - t_{n+1}}{\sum R_i} \tag{4.8}$$

式中，$t_1 - t_{n+1}$ 为多层串联平面壁内、外表面温度差；n 为平面壁的层数；i 为平面壁层的序数。

例 4.1　某方形燃烧炉的炉壁由三层不同材料平面壁组成，最内层是厚度为 185 mm 的耐火砖，中间是厚度为 200 mm 的保温砖，最外层是厚度为 230 mm 的普通砖。已知炉内、外壁的温度分别为 980 ℃和 35 ℃，耐火砖、保温砖和普通砖的导热系数分别为 1.2 W · m^{-1} · ℃$^{-1}$、0.12 W · m^{-1} · ℃$^{-1}$和 0.8 W · m^{-1} · ℃$^{-1}$。若导热过程为稳态传热，试求耐火砖与保温砖之间的温度。

解　因是稳态传热过程，由题意可得

$$\varphi = \frac{t_1 - t_2}{\dfrac{b_1}{\lambda_1 S}} = \frac{t_1 - t_4}{\dfrac{b_1}{\lambda_1 S} + \dfrac{b_2}{\lambda_2 S} + \dfrac{b_3}{\lambda_3 S}}$$

两边消去面积 S，将已知条件代入，得

$$\frac{980 - t_2}{\dfrac{0.185}{1.2}} = \frac{980 - 35}{\dfrac{0.185}{1.2} + \dfrac{0.2}{0.12} + \dfrac{0.23}{0.8}}$$

解之可得 $t_2 = 910.9$ ℃。

4.2.4 圆筒壁的稳态热传导

化工生产中的导热问题大多是圆筒壁中的导热问题。例如，管式换热器、蒸汽及液氨导管壁面中的传热过程等均属于圆筒壁导热。它与平面壁传热的不同之处在于传热面积和温度都随半径的变化而变化。

1. 单层圆筒壁的稳态热传导

图 4.7 是一单层圆筒壁的稳态传热过程。设圆筒壁的长度为 L，内壁和外壁的半径分别为 r_1 和 r_2，内、外壁的温度分别为 t_1 和 t_2（$t_1 > t_2$），且圆筒壁的导热系数 λ 不随温度而变化。因是稳态导热过程，所以导热速率 φ 为常数，但是热通量（热流密度）q 会随半径而变化。

在图 4.7 中，采用微元法思想，在圆筒壁半径为 r 处取厚度为 $\mathrm{d}r$ 的微分单元圆筒壁，温差为 $\mathrm{d}t$。因为选取的是微分元圆筒壁，所以 $\mathrm{d}r$ 趋向于零，传热面积可视为没有变化：

$$\mathrm{d}S = S = 2\pi rL$$

此时傅里叶定律可以写成：

$$\varphi = -\lambda(2\pi rL)\frac{\mathrm{d}t}{\mathrm{d}r}$$

积分有

$$\int_{r_1}^{r_2}\frac{\mathrm{d}r}{r} = -\frac{\lambda(2\pi L)}{\varphi}\int_{t_1}^{t_2}\mathrm{d}t$$

整理可得单层圆筒壁稳态热传导计算公式：

$$\varphi = \frac{2\pi\lambda L(t_1 - t_2)}{\ln\dfrac{r_2}{r_1}} \tag{4.9}$$

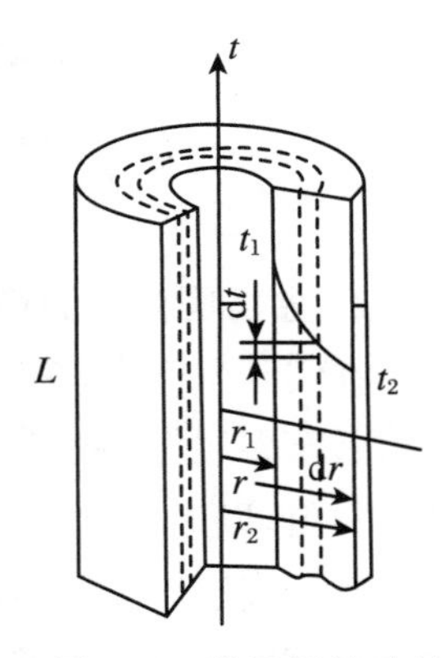

图 4.7 单层圆筒壁热传导示意图（$t_1 > t_2$）

若设圆筒壁导热热阻 R 为

$$R = \frac{\ln\dfrac{r_2}{r_1}}{2\pi\lambda L}$$

则式(4.9)也可以写成

$$\varphi = \frac{2\pi\lambda L(t_1 - t_2)}{\ln\dfrac{r_2}{r_1}} = \frac{\Delta t}{R} = \frac{\text{传递过程推动力}}{\text{传递过程阻力}}$$

考虑到圆筒壁的厚度为 $r_2 - r_1$，传热面积随半径变化而变化，可以参照单层平面壁导热公式把式(4.9)写成

$$\varphi = \frac{\Delta t}{(r_2 - r_1)/(\lambda S_m)} \tag{4.10}$$

这里

$$S_m = 2\pi r_m L = \frac{2\pi L(r_2 - r_1)}{\ln \dfrac{r_2}{r_1}} = \frac{2\pi r_2 L - 2\pi r_1 L}{\ln \dfrac{2\pi r_2 L}{2\pi r_1 L}} = \frac{S_2 - S_1}{\ln \dfrac{S_2}{S_1}}$$

式中，S_1、S_2分别为圆筒内、外壁的表面积，单位为 m^2；S_m为 S_1和 S_2的对数平均值，即对数平均面积，单位为 m^2；r_m为 r_2和 r_1的对数平均值，即对数平均半径$\left(r_m = \dfrac{r_2 - r_1}{\ln \dfrac{r_2}{r_1}}\right)$，单位为 m。

工程上经常用到两个变量的对数平均值，当这两个变量的比值小于 2 时，可以用这两个变量的算术平均值代替对数平均值，引起的误差在 4%之内。所以这里当$(S_1/S_2)<2$ 时，$S_m = (S_1 + S_2)/2$；当$(r_1/r_2)<2$ 时，$r_m = (r_1 + r_2)/2$。

例 4.2 规格为∅58 mm×2 mm 的某钢管外层包 50 mm 的保温层。若钢管外壁温度为 125 ℃，保温层外壁温度为 25 ℃，已知保温层的导热系数 λ 为 0.07 $W \cdot m^{-1} \cdot ℃^{-1}$，试求每米管长的热损失速率。

解 因是稳态传热过程，由题意可得

$$\varphi/L = \frac{2\pi\lambda(t_1 - t_2)}{\ln \dfrac{r_2}{r_1}} = \frac{2\pi \times 0.07 \times (125 - 25)}{\ln \dfrac{0.029 + 0.05}{0.029}} = 43.9(W \cdot m^{-1})$$

2. 多层圆筒壁的稳态热传导

在实际生产中，多层圆筒壁的导热情况比较常见。例如，在高温或低温管道的外部包上一层乃至多层保温材料，以减少热量(或冷量)损失；在反应器或其他容器内衬以工程塑料或其他材料，以减小腐蚀；在换热器内换热管的内、外表面形成污垢等等。

对于多层串联导热圆筒壁，假定各层的导热系数 λ_1，λ_2，λ_3，…，λ_n不随温度而变化，导热过程遵循传热过程推动力和热阻的加和原理。与多层平面壁相似，用同样的方法可以推出多层圆筒壁的稳态导热速率方程：

$$\begin{aligned}
\varphi &= \frac{\text{总推动力}}{\text{总热阻}} = \frac{\sum \Delta t}{\sum R} = \frac{t_1 - t_{n+1}}{R_1 + R_2 + R_3 + \cdots + R_n} \\
&= \frac{t_1 - t_{n+1}}{\dfrac{r_2 - r_1}{\lambda_1 S_{m,1}} + \dfrac{r_3 - r_2}{\lambda_2 S_{m,2}} + \dfrac{r_4 - r_3}{\lambda_3 S_{m,3}} + \cdots + \dfrac{r_{n+1} - r_n}{\lambda_n S_{m,n}}} \\
&= \frac{2\pi L(t_1 - t_{n+1})}{\dfrac{\ln \frac{r_2}{r_1}}{\lambda_1} + \dfrac{\ln \frac{r_3}{r_2}}{\lambda_2} + \dfrac{\ln \frac{r_4}{r_3}}{\lambda_3} + \cdots + \dfrac{\ln \frac{r_{n+1}}{r_n}}{\lambda_n}}
\end{aligned} \tag{4.11}$$

例 4.3 规格为∅50 mm×4 mm 的某铝合金管(导热系数为 48 $W \cdot m^{-1} \cdot ℃^{-1}$)外层

包裹厚度为25 mm的石棉泥(导热系数为0.18 W·m^{-1}·℃$^{-1}$),然后又在外层包裹厚度为25 mm的矿渣棉(导热系数为0.05 W·m^{-1}·℃$^{-1}$)。若已知铝合金管内壁温度为-175 ℃,矿渣棉外侧温度为10 ℃,则每米管长所损失的冷量为多少?若将铝合金管外面两层保温材料互换,互换后假设石棉外侧的温度仍为10 ℃,则此时每米管长上所损失的冷量为多少?

解 因是稳态传热过程,由题意可得

$$\varphi/L=\frac{2\pi(t_1-t_4)}{\dfrac{\ln\dfrac{r_2}{r_1}}{\lambda_1}+\dfrac{\ln\dfrac{r_3}{r_2}}{\lambda_2}+\dfrac{\ln\dfrac{r_4}{r_3}}{\lambda_3}}=\frac{2\pi(-175-10)}{\dfrac{\ln\dfrac{0.025}{0.021}}{48}+\dfrac{\ln\dfrac{0.05}{0.025}}{0.18}+\dfrac{\ln\dfrac{0.075}{0.05}}{0.05}}=-97.1(\mathrm{W\cdot m^{-1}})$$

若将铝合金管外面两层保温材料互换,则有

$$\varphi/L=\frac{2\pi(t_1-t_4)}{\dfrac{\ln\dfrac{r_2}{r_1}}{\lambda_1}+\dfrac{\ln\dfrac{r_3}{r_2}}{\lambda_2}+\dfrac{\ln\dfrac{r_4}{r_3}}{\lambda_3}}=\frac{2\pi(-175-10)}{\dfrac{\ln\dfrac{0.025}{0.021}}{48}+\dfrac{\ln\dfrac{0.05}{0.025}}{0.05}+\dfrac{\ln\dfrac{0.075}{0.05}}{0.18}}=-72.1(\mathrm{W\cdot m^{-1}})$$

计算结果表明:(1) 选用隔热材料包裹管路时,在耐热性条件允许的情况下,导热系数小的应包在内层;(2) 相比保温材料的导热系数,铝合金的导热系数要大很多,所以其热阻值很小而可忽略。

4.3 对流传热

对流传热是指由于流体的宏观运动使流体各部分之间发生相对位移而导致的热量传递过程。通常由于产生的原因不同,有自然对流和强制对流两种。根据流动状态,又可分为层流传热和湍流传热。由于流体间各部分是相互接触的,对流传热中除了流体的整体运动所带来的热对流之外,同时还伴随着因流体的微观粒子运动造成的热传导。

化学工业中常遇到的对流传热,是将热由流体传至固体壁面(如靠近热流体一面的容器壁或导管壁等),或由固体壁传入周围的流体(如靠近冷流体一面的导管壁等)。这种由壁面传给流体或相反的过程,通常又称作给热。

4.3.1 对流传热过程

流体流动的状态对于对流传热有着决定性影响。流体的给热过程如图4.8所示,热量从左侧的热流体经过中间的固体层传递到右侧的冷流体过程中,当流体沿传热壁面做湍流流动时,在靠近壁面处总有一滞流内层存在,滞流内层和湍流主体之间有一过渡层。图4.8不仅表示了壁面一侧流体的流动情况,还表示了和流动方向垂直的某一截面上流体的温度分布情况,其中冷、热流体的主体温度分别为 t 和 T,冷、热流体流经的壁面温度分别为 t_w 和 T_w。

从图4.8可以看出,在湍流主体内,由于流体质点湍动剧烈,所以在传热方向上流体

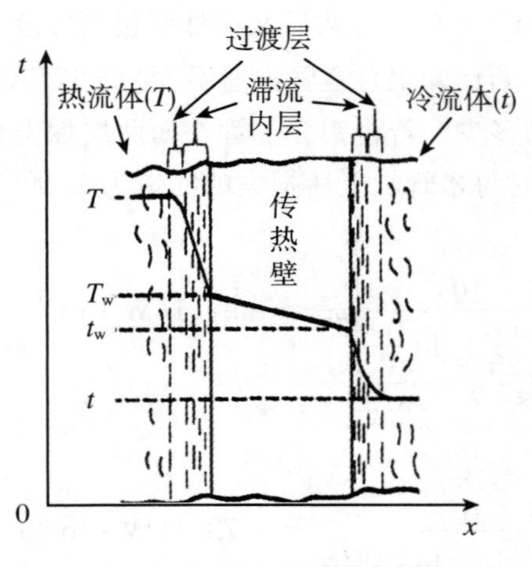

图 4.8　流体给热过程示意图

的温度差极小，各处的温度基本相同，热量传递主要依靠对流方式进行，热传导所起作用很小。在过渡层内，流体的温度发生缓慢变化（温度梯度较小），热传导和热对流同时起作用。在滞流内层中，流体仅沿壁面平行流动，在传热方向上没有质点位移，所以热量传递主要依靠热传导进行，由于流体的导热系数很小，使滞流内层中的导热热阻很大，因此在该层内流体温度差较大。当然这里传热壁内部是按照热传递方式传递热量的。在对流传热时，有明显温度梯度的区域称为传热边界层。

由以上分析可知，对流传热过程的热阻主要来源于滞流内层。因此，如何降低滞流内层的厚度或破坏滞流内层，是强化对流传热的重要且有效的解决途径。

4.3.2　牛顿对流传热公式

从对流传热过程的分析可知，这是一个复杂的传热过程。影响对流传热速率 φ 的因素有很多，为了方便起见，牛顿提出引入一个比例系数 α（对流传热系数或传热膜系数，也称为传热分系数，单位为 $W \cdot m^{-2} \cdot K^{-1}$ 或 $W \cdot m^{-2} \cdot ℃^{-1}$）来综合这些影响，从而得到牛顿对流传热的计算公式（或称为牛顿冷却定律）：

$$d\varphi = \alpha \Delta t dS \tag{4.12}$$

式(4.12)是牛顿对流传热公式的微分形式，表达的是一个选取的微分单元的对流传热速率。牛顿的这个对流传热的微分方程没有考虑物体的性质，所以这不是物性方程式（α 不是物性参数）。它只是关于一个假想物体，其温度随时间单纯下降的一个数学微分方程。它的无比抽象性在宣告："这是任何物体冷却时共同遵守的数学规律！"

在实际的工程应用中，因为换热器里面的温度和传热系数是随位置而改变的，所以大都采用平均值来计算：

$$\varphi = \alpha S \Delta t \tag{4.13}$$

式中，α 为平均对流传热系数，单位为 $W \cdot m^{-2} \cdot K^{-1}$ 或 $W \cdot m^{-2} \cdot ℃^{-1}$；$S$ 为壁面面积（总传热面积），单位为 m^2；Δt 为传热推动力，即流体与传热壁之间的平均温差，单位为 K 或℃。

当然，对流传热速率 φ 也可以用传热推动力 Δt 和传热阻力 R 之比来表示：

$$\varphi = \frac{\Delta t}{R} = \frac{\Delta t}{\dfrac{1}{\alpha S}} \tag{4.14}$$

4.3.3　对流传热系数

牛顿为了简化复杂的对流传热过程，把各种影响因素都归结到引入的对流传热系数 α

上，所以搞清楚对流传热系数 α 的物理意义及其影响因素以及涉及的相关计算就显得非常重要。

1. 对流传热系数的物理意义

从式(4.13)可以得到对流传热系数 α 的表达式：

$$\alpha = \frac{\varphi}{S\Delta t} \tag{4.15}$$

其物理意义是指：单位时间内，流体与壁面间的温度差为 1 K 或 1 ℃时，流体经过单位面积的壁面所传递的热量，其单位为 $J \cdot m^{-2} \cdot K^{-1}\ s^{-1}$ 或 $J \cdot m^{-2} \cdot ℃^{-1}\ s^{-1}$，当然有时候也可以写成 $W \cdot m^{-2} \cdot K^{-1}$ 或 $W \cdot m^{-2} \cdot ℃^{-1}$。

2. 对流传热系数的影响因素

对流传热过程是流体与壁面间的传热过程，所以凡是与流体流动及壁面有关的因素，也必然影响对流传热系数的数值。

(1) 流体流动产生的原因(自然对流或强制对流)

其他条件同样的情况下，强制对流的传热系数显然要大于自然对流的传热系数。

(2) 流体的流动形态(滞流或湍流)

湍流状态会导致传热边界层厚度遭到破坏，所以湍流状态下的对流传热系数要大于滞流流动时的对流传热系数；对于同一种流动形态，流速越大，对流传热系数越大。

(3) 流体的物理性质

流体的物理性质包括黏度、比热容、密度、膨胀系数和导热系数等。大多数情况下，除流体的黏度外，对于其他的流体物理性质，随着其值的增加，对流传热系数会相应增大。而黏度的增加通常会导致滞流内层的热阻增加从而会降低对流传热系数。

(4) 流体有无相变发生

当传热过程中伴随有相态变化时，比如液体的沸腾或气体的冷凝，会导致对流传热系数增大。通常情况下，对于同一种流体，有相变的传热系数大于无相变的传热系数。

(5) 传热过程的温度

温度对于流体的物理性质影响很大，所以传热过程中温度的变化对于对流传热系数的影响也是非常大的。

(6) 传热表面的形状、位置(排列方式)和大小

实验表明，换热器的形状、大小、相对位置(排列方式)等因素也会对对流传热系数产生较大影响。比如，冬天房间采暖，为了充分利用自然对流，一般把加热壁面放置在空间的下部；反之，夏天的冷却装置，应放置在空间的上部。

3. 对流传热系数的特征关联式

由于对流传热系数的影响因素太多，所以对流传热系数的获得往往是通过实验测定或按照经验式计算。在以量纲分析为基础的实验方法中，把那些凡是对于对流传热系数产生影响的所有变量统一地写在一个函数里面，通过量纲分析和实验方法来综合并确定这些互有关联的特征数群及其具体函数关系式。对流传热过程中的特征数及其物理意义列于表4.1中。

表 4.1　对流传热过程中的特征数

特征数名称	特征数符号	特征数表达式	特征数物理意义
努塞尔准数 (Nusselt)	Nu	$\alpha\dfrac{L}{\lambda}$	反映对流传热强度以及流体导热系数与换热面的几何尺寸的关系
雷诺准数 (Reynolds)	Re	$\dfrac{d\rho v}{\mu}$	反映流体流动状态对传热的影响
普朗特准数 (Prandtl)	Pr	$\dfrac{c_p\mu}{\lambda}$	反映流体的某些物理性质对对流换热的影响
格拉斯霍夫准数 (Grashof)	Gr	$\dfrac{\rho^2 g\beta\Delta t L^3}{\mu^2}$	反映流体因受热而引起的自然对流对传热的影响

注：α 为对流传热系数，单位为 $W\cdot m^{-2}\cdot K^{-1}$；$L$ 为传热面的特性几何尺寸(如管径或平板高度等)，单位为 m；λ 为流体的导热系数，单位为 $W\cdot m^{-1}\cdot K^{-1}$；$d$ 为管子内径，单位为 m；v 为流体流速，单位为 $m\cdot s^{-1}$；ρ 为流体密度，单位为 $kg\cdot m^{-3}$；μ 为流体黏度，单位为 Pa · s；c_p为流体定压比热容，单位为 $J\cdot kg^{-1}\cdot K^{-1}$；$\beta$ 为流体膨胀系数，单位为 K^{-1}；Δt 为流体与传热壁之间的温差，单位为 K；g 为重力加速度，单位为 $m\cdot s^{-2}$。

对于无相变的对流传热，流体特征数之间通常可以用指数方程表示：

$$Nu = ARe^m Pr^n Gr^i$$

式中，A、m，n，i 都是针对不同情况下的具体条件而测得的，这些值测得后，即可计算出对流传热系数。自然对流时，$Re=0$，所以 $Nu = APr^n Gr^i$；强制对流时，$Gr=0$，所以 $Nu = ARe^m Pr^n$。

具体的对流传热系数的关联式有很多，下面仅列出常见条件下的一些计算式：

(1) 流体在圆形直管内做强制湍流对流

对于低黏度(黏度小于 2 倍常温下水的黏度)的流体，当 $Re>10000$，$0.7<Pr<160$，并且管子长径比 $l/d_i>60$ 时：

$$Nu = 0.023Re^{0.8}Pr^n \tag{4.16}$$

式中 n 与热流方向有关，当流体被加热时，$n=0.4$；当流体被冷却时，$n=0.3$。

对于高黏度的液体，计算时要考虑附加黏度校正等因素，当 $Re>10000$，$0.7<Pr<16700$，并且管子长径比 $l/d_i>60$ 时：

$$Nu = 0.027Re^{0.8}Pr^{1/3}(\mu/\mu_w)^{0.14} \tag{4.17}$$

式中，μ 为液体在主体平均温度下的黏度，μ_w为液体在壁温下的黏度。$(\mu/\mu_w)^{0.14}$一项是考虑热流方向影响的校正项。在工程计算中，液体被加热时，$(\mu/\mu_w)^{0.14}=1.05$；液体被冷却时，$(\mu/\mu_w)^{0.14}=0.95$。

(2) 流体在圆形直管内做强制滞流对流

当管径较小，流体与壁面间温差较小，流体的 μ/ρ 较大时，可以忽略自然对流，若 $Re<2000$，$l/d_i>60$，$Re\cdot Pr\cdot d_i/l>100$ 时：

$$Nu = 1.86Re^{1/3}Pr^{1/3}(d_i/l)^{1/33}(\mu/\mu_w)^{0.14} \tag{4.18}$$

(3) 流体在弯管内做强制对流

在弯管内，当弯管的管径为 d，曲率半径为 r 时，由于离心力的作用，扰动加剧，对流传热系数 α' 比直管的 α 要大：

$$\alpha' = \alpha(1 + 1.77d/r) \tag{4.19}$$

(4) 流体在非圆形直管内做强制对流

这种情况下要计算传热的当量直径 d_e，再运用上面公式即可。

$$d_e = \frac{4 \times 流体流道的横截面面积}{横截面面积上被流体润湿的传热周边长度}$$

3. 沸腾和冷凝时的对流传热系数

在化工传热中，沸腾和冷凝是经常发生的，此时流体在传热过程中有相变，往往有比较大的对流传热系数。

(1) 液体的沸腾

沸腾传热是指热量从壁面传给液体，使液体沸腾气化的对流传热过程。化工生产中常用的蒸发器、再沸器和蒸气锅炉，都是通过沸腾传热来产生蒸气的。以水的沸腾为例(图 4.9)，随着壁面温度的升高，传热经过如下几个阶段：

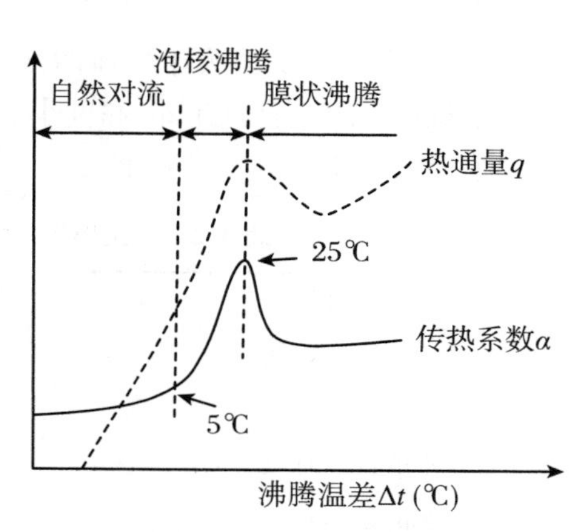

图 4.9　水的沸腾曲线

① 自然对流。此阶段液体处于过冷状态，随着液体被加热，温度逐渐上升，上、下存在温度差，发生自然对流现象。随着壁面温度的升高，自然对流逐渐增强，壁面的传热系数逐渐升高。一般认为壁面过热度小于 5 ℃时加热面上无气泡产生，换热形式为单相自然对流换热。

② 泡核沸腾。随着温度进一步升高，液体靠近壁面的地方温度达到饱和温度，在壁面小凹坑上逐渐产生汽化核心，并进一步扩大生成气泡脱离壁面，在重力作用下上升，此过程为泡核沸腾区域。在这个阶段，气泡在形成长大过程中吸收大量汽化潜热，气泡的脱离和上升运动又产生剧烈扰动，所以沸腾换热比单相流体的对流换热强烈得多，随着壁面的过热度进一步增加，汽化核心越来越多，沸腾越来越剧烈，对流传热系数不断增大并达到最高值。

③ 膜状沸腾。随着过热度进一步增加，汽化核心增多，壁面产生气泡的速率更快，直至加热面上生成的气泡因为来不及脱离而逐渐在壁面上形成稳定的汽膜，进入到所谓膜状沸腾阶段。此时的相变发生在汽膜与液体接触的相界面上，而不是在壁面上。这层汽膜将液体与加热面隔开，由于蒸汽的导热系数远小于液体，使得传热系数大大降低。但是随着壁面温度的升高，壁面与液体的温差越来越大，辐射换热逐渐加强，壁面换热系数有一定程度的升高。

开始形成核态沸腾时的热流密度称为临界热流密度(CHF)。在工程实践中，热流密度应严格控制在临界值以下。气泡的形成和沸腾状态的过渡，与液体的物性、纯度、状态参数以及加热表面的性质、重力加速度等因素有关。

其他液体在不同压强下的沸腾曲线与水的类似，仅临界点的数值不同。

(2) 蒸气冷凝

蒸气冷凝是当蒸气分子遇到冷的壁面时，释放出相变热而凝结成液体。蒸气冷凝时又分为两种情况：膜状冷凝和滴状冷凝。

当壁面比较洁净时，冷凝液能够润湿壁面，则在壁面上形成一层完整的液膜，液膜厚度达到一定程度时成为液体向下流动，此时液膜成为主要热阻，所以称为膜状冷凝。

当壁面或蒸气中混有油脂（或其他杂质）时，冷凝液不能润湿壁面，由于表面张力的作用，冷凝液在壁面上形成许多液滴，并沿壁面落下，此时的热阻相比液膜要小很多，这种冷凝称为滴状冷凝。

工业上遇到的大多是膜状冷凝，因此冷凝器的设计总是按膜状冷凝来处理。

4. 常见换热过程的对流传热系数的数值范围

经过前面的讨论，可知对流传热系数 α 的影响因素很多也很复杂，在不同的情况下，α 的数值范围差别也很大。表 4.2 列举了常见换热方式的某些流体的 α 值的大致范围。从表中可以看出：液体的 α 值大于气体的 α 值；有相变的 α 值大于无相变的 α 值；强制对流的 α 值大于自然对流的 α 值。此外，黏度小的流体的 α 值通常大于黏度大的流体的 α 值；高压气体的 α 值要大于常压气体的 α 值。

表 4.2 常见换热过程的对流传热系数 α 值的大致范围

换热过程	α（$W \cdot m^{-2} \cdot K^{-1}$）	备注
空气的自然对流	5～25	
气体的强制对流	20～100	
水的自然对流	200～1000	
水的强制对流	1000～1500	
水的沸腾	2500～25000	强制对流有较大值
水蒸气的膜状冷凝	5000～20000	
水蒸气的滴状冷凝	30000～12000	
有机蒸气的冷凝	500～2000	如苯、汽油的卧式冷凝器
油的加热或冷却	50～1000	强制对流有较大值
高压气体的加热或冷却	1000～4000	例如氨合成（15 MPa）

4.4 热交换的计算

化工生产的传热过程中最为常见的是冷、热两种流体通过间壁两侧进行热交换的过程，这个过程简称换热，进行热交换的设备称为热交换器或换热器。所有的换热过程既要满足能量守恒原理（热量衡算方程），又要符合传热动力学规律（传热速率方程）。

4.4.1 热量衡算

通常在换热器计算时，首先需要确定换热器的热负荷。所谓热负荷，是指单位时间内冷、热两种流体在换热器里所交换的热量（单位为 W）。热负荷是由实际生产换热任务的需要而提出的，所以热负荷也就是要求换热器所具备的换热能力。

实际生产中，一个能满足生产要求的换热器，其传热速率应该略大于热负荷，不过在计算时，通常将传热速率和热负荷的数值视为相等。若忽略换热过程的热损失，根据能量守恒，热流体放出的热量等于冷流体吸收的热量。

对于整个换热器，热量衡算式为

$$Q = q_{m,h}(H_1 - H_2) = q_{m,c}(h_2 - h_1) \tag{4.20}$$

当换热器内流体无相变时：

$$Q = q_{m,h}\,c_{p,h}(T_1 - T_2) = q_{m,c}c_{p,c}(t_2 - t_1) \tag{4.21}$$

当换热器内热流体发生相变（温度不变），冷流体无相变时：

$$Q = q_{m,h}r = q_{m,c}\,c_{p,c}(t_2 - t_1) \tag{4.22}$$

当换热器内热流体发生相变（且温度也发生变化），冷流体无相变时：

$$Q = q_{m,h}r + q_{m,h}c_{p,h}(T_1 - T_2) = q_{m,c}c_{p,c}(t_2 - t_1) \tag{4.23}$$

式(4.20)～式(4.23)中，Q 为热负荷，单位为 W；$q_{m,h}$为高温流体质量流量，单位为 $kg \cdot s^{-1}$；$q_{m,c}$为低温流体质量流量，单位为 $kg \cdot s^{-1}$；H_1为进入换热器的高温流体的焓，单位为 $J \cdot kg^{-1}$；H_2为离开换热器的高温流体的焓，单位为 $J \cdot kg^{-1}$；h_1为进入换热器的低温流体的焓，单位为 $J \cdot kg^{-1}$；h_2为离开换热器的低温流体的焓，单位为 $J \cdot kg^{-1}$；$c_{p,h}$为换热器中高温流体进出口的平均温度下的定压比热容，单位为 $J \cdot kg^{-1} \cdot K^{-1}$；$c_{p,c}$为换热器中低温流体进出口的平均温度下的定压比热容，单位为 $J \cdot kg^{-1} \cdot K^{-1}$；$T_1$为换热器中高温流体的进口温度，单位为 K 或℃；$T_2$为换热器中高温流体的出口温度，单位为 K 或℃；$t_1$为换热器中低温流体的进口温度，单位为 K 或℃；$t_2$为换热器中低温流体的进口温度，单位为 K 或℃；$r$ 为换热器中高温流体饱和蒸气的冷凝潜热（相变热），单位为 $J \cdot kg^{-1}$。

例 4.4　在一套管换热器的外管有绝压为 180 kPa 的水蒸气冷凝成饱和的水，内管被加热的流体的进、出口温度分别为 20 ℃和 80 ℃，其流量为 800 $kg \cdot h^{-1}$，平均温度下的定压比热容为 1800 $J \cdot kg^{-1} \cdot K^{-1}$。已知该条件下的水蒸气的冷凝潜热为 2.2×10^6 $J \cdot kg^{-1}$，若不考虑热损失，试求水蒸气的用量。

解　因不考虑热损，由题意可得

$$Q = q_{m,h}r = q_{m,c}c_{p,c}(t_2 - t_1)$$

$$q_{m,h} \times 2.2 \times 10^6 = 800 \times 1800 \times (80 - 20)$$

$$q_{m,h} = 39.27(kg \cdot h^{-1})$$

例 4.5　在一换热器中用冷却水使流量为 1200 $kg \cdot h^{-1}$的乙苯从 100 ℃降低到 25 ℃，冷却水的温度从 15 ℃升高到 40 ℃。若乙苯和水的定压比热容分别取 1700 $J \cdot kg^{-1} \cdot K^{-1}$和 4200 $J \cdot kg^{-1} \cdot K^{-1}$，不考虑热损，试求冷却水的用量。若热损为乙苯的 8%，并且冷却水用量增加一倍，试求冷却水出口温度。

解　因不考虑热损，由题意可得

$$Q = q_{m,h}c_{p,h}(T_1 - T_2) = q_{m,c}c_{p,c}(t_2 - t_1)$$

$$1200 \times 1700 \times (100 - 25) = q_{m,c} \times 4200 \times (40 - 15)$$

$$q_{m,c} = 1457(kg \cdot h^{-1})$$

若热损为乙苯的 8%，且冷却水用量增加一倍，则有

$$Q = q_{m,h}c_{p,h}(T_1 - T_2) \times (1 - 8\%) = q_{m,c}c_{p,c}(t_2 - t_1)$$

$1200 \times 1700 \times (100 - 25) \times (1 - 8\%) = 2914 \times 4200 \times (t_2 - 15)$

$t_2 = 26.5(℃)$

4.4.2 总传热方程

以图 4.8 为例，换热器中的冷、热流体间的总传热过程可分为三个部分：(1) 热流体对器壁(左侧)的对流传热；(2) 器壁一端(左侧)到另一端(右侧)的传导传热；(3) 器壁另一端(右侧)到冷流体的对流传热。传热的总热阻是这三部分热阻串联的结果。这三部分的传热速率方程分别如下。

热流体向器壁的对流传热：

$$\varphi_1 = \alpha_1 S_1 (T - T_w) \tag{4.24}$$

器壁内的传导传热：

$$\varphi_2 = \frac{\lambda}{b} S_2 (T_w - t_w) \tag{4.25}$$

器壁向冷流体的对流传热：

$$\varphi_3 = \alpha_2 S_3 (t_w - t) \tag{4.26}$$

式(4.24)～式(4.26)中，φ_1、φ_2、φ_3分别为热流体对器壁、器壁内部和器壁对冷流体的传热速率，单位为 W；S_1、S_2、S_3分别为热流体对器壁、器壁内部和器壁对冷流体的传热面积，单位为 m^2；α_1、α_2分别为热流体对器壁和器壁对冷流体的对流传热系数，单位为 $W \cdot m^{-2} \cdot K^{-1}$或 $W \cdot m^{-2} \cdot ℃^{-1}$；$\lambda$ 为器壁内部的导热系数，单位为 $W \cdot m^{-1} \cdot K^{-1}$或 $W \cdot m^{-1} \cdot ℃^{-1}$；$T$、$t$ 分别为热流体和冷流体的主体温度，单位为 K 或℃；T_w、t_w分别为热流体和冷流体流经的壁面的温度，单位为 K 或℃。

根据热量守恒，在稳态传热条件下可得

$$\varphi_1 = \varphi_2 = \varphi_3 = \varphi$$

这时再综合式(4.24)～式(4.26)，可得总传热方程：

$$\varphi = \frac{T - t}{\dfrac{1}{\alpha_1 S_1} + \dfrac{b}{\lambda S_2} + \dfrac{1}{\alpha_2 S_3}} = \frac{\Delta t}{R_1 + R_2 + R_3} = \frac{\sum \Delta t}{\sum R} = \frac{\text{总推动力}}{\text{总热阻}} \tag{4.27}$$

式中，R_1、R_2、R_3分别为热流体到器壁的对流传热、器壁内部传导传热和器壁对冷流体的对流传热的热阻，单位为 $K \cdot W^{-1}$或$℃ \cdot W^{-1}$。

1. 平面壁的总传热方程

当传热器壁为平面壁或近似平面壁(比如带夹套反应釜的釜壁)时，则可以认为 $S_1 = S_2 = S_3 = S$，此时总传热方程为

$$\varphi = \frac{S\Delta t}{\dfrac{1}{\alpha_1} + \dfrac{b}{\lambda} + \dfrac{1}{\alpha_2}} = KS\Delta t \tag{4.28}$$

式中，$K = \dfrac{1}{\dfrac{1}{\alpha_1} + \dfrac{b}{\lambda} + \dfrac{1}{\alpha_2}}$，即为传热系数或总传热系数，单位为 $W \cdot m^{-2} \cdot K^{-1}$或 $W \cdot m^{-2} \cdot ℃^{-1}$；其物理意义是指间壁两侧流体主体温差为 1 K 或 1 ℃时，单位时间内通过 1 m^2间壁所传递

的热量。

若间壁为多层复合壁，总传热系数可以写成

$$K=\frac{1}{\frac{1}{\alpha_1}+\sum\frac{b}{\lambda}+\frac{1}{\alpha_2}}$$

2. 圆筒壁的总传热方程

当传热器壁为圆筒壁时，则传热面积会随着半径的变化而改变。若假定圆筒壁的长度为 L，内壁和外壁的半径分别为 r_1 和 r_2，内、外壁的温度分别为 T 和 $t(T>t)$，参照前面讨论圆筒壁传导传热的推导方法，可以得到圆筒壁的总传热方程：

$$\varphi=\frac{2\pi L(T-t)}{\frac{1}{\alpha_1 r_1}+\frac{1}{\lambda}\ln\frac{r_2}{r_1}+\frac{1}{\alpha_2 r_2}}=\frac{2\pi L(T-t)}{\frac{1}{\alpha_1 r_1}+\frac{b}{\lambda r_m}+\frac{1}{\alpha_2 r_2}} \tag{4.29}$$

式中，$r_m=\frac{r_2-r_1}{\ln\frac{r_2}{r_1}}$，即对数平均半径，单位为 m，当 $(r_1/r_2)<2$ 时，$r_m=(r_1+r_2)/2$；$b=r_2-r_1$，即圆筒壁厚度，单位为 m。

当圆筒壁厚度 b 较小或半径较大时，可以认为 $r_2\approx r_1\approx r_m$，$r_m=(r_1+r_2)/2$，上式可以简化为

$$\varphi=\frac{2\pi r_m L(T-t)}{\frac{1}{\alpha_1}+\frac{b}{\lambda}+\frac{1}{\alpha_2}}=KS\Delta t \tag{4.30}$$

若对流传热系数 α_1、α_2 相差较大，根据温度降主要在热阻大这一侧的原理，也可选用 α 小的一侧的半径来计算。

若是多层圆筒壁，则可以写成

$$\varphi=\frac{2\pi L(T-t)}{\frac{1}{\alpha_1 r_1}+\sum\frac{b}{\lambda r_m}+\frac{1}{\alpha_2 r_2}}$$

还应注意，式(4.28)和式(4.30)是从间壁式换热器推导而来的总传热方程，所以只适用于传热面为等温面的间壁式热交换过程的计算。

3. 总传热系数

总传热系数 K 对热量传递具有主要影响，是评价换热性能的一个非常重要的指标，在换热器的设计与计算中具有十分重要的意义。

总传热系数 K 值愈大，传热过程进行得愈为强烈。总传热系数是一个过程量，其大小取决于壁面两侧流体的物性、流速，固体表面的形状，材料的导热系数等因素。

传热系数 K 值一般都借助于具体实验并按总传热方程式计算确定，或通过计算传热过程的单位面积总热阻 R_t 而得到。此外，传热系数 K 值还可以从生产实践测定得到 K 的经验值，或相关资料手册文献中去选取。注意被选取的经验传热系数 K 值的流体，要与所研究的流体相似，同时流体流速和换热设备结构形式也要相似。实际生产中的常见传热过程的总传热系数列于表 4.3 中。

表 4.3 常见换热过程的总传热系数 K 值的大致范围

换热流体	$K(W \cdot m^{-2} \cdot K^{-1})$	换热流体	$K(W \cdot m^{-2} \cdot K^{-1})$
气体-气体(常压)	10～30	润滑油-油	60～110
气体-水(常压)	20～280	有机蒸气-油	100～300
气体-有机溶剂	10～50	润滑油-水	140～460
水-水	850～2500	油-油	50～300
水-轻油	350～900	冷凝水蒸气-沸腾轻油	500～1000
水-重油	60～300	冷凝水蒸气-果汁	180～1400
水-有机溶剂	280～850	水-有机蒸气	450～1150
有机溶剂-有机溶剂	110～350	冷凝水蒸气-牛奶	1100～2800
水-冷凝水蒸气	300～4250	有机溶剂-冷凝水蒸气	50～400
气体-冷凝水蒸气	10～300	沸腾水-冷凝水蒸气	2000～4250

在传热计算中,应注意总传热系数和传热面积的对应关系,无论选择何种面积作为计算基准都是一样的。工程上,通常以外表面为基准,对平壁或薄管壁则无需考虑。除特别说明外,手册中所列 K 值都是基于外表面积的传热系数,换热器标准系列中的传热面积也是指外表面积。

实际生产中,对于管壁传热面两侧污垢热阻的存在,往往不能忽略,分别用 R_{s1} 和 R_{s2} 表示热流体壁面和冷流体壁面的热阻,则此时总传热系数为

$$K = \frac{1}{\dfrac{1}{\alpha_1} + R_{s1} + \dfrac{b}{\lambda} + R_{s2} + \dfrac{1}{\alpha_2}}$$

通常情况下,因为热交换器由金属制成,金属的导热系数 λ 值很大,壁又很薄,所以器壁热阻 b/λ 很小,常可忽略;若对流传热系数 α_1、α_2 相差较大,传热热阻主要来源于 α 值较小的一侧,比如,当 $\alpha_1 \gg \alpha_2$ 时,$K \approx \alpha_2$。

一般地,蒸气传热系数很大,但若混入不凝性气体,K 值会大大下降,所以在实际生产中往往需要排出不凝性气体。

例 4.6 夹套反应釜的内径为 80 cm,釜壁是厚度为 8 mm 的碳钢,内衬 3 mm 厚的搪瓷,夹套中通温度为 120 ℃的饱和水蒸气(对流传热系数 α_1 为 10000 $W \cdot m^{-2} \cdot K^{-1}$),釜内被加热的某有机物温度为 80 ℃(对流传热系数 α_2 为 250 $W \cdot m^{-2} \cdot K^{-1}$)。已知碳钢和搪瓷的导热系数分别为 50$W \cdot m^{-1} \cdot K^{-1}$和 1.0 $W \cdot m^{-1} \cdot K^{-1}$,试求该条件下单位面积的传热速率和各热阻占总热阻的百分数。

解 因内径 0.8 m≈外径 0.822 m,可近似作为多层平面壁稳态传热过程处理,则有

$$K = \frac{1}{\dfrac{1}{\alpha_1} + \sum \dfrac{b}{\lambda} + \dfrac{1}{\alpha_2}} = \frac{1}{\dfrac{1}{10000} + \left(\dfrac{0.008}{50} + \dfrac{0.003}{1.00}\right) + \dfrac{1}{250}}$$

$$= \frac{1}{0.0001 + (0.00016 + 0.003) + 0.004} = \frac{1}{0.00726} = 137.7(W \cdot m^{-2} \cdot K^{-1})$$

单位面积的传热速率为

$$\varphi/S = K\Delta t = 137.7\times(120-80) = 5510(\mathrm{W\cdot m^{-2}})$$

各热阻占总热阻的百分数分别为

水蒸气：$0.0001 / 0.00726 = 1.4\%$

碳钢：$0.00016 / 0.00726 = 2.2\%$

搪瓷：$0.003 / 0.00726 = 41.3\%$

某有机物：$0.004 / 0.00726 = 55.1\%$

由计算结果可见，主要热阻在搪瓷衬里和有机物这一侧。所以在很多液液传热过程中，金属壁的热阻通常可以忽略。

例 4.7　在列管加热器中，20 ℃原油（对流传热系数 α_1 为 200 $\mathrm{W\cdot m^{-2}\cdot K^{-1}}$）流经规格为$\varnothing$48 mm × 2 mm 的无缝钢管，管外用 120 ℃饱和水蒸气（对流传热系数 α_2 为 10000 $\mathrm{W\cdot m^{-2}\cdot K^{-1}}$）加热，管内黏附厚度为1 mm的油垢层。已知钢管和油垢的导热系数分别为 50 $\mathrm{W\cdot m^{-1}\cdot K^{-1}}$和 1.0 $\mathrm{W\cdot m^{-1}\cdot K^{-1}}$，试求通过每米管长的传热速率；若将两侧流体的对流传热系数分别提高 1 倍，则传热速率有什么变化？

解　根据多层圆筒壁的总传热方程计算，由题意可得

$$\varphi/L = \frac{2\pi(T-t)}{\dfrac{1}{\alpha_1 r_1} + \sum \dfrac{b}{\lambda r_m} + \dfrac{1}{\alpha_2 r_2}}$$

$$= \frac{2\pi(120-20)}{\dfrac{1}{200\times 0.021} + \left(\dfrac{0.001}{1\times 0.0215} + \dfrac{0.002}{50\times 0.023}\right) + \dfrac{1}{10000\times 0.024}} = 2160(\mathrm{W\cdot m^{-1}})$$

当原油一侧对流传热系数提高 1 倍时：

$$\varphi/L = \frac{2\pi(120-20)}{\dfrac{1}{400\times 0.021} + \left(\dfrac{0.001}{1\times 0.0215} + \dfrac{0.002}{50\times 0.023}\right) + \dfrac{1}{10000\times 0.024}} = 3670(\mathrm{W\cdot m^{-1}})$$

当饱和水蒸气一侧对流传热系数提高 1 倍时：

$$\varphi/L = \frac{2\pi(120-20)}{\dfrac{1}{200\times 0.021} + \left(\dfrac{0.001}{1\times 0.0215} + \dfrac{0.002}{50\times 0.023}\right) + \dfrac{1}{20000\times 0.024}} = 2180(\mathrm{W\cdot m^{-1}})$$

由计算结果可见，提高对流传热系数大的一侧流体的传热系数，对总传热影响不大；提高传热系数小的一侧流体的传热系数，对总传热速率提高是有意义的，也就是说降低热阻大的一侧流体的热阻，对传热影响大。

若总传热计算式中全部用传热系数小的一侧的内径计算，有

$$\varphi/L = \frac{2\pi(120-20)}{\dfrac{1}{200\times 0.021} + \left(\dfrac{0.001}{1\times 0.021} + \dfrac{0.002}{50\times 0.021}\right) + \dfrac{1}{10000\times 0.021}} = 2150(\mathrm{W\cdot m^{-1}})$$

若全部按平均半径 r_m为 0.0225 m 进行计算，则有

$$\varphi/L = \frac{2\pi(120-20)}{\dfrac{1}{200\times 0.0225} + \left(\dfrac{0.001}{1\times 0.0225} + \dfrac{0.002}{50\times 0.0225}\right) + \dfrac{1}{10000\times 0.0225}} = 2270(\mathrm{W\cdot m^{-1}})$$

可见计算误差都不大。

4.4.3 传热温差

1. 恒温传热与变温传热

换热器内间壁两侧的连续稳态传热有恒温温差和变化温差两种情况。

恒温温差是指换热两流体的温度不仅不随时间变化，而且也不随壁面的不同位置而变化。例如，冷、热流体是沸点较低的饱和液体蒸发或饱和气体的冷凝，两种流体的温度都不变化。传热温差可以表示为：$\Delta t = T - t$。

对于换热器间壁任何一侧流体存在无相变的情况，因为无相变流体在传热过程中的温度将沿其流向而连续变化，所以称此种传热为变温传热。此时传热壁面各点温度尽管不随时间而变，但是随着传热面的位置变化而变化，使得传热温差在多数情况下也在不断发生变化，所以通常用平均温差 Δt_m来替代变温传热温差进行计算。实际计算平均温差时要考虑具体冷、热流体流向情况而定。

2. 并流和逆流的平均温差

在连续稳态传热过程中，根据物料流体的流动方向可以分为四种情况(图 4.10)：(1) 并流：冷、热两种流体流向相同。(2) 逆流：冷、热两种流体流向相反。(3) 错流：冷、热两种流体流向垂直，如附挡板的列管换热器。(4) 折流：一流体定向流动，另一流体反复回折流动，如多程列管换热器。

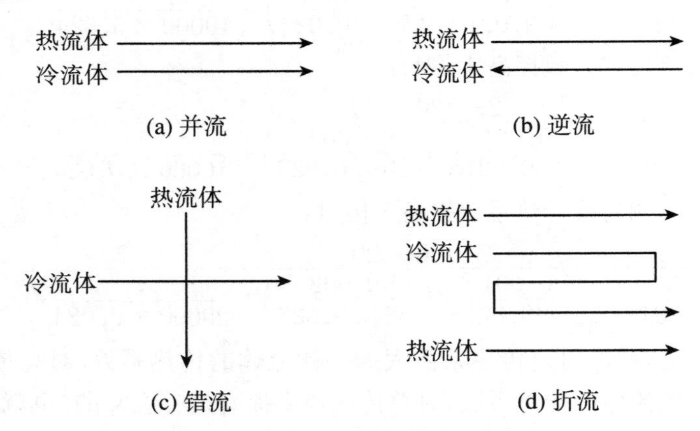

图 4.10　冷、热流体流向的几种情况示意图

在套管换热器中可以完全实现并流和逆流操作(图 4.11)。在列管换热器中可以同时有多种流动形式进行热交换。错流和折流的情况较为复杂，本书只对并流和逆流的平均温差计算进行讨论。

如图 4.12 所示，以并流为例，推导其传热的平均温差 Δt_m计算公式，为了简化处理，这里假定：(1) 传热为稳态传热过程，冷、热流体的质量流量分别为 $q_{m,c}$和 $q_{m,h}$，且不随温度而变；(2) 冷、热流体的定压比热容分别为 $c_{p,c}$和 $c_{p,h}$，也不随温度而变；(3) 总传热系数 K 为常数；(4) 忽略热损。

设热流体、冷流体进、出换热器的温度分别为 T_1、T_2和 t_1、t_2。换热器两端流体的温差分别为 $\Delta t_1 = T_1 - t_1$和 $\Delta t_2 = T_2 - t_2$。

选取换热器中传热面积的微分单元 dS，依据热量守恒关系，热量经过微分单元传热面

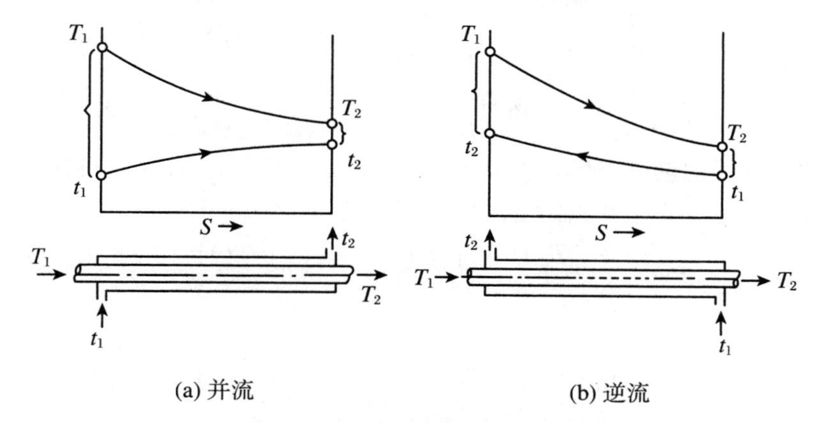

图 4.11 并流和逆流换热过程中的温度变化

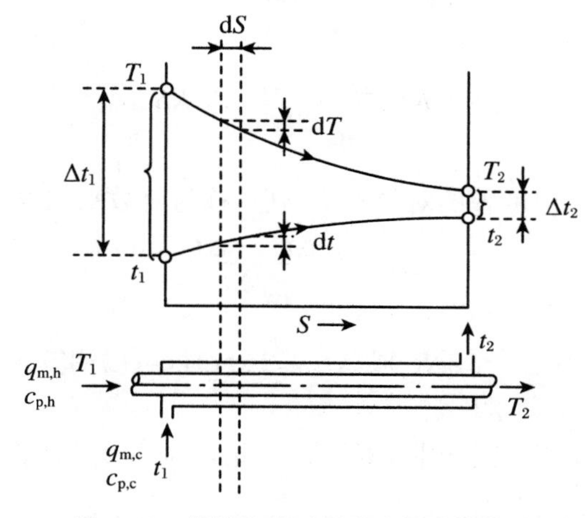

图 4.12 并流换热过程平均温差的推导

dS 时，热流体释放的热量等于冷流体吸收的热量：

$$d\varphi = -c_{p,h}q_{m,h}dT = c_{p,c}q_{m,c}dt$$

$$dT = -\frac{d\varphi}{c_{p,h}\ q_{m,h}},\quad dt = \frac{d\varphi}{c_{p,c}\ q_{m,c}}$$

$$dT - dt = d(T - t) = -\left(\frac{1}{c_{p,h}\ q_{m,h}} + \frac{1}{c_{p,c}\ q_{m,c}}\right)d\varphi$$

根据总传热方程 $\varphi = KS(T - t)$，有

$$d\varphi = K(T - t)dS$$

则有

$$d(T - t) = -\left(\frac{1}{c_{p,h}\ q_{m,h}} + \frac{1}{c_{p,c}\ q_{m,c}}\right)K(T - t)dS$$

$$\frac{d(T - t)}{(T - t)} = -\left(\frac{1}{c_{p,h}\ q_{m,h}} + \frac{1}{c_{p,c}\ q_{m,c}}\right)KdS$$

此时以传热面积从0到 S，换热器两端的温差 $\Delta t_1 = T_1 - t_1$ 和 $\Delta t_2 = T_2 - t_2$ 分别为积分边界条件，积分并整理，可得

$$\int_{T_1-t_1}^{T_2-t_2}\frac{\mathrm{d}(T-t)}{(T-t)}=-\left(\frac{1}{c_{p,h}\,q_{m,h}}+\frac{1}{c_{p,c}\,q_{m,c}}\right)K\int_0^S\mathrm{d}S$$

$$\ln\frac{(T_2-t_2)}{(T_1-t_1)}=-\ln\frac{\Delta t_1}{\Delta t_2}=-\left(\frac{1}{c_{p,h}\,q_{m,h}}+\frac{1}{c_{p,c}\,q_{m,c}}\right)KS$$

再按边界条件下的热量衡算关系($\mathrm{d}\varphi=-c_{p,h}q_{m,h}\mathrm{d}T=c_{p,c}q_{m,c}\mathrm{d}t$)得到

$$\varphi=-c_{p,h}q_{m,h}(T_2-T_1)=c_{p,c}q_{m,c}(t_2-t_1)$$

$$\frac{1}{c_{p,h}\,q_{m,h}}+\frac{1}{c_{p,c}\,q_{m,c}}=\frac{(T_1-T_2)-(t_1-t_2)}{\varphi}=\frac{(T_1-t_1)-(T_2-t_2)}{\varphi}=\frac{\Delta t_1-\Delta t_2}{\varphi}$$

此时有

$$\begin{cases}\ln\dfrac{\Delta t_1}{\Delta t_2}=\left(\dfrac{1}{c_{p,h}\,q_{m,h}}+\dfrac{1}{c_{p,c}\,q_{m,c}}\right)KS\\[2ex]\dfrac{1}{c_{p,h}\,q_{m,h}}+\dfrac{1}{c_{p,c}\,q_{m,c}}=\dfrac{\Delta t_1-\Delta t_2}{\varphi}\end{cases}$$

可得

$$\varphi=KS\frac{\Delta t_1-\Delta t_2}{\ln\dfrac{\Delta t_1}{\Delta t_2}}=KS\Delta t_m \tag{4.31}$$

式中,Δt_m即为换热器两端温度差的对数平均温值,称为对数平均温差:

$$\Delta t_m=\frac{\Delta t_1-\Delta t_2}{\ln\dfrac{\Delta t_1}{\Delta t_2}} \tag{4.32}$$

实际在工程计算时,当$\Delta t_1\leqslant 2\Delta t_2$或$\Delta t_2\leqslant 2\Delta t_1$时,可以用算术平均温差替代对数平均温差,即取$\Delta t_m=(\Delta t_1+\Delta t_2)/2$。

对于逆流传热,也可得出完全相同的结果,因此式(4.32)是计算并流和逆流的平均温差的通式。

例 4.8 在套管换热器中,用一定量的热流体将另一定量的冷流体加热。热流体走管程。换热过程中热流体温度由 100 ℃降到 60 ℃,冷流体由 20 ℃升到 40 ℃。试分别计算并流与逆流的传热温差。若总传热系数为 1000 $\mathrm{W\cdot m^{-2}\cdot K^{-1}}$,热流体的定压比热容为 3.5 $\mathrm{kJ\cdot kg^{-1}\cdot K^{-1}}$,质量流量为 1500 $\mathrm{kg\cdot h^{-1}}$,试分别计算并流和逆流的传热面积。

解 根据题意可画出并流和逆流的温度变化示意图如图 4.13 所示。

图 4.13 温度变化示意图

并流传热时:

$$\Delta t_1=T_1-t_1=100-20=80(℃)$$

$$\Delta t_2=T_2-t_2=60-40=20(℃)$$

$$\Delta t_m=\frac{\Delta t_1-\Delta t_2}{\ln\dfrac{\Delta t_1}{\Delta t_2}}=\frac{80-20}{\ln\dfrac{80}{20}}=43.3(℃)$$

逆流传热时：

$$\Delta t_1 = T_1 - t_2 = 100 - 40 = 60(℃)$$

$$\Delta t_2 = T_2 - t_1 = 60 - 20 = 40(℃)$$

$$\Delta t_m = \frac{\Delta t_1 - \Delta t_2}{\ln \dfrac{\Delta t_1}{\Delta t_2}} = \frac{60 - 40}{\ln \dfrac{60}{40}} = 49.3(℃)$$

此时也可以用算术平均值 50 ℃计算。

当热流体的定压比热容为 $3.5\ \mathrm{kJ \cdot kg^{-1} \cdot K^{-1}}$，质量流量为 $1500\ \mathrm{kg \cdot h^{-1}}$ 时，此传热过程的热负荷为

$$\varphi = -c_{p,h} q_{m,h}(T_2 - T_1) = -3.5 \times \frac{1500}{3600}(60 - 100) = 58.3(\mathrm{kW})$$

所以并流时的传热面积为

$$S = \frac{\varphi}{K \Delta t_m} = \frac{58300}{1000 \times 43.3} = 1.35(\mathrm{m^2})$$

逆流时的传热面积为

$$S = \frac{\varphi}{K \Delta t_m} = \frac{58300}{1000 \times 49.3} = 1.18(\mathrm{m^2})$$

计算结果表明，逆流换热的平均温差大于并流换热，逆流换热所需要的换热面积要小于并流换热。

3. 并流和逆流换热的比较

(1) 在相同的流体和相同的起始及最终温度下，逆流比并流有更大的平均传热温差，也就是就传热推动力而言，逆流优于并流方式。当换热器的传热量与总传热系数已定时，采用逆流操作，所需的换热器的传热面积小于并流方式。即在相同条件下，$\Delta t_{m逆流} > \Delta t_{m并流}$，$S_{逆流} < S_{并流}$。

(2) 在相同条件下，逆流换热比并流换热可以更加节省加热或冷却介质的用量。因为并流换热时，冷流体受热后的极限温度总低于或接近于热流体换热后的最终温度。而在逆流时，冷流体换热后的极限温度只低于或接近于热流体的初始温度，热流体换热后的极限温度只高于或接近于冷流体的初始温度，热能能充分利用与回收，故可用较少的传热介质(加热剂或冷却剂)就可以达到要求的传热效率。

(3) 在相同条件下，并流和逆流相比，其传热初期的传热速率大，后期传热速率小，因此并流方式常用于换热时需要防止过热或过冷的场合。例如要求冷流体被加热时不能超过某一规定温度，或者热流体被冷却时不能低于某一规定温度，则采用并流流动较容易控制。此外，在有些高温换热器中，如果采用逆流流动，则热流体和冷流体的最高温度均集中在换热器的同一端，使得该处的壁温特别高，将导致管壁处产生较大的热应力和热变形，这种情况也不宜采用逆流流动。

当换热器中有一侧流体发生相变，由于发生相变流体的温度保持不变，无论是并流还是逆流，只要有一侧流体的进、出口温度始终保持恒定不变，则传热过程的平均温差均相同，这时也就没有并流和逆流之分了。

4.4.4　强化传热过程的途径

传热过程的强化在实际生产中占有十分重要的地位，设计和开发高效换热设备，可以达到节能降耗的经济目的。根据总传热方程 $\varphi = KS\Delta t$ 可知，只要提高方程右边任何一项，均可提高换热器传热能力，但实际生产中需要具体问题具体分析，要搞清楚哪一个环节是传热的控制步骤，然后有针对性地对传热过程的薄弱环节采取强化措施，才能达到最优效果。

1. 提高传热温差

提高传热温差即为增加传热驱动力，在生产上通常采用两种方法来提高温差：

(1) 提高热流体或降低冷流体的温度来增大温差。比如增大蒸气的压强，提高加热蒸气的温度，用深井水代替自来水以降低冷却水温等。

不过实际生产中，物料的温度很多情况下是由工艺条件给定的，不能任意变动。比如考虑到换热器承受的压力范围，饱和水蒸气的使用温度通常不超过 180 ℃。增大温差还要考虑经济节能和绿色环保因素，所以不能盲目采用过高温度的给热体或低温冷冻。比如出口温度虽可通过增大水流量而降低，但流动阻力迅速增加，用水量增加，操作费用也会升高。而且传热温差越大，热损失通常也会增加。

(2) 采用逆流换热方式来增大温差，提高传热效率。同样条件下，相比并流换热，逆流有更大的传热温差。不过有时候要控制最终过热或过冷需要采用并流方式，比如防止过热或过冷导致的产物分解或沉淀等。

2. 增大传热面积

增大传热面积是提高传热效率的常见方式。生产上一般是增加对流传热系数小的一侧的换热面。比如用螺纹管或螺旋槽管代替光滑管，在光滑管外表面上加螺旋翅片等扩展表面，这些方式都能有效提高传热速率。

但是，对于已定型的换热设备，它的传热面积为定值，若增大传热面积，将导致投资成本增大。

3. 提高总传热系数

实际生产应用中，通过增大换热面积和提高传热温差来增加传热速率都有其局限之处：一味地增加换热面积势必会造成设备体积庞大和初始投资费用的大幅度增加，而加大传热温差又要受到工艺过程条件和流体性质等的限制。因此，对于如何提高传热速率，大量的理论研究与实际开发都集中在如何提高总传热系数上。

总传热系数 K 的数值取决于换热过程各项热阻总和的大小，所以提高总传热系数可以从以下几个方面加以考虑：

(1) 减小换热器壁面的导热热阻。对于金属壁面，一般不构成主要热阻，但是壁面黏附垢层(油垢或水垢等)后热阻随使用时间的延长而变大，往往成为控制传热速率的主要因素，所以防止结垢和除去垢层是保证换热器正常工作的重要措施。如何防止结垢和除去垢层是该方向的研究热点。

(2) 提高冷、热流体的对流传热系数值。实际生产中要尽量选择对流传热系数值较大的载热体，尤其要降低传热系数值小的一侧的热阻。具体方法主要有：① 增大流体湍动程度，减小传热边界层厚度，从而提高对流传热系数值。通过特殊设计的传热壁面不断改变流体的流动速度和方向，增强边界层的扰动，比如将换热面加工成粗糙表面；在管内表面上加工出螺纹槽，制成螺纹管或螺旋槽管；在管内安装或插入麻花纽带或引入机械振动等，目的就是加强滞流底层的湍动。② 选用导热系数大的流体，一般导热系数大的流体，其对流传热系数值也较大。③ 设法消除膜状冷凝或减小液膜的厚度，以提高蒸气冷凝时的对流传热系数。

实际生产中，需要综合考虑这三种形式的强化传热途径，采取合理的方式进行强化，才能有效提高能源的利用率和推动工业节能的发展。

当然，生产中许多场合需要力求削弱传热，隔热保温技术在高温和低温工程中也是非常重要的，削弱传热的方式和途径的基本原理与强化传热是一样的。

4.5　换　热　器

在工业生产中，要实现热量的传递，须采用一定的设备将一种载热体的热量传给另一种载热体，此种传递热量的设备称为热交换器或换热器。换热器使热量由温度较高的流体传递给温度较低的流体，使流体温度达到流程规定的指标，以满足工艺条件的需要，同时也是提高能源利用率的主要设备之一。

现代换热器始于20世纪20年代出现的板式换热器，并应用于食品工业。以板代管制成的换热器，结构紧凑，传热效果好，因此陆续发展为多种形式。20世纪30年代初，瑞典首次制成螺旋板换热器。接着英国用钎焊法制造出一种由铜及其合金材料制成的板翅式换热器，用于飞机发动机的散热。30年代末，瑞典又制造出第一台板壳式换热器，用于纸浆工厂。20世纪60年代左右，由于空间技术和尖端科学的迅速发展，迫切需要各种高效能紧凑型的换热器，再加上冲压、钎焊和密封等技术的发展，换热器制造工艺得到进一步完善，从而推动了紧凑型板面式换热器的蓬勃发展和广泛应用。此外，自20世纪60年代开始，为了适应高温和高压条件下的换热和节能的需要，典型的管壳式换热器也得到了进一步的发展。70年代中期，为了强化传热，在研究和发展热管的基础上又创制出热管式换热器。

换热器在化工、石油、动力、食品及其他许多工业生产中占有重要地位。换热器既可以是一种单元设备，如加热器、冷却器和蒸发器等；也可以是某一工艺设备的组成部分，如氨合成塔内的换热器。根据统计，热交换器的吨位约占整个工艺设备的20%～30%，足可见其重要性。

4.5.1　换热器分类

1. 按换热器工作原理划分

(1) 间壁式换热器

间壁式换热器是应用最为广泛的换热器。间壁式换热器是温度不同的两种流体各自在被壁面分开的空间里流动，通过壁面导热和流体在壁表面的对流，实现两种流体之间的换热。间壁式换热器有管壳式、列管式和板式等型式。

(2) 直接接触式换热器

直接接触式换热器又称为混合式换热器。这种换热器是两种流体直接接触,彼此混合进行换热。例如冷水塔、气体直接冷凝器等。

(3) 间歇式换热器

间歇式换热器又称为蓄热式换热器。这种换热器通过蓄热体,把热量从高温流体传递给低温流体,先是热介质加热蓄热体物质使其达到一定温度,再让冷介质通过蓄热体被加热,达到热量传递的目的。例如石油化工中常见的蓄热炉。蓄热式换热器有旋转式、阀门切换式等。

2. 按换热器用途划分

(1) 加热器

加热器是把流体加热到需要的温度,但加热流体没有发生相的变化。

(2) 预热器

预热器预先加热流体,为工序操作提供标准的工艺参数。

(3) 过热器

过热器用于把流体(工艺气或蒸气)加热到过热状态。

(4) 蒸发器

蒸发器用于加热流体并达到沸点以上温度,使其蒸发,一般有相的变化。

3. 按换热器结构划分

按照换热器设备结构可以分为:

(1) 管式换热器

① 列管式换热器;② 蛇管式换热器;③ 套管式换热器;④ 喷淋式换热器;⑤ 翅片式换热器。

(2) 板式换热器

① 夹套式换热器;② 平板式换热器;③ 螺旋板式换热器。

4.5.2 常用换热器

1. 列管式换热器

列管式换热器是目前化工生产中应用最广的一种换热器。它主要由壳体、管束、管板、换热管、封头、折流挡板等组成,如图 4.14 所示。按材质分为普通碳钢、紫铜、不锈钢和碳钢

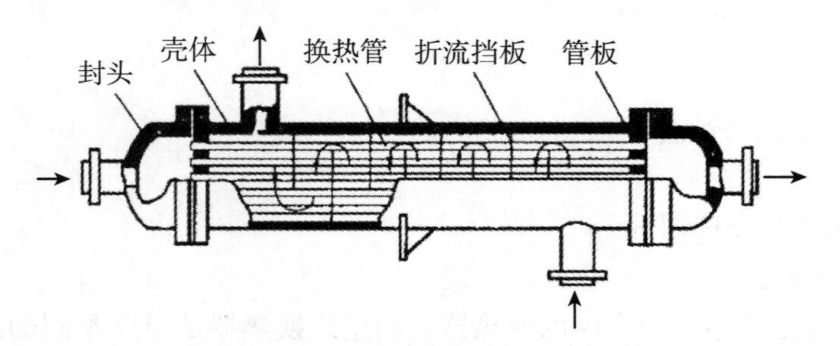

图 4.14　列管式换热器结构示意图

与不锈钢混合等不同材质的列管式换热器；按结构形式分为固定管板式、浮头式、U形管式换热器；按流体流程分为单管程、双管程和多管程换热器。

列管式换热器壳体多为圆筒形，内部装有管束，管束两端固定在管板上。进行换热的冷、热两种流体，一种流体由封头的连接管处进入，在管内流动，从封头另一端的出口管流出，称为管程流体；另一种流体由壳体的接管进入，从壳体上的另一接管处流出，在管外流动，称为壳程流体。流体每通过管束一次称为一个管程，每通过壳体一次称为一个壳程。

为提高管外流体的传热系数，通常在壳体内安装若干挡板（折流挡板）（图 4.15）。挡板可提高壳程流体速度，迫使流体按规定路程多次横向通过管束，增强流体湍流程度。在壳体内安装纵向挡板，迫使流体多次通过壳体空间，称为多壳程。同样，也可在两端管箱内设置隔板，将全部管子均分成若干组（图 4.15），这样流体每次只通过部分管子，因而在管束中往返多次，这称为多管程。多管程与多壳程可配合应用。

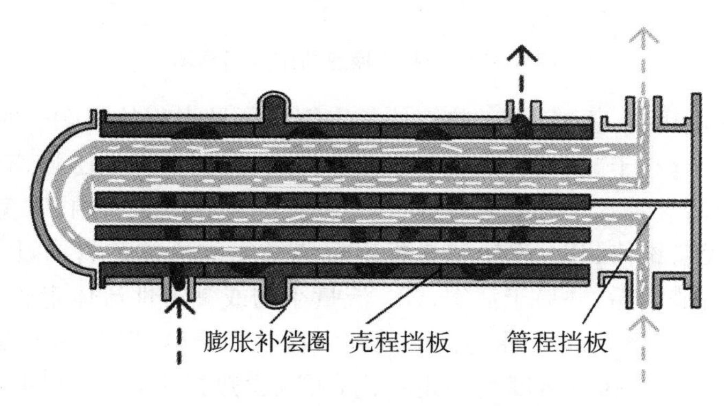

图 4.15　安装膨胀圈和挡板的换热器结构示意图

换热管在管板上可按等边三角形或正方形排列。等边三角形排列较紧凑，管外流体湍动程度高，传热系数大；正方形排列管外清洗方便，适用于易结垢的流体。

管式换热器在换热过程中，若壳体与管束的温度相差很大，换热器内将产生很大的热应力，导致管子弯曲、断裂，或从管板上拉脱。因此，实际生产中需要采取适当补偿措施，以消除或减少热应力。常用的补偿措施主要有：

（1）安装补偿圈。当温度差稍大而壳程压力又不太高时，可在壳体上安装有弹性的膨胀补偿圈（图 4.15），以减小热应力。

（2）采用U形管式换热器。将每根换热管皆弯成U形，两端分别固定在同一管板上、下两区，借助于管箱内的隔板分成进、出口两室（图 4.16）。U形换热器结构简单并可以消

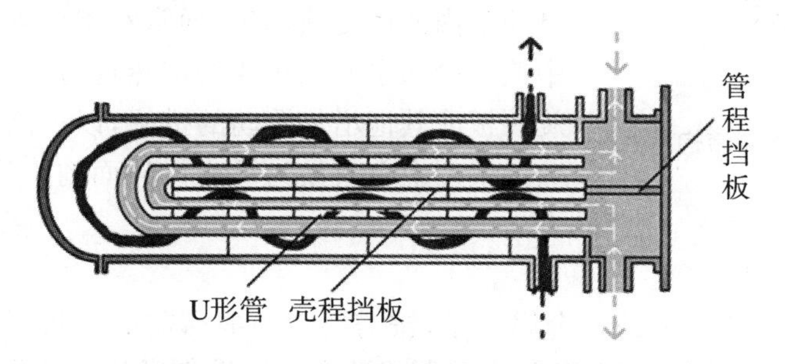

图 4.16　U形管式换热器结构示意图

除热应力,但管程不易清洗,适用于管程流体不易污染管壁的换热场合。

(3) 采用浮头式换热器。浮头式换热器有一端管板不与外壳固定连接,可自由浮动,该端称为浮头。当管子受热时,管束连同浮头可自由伸缩,而与外壳膨胀无关,完全消除了热应力(图 4.17)。相比于 U 形管换热器,浮头式换热器整个管束可从壳体中抽出,便于机械清洗和检修。浮头式换热器的应用较广,但结构比较复杂,造价较高。

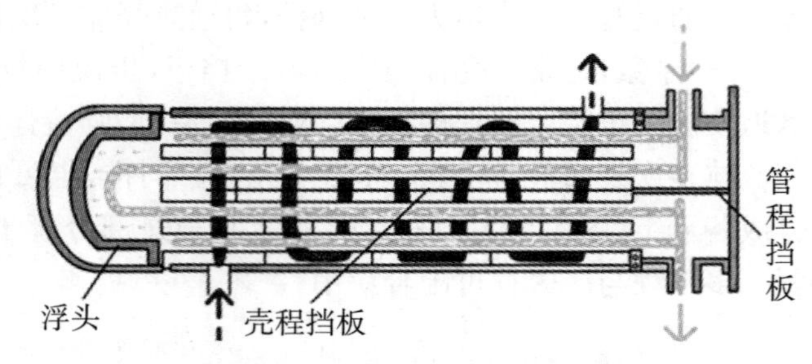

图 4.17 浮头式换热器结构示意图

管式换热器在使用时,要考虑冷、热流体是走管程还是壳程的问题。实际生产中通常是从是否有利于传热、有利于减少腐蚀、有利于减少污垢、有利于降低压强、有利于减轻设备重量以及有利于拆装清洗等几个方面来选择:(1) 腐蚀性流体应走管内,以免换热管和壳体同时受腐蚀,并便于设备维修;(2) 浑浊和易析出沉渣结垢的流体走管内,因管内流体可获得较大流速,可减少沉渣结垢,并易于清洗;(3) 流量小的或黏滞性流体走管内,因可获较大流速而有较高的对流传热系数;(4) 压力高的流体宜在管内通过,以有利于设备制造和降低材料消耗;(5) 液液流体换热时,温度高的走管内,可减少热损失,但饱和水蒸气宜走管间,以易于排出冷凝液。

2. 夹套式换热器

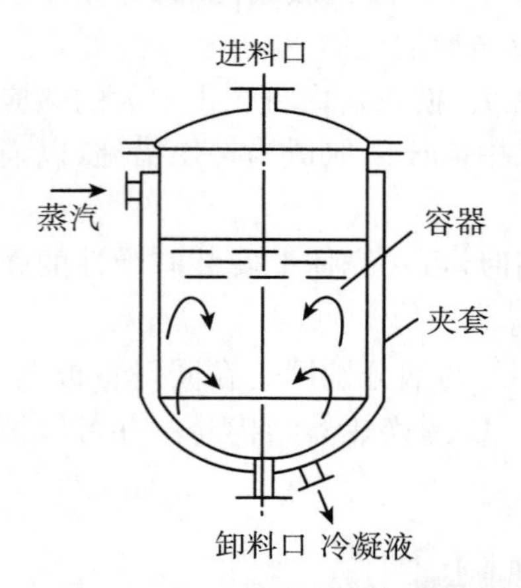

图 4.18 夹套式换热器结构示意图

夹套式换热器是间壁式换热器的一种,被广泛用于反应过程的加热或冷却。夹套式换热器结构简单,通过在容器外壁安装钢或铸铁夹套制成,夹套与容器之间形成密封空间为加热或冷却介质的通道,如图 4.18 所示。当用蒸汽进行加热时,蒸汽由上部接管进入夹套,冷凝水则由下部接管排出。

夹套式换热器的加热面受容器壁面限制,传热系数不是很高,适用于传热量不太大的场合。为了提高传热系数且使釜内液体受热均匀,通常在釜内安装搅拌器。当夹套中通入冷却水或无相变的加热剂时,也可在夹套中设置螺旋隔板或其他增加湍动的措施,以提高夹套一侧的给热系数。生产上有时候为补充传热面的不足,也可以在釜内部安装蛇管等。

3. 蛇管式换热器

蛇管式换热器是由金属或非金属管子,按需要弯曲成所需的形状,如圆形、螺旋形或长蛇形,或由弯头、管件、直管连接组成,也可制成适合不同设备形状要求的蛇管,如图 4.19 所示。蛇管式换热器按使用状态不同,又可分为沉浸式蛇管和喷淋式蛇管两种。

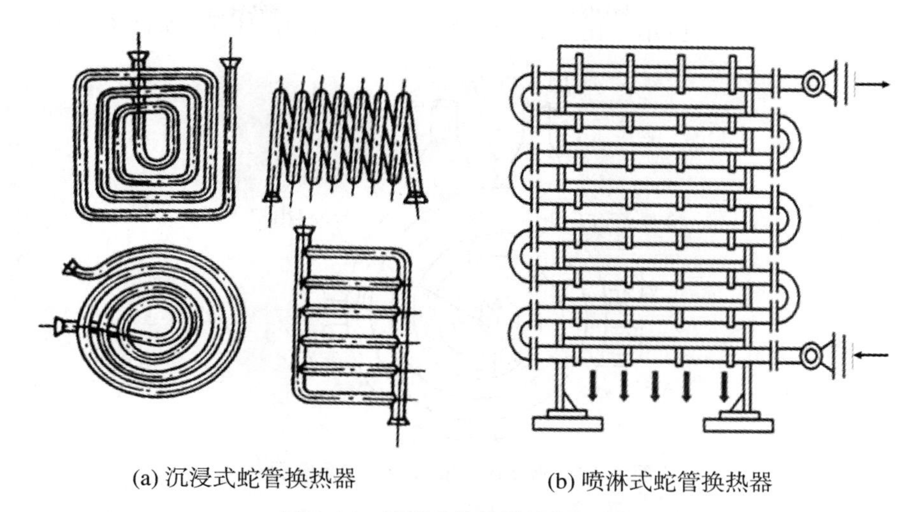

(a) 沉浸式蛇管换热器 (b) 喷淋式蛇管换热器

图 4.19 蛇管式换热器结构示意图

(1) 沉浸式蛇管换热器

如图 4.19(a)所示,蛇管使用时沉浸在盛有被加热或被冷却介质的容器中,两种流体分别在管内、外进行换热。它的特点是结构简单,造价成本不高,管子可承受较大的压力,操作管理也方便。

沉浸式蛇管换热器通常用于对管内高压流体的冷却、冷凝或者用于对管外介质的加热、冷却和蒸发,以及作为反应器的传热元件等。当蛇管内是液体时,为了使整个管中充满液体,液体通常从蛇管的下端送入,至上端流出;当蛇管内通入蒸汽时,为了避免因管内积存冷液而产生水击与阻塞,蒸汽应从上部进入,冷凝液则从下端排出。

沉浸式蛇管换热器因容器内的介质流速通常很低,而且容器内各处溢度大致接近,因此平均温差不大,传热效率不高。若为了提高传热效率而增大传热面积,则会使得设备过于笨重,所以沉浸式蛇管换热器不适于需要换热面积很大的换热过程。

(2) 喷淋式蛇管换热器

如图 4.19(b)所示,将蛇管成排地固定在钢架上,被冷却的流体在管内流动,冷却水由管排上方的喷淋装置均匀淋下,在换热器的最下边设有水泥或钢板做成的水槽,以收集与排放流下来的冷却水。

喷淋式蛇管换热器与沉浸式蛇管换热器都具有结构简单、设备费用低、能承受高压、可用任何材料制造等优点。喷淋式较沉浸式的主要优点是管外流体的传热系数大,且便于检修和清洗,如管子采用法兰连接,则更为方便。喷淋式蛇管换热器的缺点是体积庞大,冷却水用量较大,有时喷淋效果不够理想。

喷淋式蛇管换热器在实际生产中,为了防止传热管外表面结水垢而降低传热效果,冷却水的最终温度不能太高(一般低于 50 ℃)。喷淋式蛇管换热器占地面积相对较大,操作时水滴飞溅,在场地充足、不怕水滴飞溅时,可广泛地用作为冷却器。

4. 螺旋板式换热器

螺旋板式换热器是由两张平行的金属板卷制成两个螺旋形通道,冷、热流体之间通过螺旋板壁进行换热的换热器(图 4.20)。螺旋板式换热器具有体积小(单位体积提供的传热面很大)、设备紧凑、传热效率高、金属耗量少等优点,适用于液液、气液和气气的对流传热,蒸汽冷凝和液体蒸发等，广泛应用于化工、石油、医药、机械、电力、环保、节能等领域。

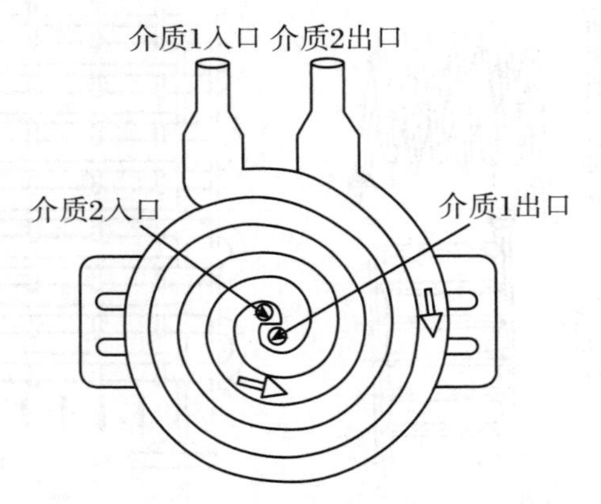

图 4.20　螺旋板式换热器结构示意图

螺旋板式换热器采用切向结构弯曲的螺旋通道，由于螺旋通道的曲率是均匀的，液体在设备内流动没有大的转向，有利于增强流体的湍流状态，使得通道内流体总的阻力小，可提高设计流速，有助于提高传热系数，即使两种介质温差比较小，也能达到理想的换热效果。

螺旋板式换热器还有以下优点：(1) 流速大，使得杂质不易滞留，具有一定的自清洗作用，管路不易堵塞。螺旋通道内的流体通过某杂质沉积处时，流速会相对提高，容易把杂质冲掉。(2) 相邻螺旋通道内的流体呈逆流方式流动，可得到最大的对数平均温差，适用于回收低温位热能。(3) 由于螺旋通道本身的弹性自由膨胀，温差造成的热应力小。

螺旋板式换热器的不足之处是检修困难，如发生内圈螺旋板破裂，便会使整台设备报废。

5. 翅片式换热器

翅片管是一种设计用于提升换热面积和提高湍流程度的换热元件。它通过在普通的基管的表面(或内表面)加装翅片来达到强化传热的目的，如图 4.21 所示。基管通常为圆管，也有椭圆管和扁平管。基管和翅片可以用钢管、不锈钢管和铜管等。翅片式换热器是人们在设法提高换热管的外表面积(或内表面积)的过程中最早也是最成功的发现之一，这一方法目前仍是所有各种管式换热面强化传热方法中运用得最为广泛的一种。

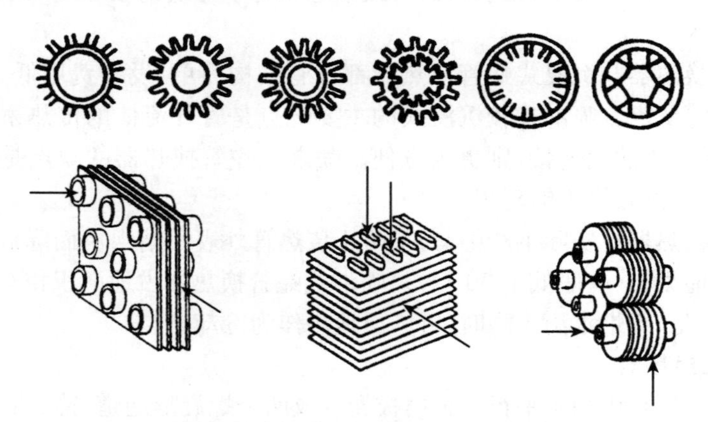

图 4.21　常见的翅片管及其排列示意图

翅片管的形状(圆翅片管、螺旋翅片管、扇形翅片管、波状螺旋翅片管等)和安装位置(外翅片和内翅片、纵向翅片和横向翅片)要根据具体工艺要求来设定。比如,当管外流体对流传热系数比管内流体小时,需要在管外加装翅片来扩展传热面,从而增加传热系数。影响翅片管表面传热的主要因素是翅片高度、翅片厚度、翅片间距、翅片的表面结构(比如平翅、间断翅、波纹翅和穿孔翅等)以及翅片材料的导热系数等。

翅片式换热器在动力、化工、能源、空调工程和制冷工程中应用得非常广泛。例如,空调工程中使用的表面式空气冷却器、空气加热器、风机盘管,制冷工程中使用的冷风机蒸发器、无霜冰箱蒸发器等。

6. 板式换热器

板式换热器是按一定的间隔,由多层波纹形的传热金属板片,通过焊接或由橡胶垫片压紧形成薄矩形通道,热量通过板片进行交换的高效换热设备(图 4.22)。按其加工工艺分为可拆式换热器和全焊接不可拆式换热器,半焊接式换热器是介于两者之间的结构。板片的焊接或组装遵循两两交替排列原则,即两种流体作为相对独立的结构体进行组装。

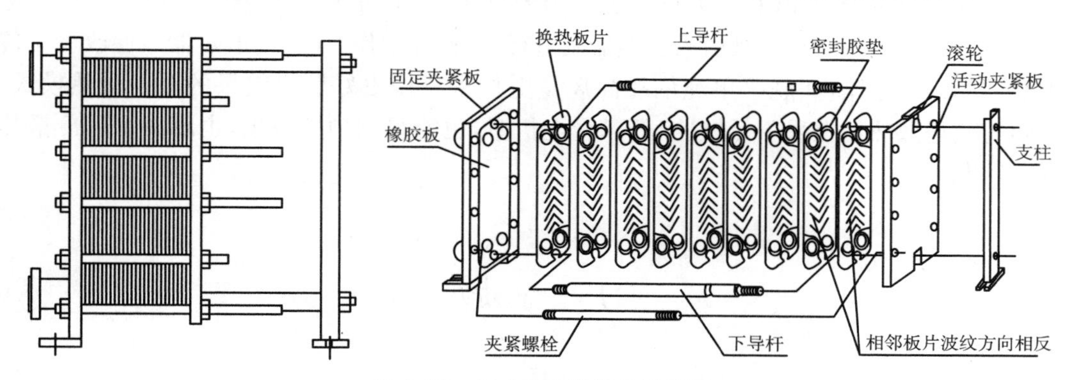

图 4.22 板式换热器结构示意图

为增加换热板片面积和刚性,换热板片被冲压成各种波纹形状,目前多为人字形波纹沟槽,使得流体可在低流速状态下形成湍流,从而强化传热的效果,防止在板片上形成结垢。

板式换热器是液液、液气热交换的理想设备。它具有换热效率高、热损失小、结构紧凑轻巧、容易改变换热面积或流程组合、制作费用低、易清洗、使用寿命长等特点。在相同条件下,其传热系数比管式换热器要高很多,占地面积要比管式换热器小很多。

板式换热器已广泛应用于冶金、矿山、石油、化工、电力、医药、食品、化纤、造纸、轻纺、船舶、供热等部门,可用于加热、冷却、蒸发、冷凝、杀菌消毒、余热回收等各种情况。例如,用于太阳能集热板中传热介质乙二醇等防冻液热量交换过程。

7. 热管

热管是依靠自身内部工作液体相变来实现传热的传热元件,它充分利用了介质在热端蒸发后在冷端冷凝的相变过程(即利用液体的蒸发潜热和凝结潜热)使热量快速传导。

热管一般由管壳、吸液芯和端盖组成。热管内部被抽成负压状态,充入适当的工作液体,使紧贴管内壁的吸液芯毛细多孔材料中充满液体后加以密封。热管一端为蒸发端(加热段),另一端为冷凝端(冷却段),根据应用需要可在两段中间布置绝热段(图 4.23)。当热管一端受热时,毛细管中的液体迅速气化,蒸气在热扩散的动力下流向另外一端,并在冷凝端冷凝释放出热量,液体再沿多孔材料依靠毛细作用流回蒸发端,如此循环不止,从而将大量的热量从加热段传到散热段。

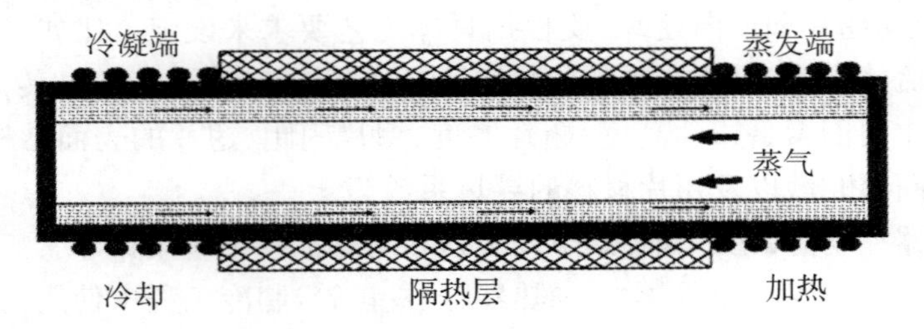

图 4.23　热管结构示意图

若加热端在下，冷却端在上，热管呈竖直放置时，工作液体的回流靠重力足可满足，无需毛细结构的管芯，这种不具有多孔体管芯的热管被称为热虹吸管。热虹吸管结构简单，工程上广泛应用。热管的形状设计可随热源和冷源的条件而变化，热管可做成电机的转轴、燃气轮机的叶片、钻头、手术刀等等。

热管既可以用于地面（有重力场），也可用于空间（无重力场）。热管技术以前被广泛应用在宇航、军工等行业，自从被引入散热器制造行业（比如用作 CPU 的散热器），便改变了传统散热器的设计思路，摆脱了单纯依靠高风量电机来获得更好散热效果的单一散热模式。采用热管使得散热器在采用低转速、低风量电机时，也能得到预期效果，也解决了风冷散热的噪音问题。

习　题

1. 炉灶的炉壁顺序地由厚 24 cm 的耐火砖（$\lambda=0.90\ \mathrm{W\cdot m^{-1}\cdot K^{-1}}$）、厚 12 cm 的绝热砖（$\lambda=0.20\ \mathrm{W\cdot m^{-1}\cdot K^{-1}}$）、厚 24 cm 的建筑砖（$\lambda=0.20\ \mathrm{W\cdot m^{-1}\cdot K^{-1}}$）砌成，传热稳定后，耐火砖的内壁面温度为 940 ℃，建筑砖的外壁面温度为 50 ℃，求每秒钟每平方米壁面因传导传热所散失的热量，并求各砖层交界面的温度。

2. 有一燃烧炉的砖衬，由一层耐火黏土砖，一层红砖，中间填以硅藻土填料所构成。耐火黏土砖的厚度 $\delta_1=120$ mm，硅藻土填料的厚度 $\delta_2=50$ mm，红砖的厚度 $\delta_3=250$ mm。各层的导热系数依次为 $\lambda_1=0.8\ \mathrm{W\cdot m^{-1}\cdot K^{-1}}$，$\lambda_2=0.12\ \mathrm{W\cdot m^{-1}\cdot K^{-1}}$，$\lambda_3=0.6\ \mathrm{W\cdot m^{-1}\cdot K^{-1}}$，若不用硅藻土填料，而要限制热损失并使热损失的值和有填料时一样大（壁温不变），问红砖的厚度必须增加到原来的多少倍？

3. $\varnothing 38$ mm×2.5 mm 的钢制水蒸气管（钢的 $\lambda=50\ \mathrm{W\cdot m^{-1}\cdot K^{-1}}$）包有隔热层：第一层是 40 mm 厚的矿渣棉（$\lambda=0.07\ \mathrm{W\cdot m^{-1}\cdot K^{-1}}$），第二层是 20 mm 厚的石棉泥（$\lambda=0.15\ \mathrm{W\cdot m^{-1}\cdot K^{-1}}$）。若管内壁温度为 140 ℃，石棉泥外壁温度为 30 ℃，试求每米管长的热损失速率。若以同量的石棉作内层，矿渣棉作外层，情况如何？试做比较。

4. 用 134 ℃的饱和水蒸气（304 kPa）通入夹套，使沸腾的甲苯气化成甲苯蒸气送往反应器，甲苯沸点为 110.6 ℃（气化热 363.5 $\mathrm{kJ\cdot kg^{-1}}$），加热面为 1 $\mathrm{m^2}$，每小时气化 200 kg 甲苯，试求传热系数 K。若保温后尚有 10%热损失，试求水蒸气每小时消耗量。

5. 用流量为3000 $kg \cdot h^{-1}$的热油将冷油从20 ℃预热至55 ℃。热油进换热器的温度为100 ℃，出口温度为60 ℃，逆流操作。热油的比热为1.67 $kJ \cdot kg^{-1} \cdot K^{-1}$，$K = 0.25\ kW \cdot m^{-2} \cdot K^{-1}$，试求传热面积。

6. 在一个换热面积为36.9 m^2的换热器中，要求用30 ℃的原油来冷却重油，使重油从180 ℃冷却至120 ℃。重油与原油的流量分别为$1.0 \times 10^4\ kg \cdot h^{-1}$和$1.4 \times 10^4\ kg \cdot h^{-1}$。重油与原油的比热分别为2.18 $kJ \cdot kg^{-1} \cdot K^{-1}$和1.93 $kJ \cdot kg^{-1} \cdot K^{-1}$。试求并流时的总传热系数$K$。

7. 将流量为1500 $kg \cdot h^{-1}$、温度为80 ℃的硝基苯通过一换热器冷却到40 ℃，冷却水初温为30℃，出口温度不超过35 ℃，已知硝基苯的比热$C_p = 1381.7\ J \cdot kg^{-1} \cdot ℃^{-1}$，求该换热器的热负荷及冷却水用量。

8. 在管径为∅25 mm×3 mm的钢制列管换热器中，用冷却水冷却生产用的循环水。已知循环水的α_1为1330 $W \cdot m^{-2} \cdot K^{-1}$，冷却水的$\alpha_2$为3860 $W \cdot m^{-2} \cdot K^{-1}$，且管内、外均附有水垢层，垢层热阻为$R_{s1} = R_{s2} = 0.000172\ m^2 \cdot K \cdot W^{-1}$，钢的导热系数$\lambda = 46.5\ W \cdot m^{-1} \cdot K^{-1}$，求该换热器的总传热系数$K$。

9. 某酒精蒸气的冷凝器由19根∅18 mm×2 mm、长1.2 m的黄铜管组成。酒精的冷凝温度为78 ℃，气化潜热为877.8 $kJ \cdot kg^{-1}$。冷却水的初温为15 ℃，终温为35 ℃。如果以管外表面为基准的传热系数为696.7 $W \cdot m^{-2} \cdot K^{-1}$，问此冷凝器能否冷凝350 $kg \cdot h^{-1}$的酒精？

10. 在套管换热器中，用一定量的热流体将另一定量的冷流体加热。热流体走管程，换热过程中热流体温度由120 ℃降到70 ℃，冷流体由20 ℃升到60 ℃。试比较并流与逆流的传热温差。

11. 在某一定尺寸的套管换热器中，热流体与冷流体并流换热，热流体走管程，热流体温度进入时为120 ℃，排出时为70 ℃，冷流体温度进入时为20 ℃，排出时为60 ℃。设传热系数、物料的比热容及设备的热损失不变。(1) 若换热器及有关条件(流体进入温度及流量等)不变，将并流改为逆流，试求冷、热流体排出温度。(2) 若改为逆流换热后，流体进入温度及流量不变，但换热器的换热面积增大2倍，试求冷、热流体排出温度。

12. 在列管换热器中用1.5 $kgf \cdot cm^{-2}$的饱和水蒸气将流量为470 $m^3 \cdot h^{-1}$的某溶液从40 ℃加热到45 ℃，采用∅38 mm×3 mm×200 mm的钢管($\lambda = 46.5\ W \cdot m^{-1} \cdot K^{-1}$)。若不考虑垢层，试计算传热面积$A$和所需管数。已知水蒸气1.5 $kgf \cdot cm^{-2}$时的饱和温度为120 ℃，其$\alpha_2 = 11600\ W \cdot m^{-2} \cdot K^{-1}$；某溶液$\alpha_1 = 3700\ W \cdot m^{-2} \cdot K^{-1}$，$\rho = 1320\ kg \cdot m^3$，$C_p = 3.4\ kJ \cdot kg^{-1} \cdot K^{-1}$。

13. 在套管换热器的内管中，每小时将4200 kg的苯从27 ℃加热到50 ℃，管子采用∅38 mm×2.5 mm和∅57 mm×3 mm的钢管($\lambda = 45\ W \cdot m^{-1} \cdot K^{-1}$)，甲苯的温度自72 ℃降至38 ℃，两流体做逆流流动。已知管壁对苯的给热系数为1900 $W \cdot m^{-2} \cdot K^{-1}$，管内、外壁垢层热阻均为0.000176 $m^2 \cdot K \cdot W^{-1}$。在操作条件下，苯和甲苯的物性数据如下。甲苯：$C_p' = 1.84 \times 10^3\ J \cdot kg^{-1} \cdot K^{-1}$，$\mu = 0.4 \times 10^{-3}\ Pa \cdot s$，$\lambda = 0.128\ W \cdot m^{-1} \cdot K^{-1}$；苯：$C_p'' = 1.72 \times 10^3\ J \cdot kg^{-1} \cdot K^{-1}$。求：(1) 甲苯的用量为多少？(2) 所需换热器面积为多少？

第5章 吸　　收

学习要点：

1．掌握气液平衡和它的几种表示方法。

2．掌握根据双膜理论得出的吸收速率方程式。

3．掌握吸收过程的操作线方程。

4．掌握填料吸收塔关于塔径、塔高的计算(解析法)。

5．了解填料塔的基本结构、特性。

物质从一相传递到另一相的过程称之为传质过程。吸收是典型的传质单元操作，其特点是传质过程在两相的界面上进行，并常伴有动量传递和热量传递过程，传质过程遵循物质扩散定律。当气体混合物与适当的液体相接触，气体中的一个或几个组分由于溶解而进入液体中，其余不能溶解的组分则保留在气相中，从而可使混合气体得到分离，这种利用气体混合物中各组分在液体中溶解度的差异来分离气体混合物的单元操作称之为吸收操作。

吸收操作系统包括两个相:气相和液相。气相由可溶于液相的气体组分和不溶于或难溶于液相的惰性组分组成。其中混合气体中可溶解的组分称为溶质或吸收质;不可溶解的组分称为惰性气体;所用液相物质称为溶剂或吸收剂;吸收后所得溶液称为吸收液，其成分为溶质和溶剂;吸收操作后排出的气体称为尾气，其主要成分为惰性气体和残余的吸收质。

本章主要介绍吸收传质基本理论、吸收过程物料衡算及其在实际生产中的应用，并对常用吸收塔设备的结构特征、填料及其应用进行简单介绍。

5.1 概　　述

5.1.1 吸收操作的分类

根据吸收过程的特点，吸收操作可以分为:物理吸收与化学吸收，单组分吸收与多组分吸收，等温吸收与非等温吸收。

1．物理吸收与化学吸收

根据吸收过程中是否伴随化学反应可将吸收操作分为物理吸收与化学吸收两种类型。吸收过程中吸收质与吸收剂之间无显著化学反应的吸收操作称为物理吸收，吸收过程中伴随化学反应的吸收操作称为化学吸收。

物理吸收：若吸收质与吸收剂在吸收过程中没有发生化学反应，而只是依靠吸收质在吸收剂中的物理溶解度，这种吸收过程称为物理吸收。吸收后吸收质在溶液中是游离的或结合得很弱，条件稍有改变，其解吸(吸收逆过程)即可发生。如制酸工业中用水吸收氯化氢制盐酸，用稀硫酸吸收二氧化硫制浓硫酸等。因此物理吸收过程是可逆的，且热效应较小。气、液两相接触时，气相中的吸收质由于溶解进入液相，使得气相中吸收质分压发生变化。故就压力而言，加压有利于吸收，减压则利于解吸。对温度而言，降低温度可增大吸收质的溶解度得到浓度较高的吸收液。此外，物理吸收是一个物理化学过程，其吸收极限取决于当时条件下吸收质在吸收剂中的溶解度，吸收速率主要取决于吸收质从气相主体传递进入液相主体的扩散速率。

化学吸收：吸收过程中伴随有化学反应的发生。如用硫酸吸收氨气时，氨与硫酸发生化学反应生成硫酸铵；用氢氧化钠溶液吸收工业尾气中的硫化氢时，发生反应生成硫化钠。化学吸收时，吸收的平衡取决于吸收条件下反应的化学平衡，吸收的速率则取决于吸收质的扩散速率或化学反应的反应速率，其中最慢的过程为吸收速率控制过程。化学吸收时，若吸收反应为不可逆的，则解吸就不能发生；若反应生成稳定的化合物，则能显著降低溶液中吸收质的平衡分压，可以充分吸收。例如，用硫酸吸收氨-空气混合气中的氨时，由于生成稳定的硫酸铵，因此只要溶液中还有未反应的硫酸，则氨气就会由于反应而不断进入溶液中，直至吸收完全。

2. 单组分吸收与多组分吸收

若混合气中只有一个组分被吸收，则被称为单组分吸收；若有两个或两个以上组分被吸收，则称为多组分吸收。

3. 等温吸收与非等温吸收

气体溶于液体时常伴随有热效应(溶解热或反应热)，若热效应很小，或被吸收的组分在气相中的浓度很低，且吸收剂用量很大，吸收过程中液相的温度变化不显著，可认为是等温吸收；反之，若吸收过程中热效应很大，吸收过程中液相的温度变化明显，则该吸收过程称为非等温吸收。

5.1.2 吸收剂的选择

吸收过程是气体中吸收质溶解于吸收剂中，即通过两相之间的接触传质来实现的，因此，吸收剂的性能对吸收操作有重要影响。根据具体情况，可从以下几方面考虑吸收剂的选择。

(1) 吸收剂对吸收质应有较大的溶解度。即在一定的温度和浓度下，吸收质的平衡分压要低。这样处理一定量混合气体时所需的吸收剂用量较少，气体中吸收质的极限残余量亦可降低。同时，由于溶解度大，吸收质的平衡分压低，吸收过程的推动力大，传质速率大，则吸收设备尺寸可以减小。

(2) 吸收剂应对吸收质有良好的选择性。即对吸收质的溶解度要大，以利于吸收完全或节省吸收剂用量，而对混合气中其他组分的溶解度要小。

(3) 吸收剂的挥发度要小。当吸收剂需要回收或者要求吸收剂不污染被吸收的气体时，其蒸气压应尽量低。

(4) 吸收剂的黏度要小。吸收剂在操作温度下黏度越低,其在塔内的流动性越好,有利于气、液两相良好接触,提高传质速率。

(5) 吸收剂应具有化学稳定性好、不易燃、无腐蚀性、价廉、易得且无毒等特点,易再生或循环使用,且要求操作和处理过程中不污染环境。

实际上,很难能找到一种溶剂同时满足以上所有要求。因此,应对可供选用的吸收剂做出技术与经济评价后合理选用。

5.1.3 吸收操作的应用

吸收操作在工业生产中得到广泛应用,主要体现在以下几方面:

(1) 制取液体产品。如制酸工业中用水吸收混合气中 HCl、NO_2 制取盐酸和硝酸,用硫酸($w=98.3\%$)吸收混合气中的 SO_3 制取硫酸等。

(2) 回收混合气中的有用组分。如用轻油回收焦炉气中的苯,从烟道气中回收 SO_2 或 CO_2 以制取其他产品等。

(3) 分离和净化原料气。原料气在加工前,其中无用的或有害的成分都要预先除去。如用水或乙醇胺除去合成氨原料气中的 CO_2、H_2S 等杂质,有机合成工业中用吸收操作除去原料气中的 HCl 和 CO_2 等有害物质。

(4) 作为生产的辅助环节。如氨碱法生产中用饱和盐水吸收氨以制备原料氨盐水。

(5) 作为环境保护和职业保健的重要手段。生产过程中排放的废气往往有对人体和环境有害的物质,如 CO_2、SO_2、H_2S 等。选择适当的工艺和溶剂进行吸收是废气治理中应用较广的方法。如硫酸厂用吸收除去废气中的 SO_2,过磷酸钙厂用吸收除去废气中的含氟气体等。

自工业革命以来,由于人类活动排放了过量的以 CO_2 为主的温室气体,使全球温度平均升高了约 1 ℃,引起的气候变化已经对地球生态系统和人类社会造成了一系列重大影响。2020 年 9 月 22 日,习近平总书记在第 75 届联合国大会一般性辩论上发表重要讲话指出,中国将提高国家自主贡献力度,采取更加有力的政策和措施,二氧化碳排放力争于 2030 年前达到峰值,努力争取 2060 年前实现碳中和,即中国政府为应对气候变化提出的“碳达峰”和“碳中和”的双碳目标。因此,需要开发一种捕获排放源中的二氧化碳,并将其封存和实现进一步转化为有用产品的方法,以实现二氧化碳的资源化利用,从而降低其对环境的影响。碳捕集与封存技术的出现为解决这一全球性问题提供了新思路。碳捕集就是根据气体吸收原理利用吸收塔等装置将工业排放的二氧化碳从烟气中分离出来,并将其储存和进行后续转化利用。这种技术不仅可以减少大气中二氧化碳浓度,降低温室效应,还可以为碳排放者提供经济收益和减排空间,已成为当下实现大规模减排二氧化碳的最根本手段。

5.1.4 吸收设备及操作条件

生产中为了提高传质效果,总是力求让两相充分接触,即尽可能增大两相的接触面积及流体的湍动程度。依据这个原则,吸收设备大致可以分为板式塔和填料塔两种类型,如图 5.1 所示。板式塔中安装有筛孔塔板,气、液两相在塔板上鼓泡进行接触。填料塔中装有瓷环之类的填料，吸收剂从塔顶进入，沿着填料的表面分散开并逐渐向下流动；气体则通过各个填料的间隙上升，与液体做连续的逆流接触。

工业上为提高吸收质在相际的传递速率和提高吸收率，应注意以下几方面：

(1) 采用连续操作，以有利于稳定生产和调节控制操作条件。

(2) 气、液间逆流吸收，以有利于吸收完全并获得较大吸收推动力。

(3) 传递速率与传质接触面成正比，因此应尽量增大气、液间有效接触面。如填放填料以使液体分布在填料表面而增大吸收的接触面，安放多块塔板使气体鼓泡通过液体层等，但不应造成对气体或液体过大的流动阻力。

(4) 增大相际的湍动程度以降低传质的阻力。

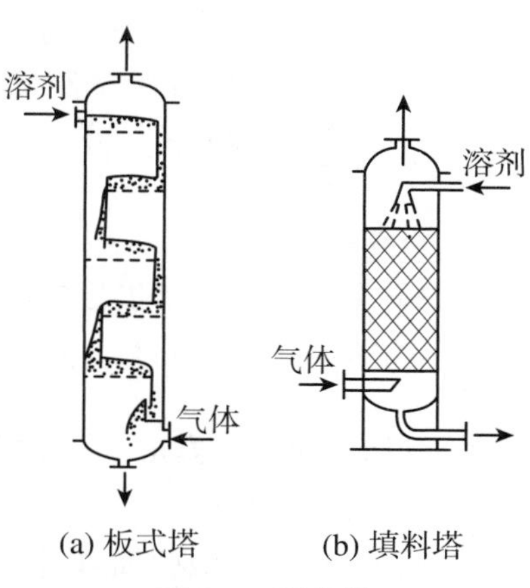

图 5.1　吸收塔

5.2　气液相平衡

5.2.1　气液相组成表示方法

气、液吸收接触过程中，随着吸收的不断进行，气相中吸收质的量不断减少，同时溶液中吸收质的浓度不断增加；另一方面，气相中惰性气体的量则不随吸收进行而变化，同理，液相中纯溶剂的量也不随吸收过程发生变化。因此气液相中仅发生吸收质组成的变化，其组成表示方法分别介绍如下。

1. 液相组成表示方法

(1) 物质的量浓度(c)

混合液中溶质 A 的物质的量n_A与溶液的体积 V 之比，单位为 mol · m^{-3}，即

$$c = \frac{n_A}{V}$$

(2) 摩尔分数(x)

混合液中溶质 A 的物质的量与混合液中各组分物质的量之和的比值，无量纲，即

$$x_A = \frac{n_A}{n}$$

若溶液由溶质 A 和溶剂 S 两种组分组成，溶质的物质的量为n_A，溶剂的物质的量为n_S，则有

$$x_A = \frac{n_A}{n_A + n_S}, \quad x_S = \frac{n_S}{n_A + n_S} = 1 - x_A$$

显然,溶液中各组分物质的摩尔分数之和为1。

(3) 比摩尔分数(X)

由溶质A和溶剂S两种组分组成的溶液,溶质A的物质的量与溶剂S的物质的量之比称为溶质A对溶剂B的比摩尔分数(X),也就是混合体系中两种物质的物质的量之比,即有

$$X = \frac{n_A}{n_S}$$

比摩尔分数(X)与摩尔分数之间的关系为

$$X = \frac{x}{1 - x}$$

2. 气相组成表示方法

(1) 吸收质分压p_A

指混合气体中的吸收质在体系原有条件下单独存在时产生的压力。当体系总压一定时,p_A值越高则表示吸收质在混合气体中的含量越高。

(2) 摩尔分数(y)

指混合气体中吸收质A的物质的量与混合气体总物质的量之比,即$y_A = \frac{n_A}{n}$,对理想气体来说,其摩尔分数$y_A = \frac{p_A}{p}$。

(3) 比摩尔分数(Y)

指混合气体中吸收质A的物质的量与混合气体中惰性气体的物质的量之比,即 $Y = \frac{n_A}{n_S}$,(n_S指混合气中惰性气体的物质的量)。

5.2.2 吸收的气液相平衡

在一定的温度与压力下,使一定量的吸收剂与混合气体接触,溶质便向液相转移,直至液相中溶质达到饱和,溶液浓度不再增加为止,这种状态称为相平衡。达到气液相平衡时,吸收质在液相中的浓度称为平衡浓度或饱和浓度。所谓气体在液体中的溶解度,指的是气体在液相中的饱和浓度,亦称平衡溶解度。它表示在一定的温度和压力下,气液相达到平衡时,一定量吸收剂所能溶解的吸收质的最大数量,是吸收过程的极限,也决定了系统的吸收率和所得溶液的浓度。

气体溶解度常用在一定温度和气体平衡分压下,单位质量溶剂所能溶解的吸收质的质量表示,可由实验测定,也可以从相关手册中查到。

如图5.2所示,可以看到不同种类气体在相同的温度和分压下在同一溶剂中的溶解度是不同的。此外,气体的溶解度也与温度和压力有关,通常气体的溶解度随温度的升高而减小,随压力的增加而降低。但在吸收系统的压力不超过506.5 kPa的情况下,气体的溶解度可看作与气相的总压无关,而仅随温度的升高而降低。因此,根据气体溶解度的大小,可将气体分为三类:易溶气体(如氨气、氯化氢等)、中等溶解度气体(如二氧化硫、二氧化碳等)、难溶气体(如氧气等)。

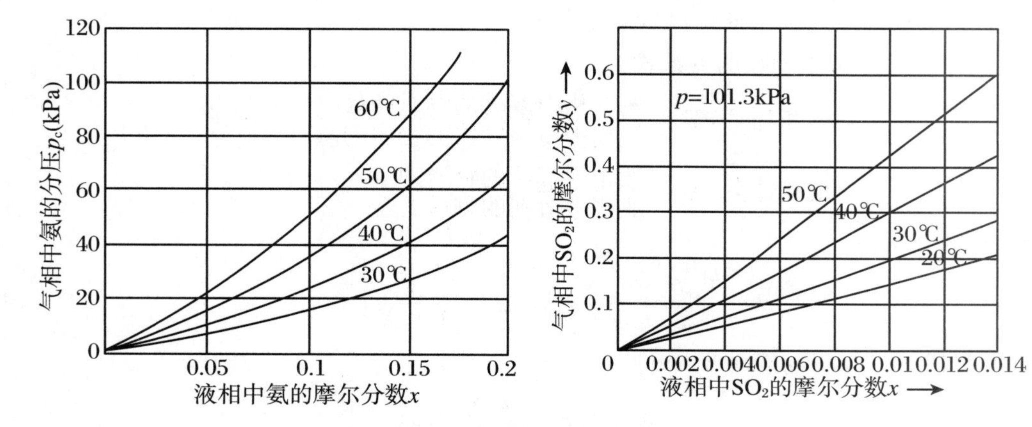

图 5.2 不同气体在水中的溶解度曲线

1. 亨利定律

在一定温度下,稀溶液上方气相中溶质的平衡分压p_A^*与液相中溶质的摩尔分数x_A成正比,即稀溶液体系中气液相平衡的关系式为

$$p_A^* = E \cdot x_A \tag{5.1}$$

式中,p_A^*为溶质A在气相中的平衡分压,单位kPa;x_A为液相中溶质的摩尔分数;E为比例系数,也称为亨利系数,单位kPa。

由式(5.1)可知,在一定的气相平衡分压下,E值小,液相中溶质的摩尔分数大,即溶质的溶解度大。故易溶气体的E值小,难溶气体的E值大。此外,亨利系数E的值随物系而变化,对一定的物系,温度升高,E值增大。

由于气相、液相的组成有不同的表示方法,亨利定律的表达式也有不同的表示方法,主要有以下3种表示方法。

(1) *用溶液中吸收质的物质的量浓度c表示*

若气相组成用吸收质A的平衡分压p_A^*表示,液相组成用吸收质的物质的量浓度c_A表示,则亨利定律可表示为

$$c_A = H \cdot p_A^* \tag{5.2}$$

式中,c_A为液相中吸收质的物质的量浓度,单位$kmol \cdot m^{-3}$;p_A^*为吸收质A在气相中的平衡分压,单位kPa;H为溶解度系数,单位$kmol \cdot kPa^{-1} \cdot m^{-3}$。

溶解度系数H可视为在一定温度下溶质气体分压为1 kPa时液相的平衡浓度。故H值越大,则溶质的溶解度越大。H值随物系的变化而变化,物系一定时,H值随温度的升高而减小。

(2) *用吸收质在两相中的摩尔分数表示*

若分别用溶质A的摩尔分数y和x表示气、液两相的组成,则亨利定律可表示为

$$y^* = mx \tag{5.3}$$

式中,y^*为溶质在气相中的平衡摩尔分数;m为相平衡系数,无单位。

由式(5.3)可知,在一定的气相平衡摩尔分数下,m值越小,液相中溶质的摩尔分数越大,即溶质的溶解度越大。故易溶气体的m值小,难溶气体的m值大,且m值随温度的升高而增大。

(3) 用吸收质在两相中的比摩尔分数表示

比摩尔分数与摩尔分数的关系式为

$$对气相体系:Y=\frac{气相中溶质的物质的量}{气相中惰性气体的物质的量}=\frac{y}{1-y}$$

$$对液相体系:X=\frac{液相中溶质的物质的量}{液相中溶剂的物质的量}=\frac{x}{1-x}$$

整理上述两式可得

$$y=\frac{Y}{1+Y},\quad x=\frac{X}{1+X} \tag{5.4}$$

将式(5.4)代入式(5.3),整理可得

$$Y^*=\frac{mX}{1+(1-m)X} \tag{5.5}$$

式中,Y^*为与X相平衡时气相中溶质的比摩尔分数。

当液相为稀溶液,即其组成X很小时,式(5.5)右端分母趋近于1,则可得气液相平衡关系表达式为

$$Y^*=mX \tag{5.6}$$

2. 亨利定律各系数间的关系

(1) H与E的关系

液相中溶质的摩尔浓度为

$$c_A=\frac{n_A}{V}$$

液相中溶质的物质的量浓度为

$$x_A=\frac{n_A}{n}$$

式中,V为溶液的总体积,单位m^3;n为溶液的总物质的量,单位 kmol。则液相中溶质的物质的量浓度与摩尔浓度之间的关系为

$$c_A=\frac{\rho}{M_A\cdot x_A+M_S(1-x_A)}\cdot x_A \tag{5.7}$$

式中,M_A为溶质A的摩尔质量,单位$kg\cdot mol^{-1}$;M_S为溶剂S的摩尔质量,单位$kg\cdot mol^{-1}$。

将式(5.7)代入式(5.2),整理得

$$p_A^*=\frac{1}{H}\cdot\frac{\rho}{M_A\cdot x_A+M_S(1-x_A)}\cdot x_A \tag{5.8}$$

将式(5.8)与式(5.1)对比,可得E与H之间的关系为

$$E=\frac{1}{H}\cdot\frac{\rho}{M_A\cdot x_A+M_S(1-x_A)} \tag{5.9}$$

对于稀溶液,式(5.9)可近似为

$$E=\frac{\rho}{HM_S} \tag{5.10}$$

(2) m与E的关系

由理想气体分压定律,有$p_A^*=py^*$,代入式(5.1)可得

$$y^*=\frac{E}{p}x \tag{5.11}$$

再由亨利定律定义式式(5.1),同式(5.11)比较可得 m 与 E 之间的关系为

$$m = \frac{E}{p} \tag{5.12}$$

式中,p 为体系总压,单位 kPa。

由此,对稀溶液,可给出 E、H 和 m 三者之间的关系为

$$E = mp = \frac{\rho}{HM_S} \tag{5.13}$$

例 5.1 空气在 20 ℃时对水的 E 值为 6.73×10^9 Pa,试求常压下空气在水中的饱和溶解度(分别以摩尔分数 x 和 cm^3(标准)·100 g^{-1}(水)表示,cm^3(标准)是指标准状态下的体积)。

解 常压下空气的平衡分压 $p^* = 101.3$ kPa。根据亨利定律:$p^* = Ex$,可得液相中空气的摩尔分数:

$$x = \frac{E}{p^*} = \frac{101.3\times10^3}{6.73\times10^9} = 1.51\times10^{-5}$$

上式可理解为 1 mol 水中含有 1.51×10^{-5} mol 空气,换算成标况下空气的体积为

$$V = 1.51\times10^{-5}\times22.4\ \text{L} = 3.38\times10^{-4}\ \text{L} = 0.338\ \text{cm}^3$$

1 mol 水的质量为 18 g,则 100 g 水中所溶解的标况下空气的体积为

$$\frac{0.338}{18}\times100 = 1.88\ \text{cm}^3(\text{标况})\cdot100\ \text{g}^{-1}$$

例 5.2 对 NH_3/空气 − H_2O 体系,当体系总压为 101.325 kPa,温度为 20 ℃时,1000 kg 水中溶解的氨气量为 15 kg,此时溶液上方气相中氨气的平衡分压为 1.2 kPa,试求此时气液平衡体系的亨利系数 E、溶解度系数 H 及相平衡系数 m。

解 NH_3 的摩尔质量为 17 kg·$kmol^{-1}$,溶液的质量为 15 kg 的 NH_3 与 1000 kg 的水之和。故溶液的摩尔分数为

$$x = \frac{n_A}{n} = \frac{n_A}{n_A + n_B} = \frac{\frac{15}{17}}{\frac{15}{17}+\frac{1000}{18}} = 0.01563$$

由式(5.1)计算该溶液的亨利系数为

$$E = \frac{p_A^*}{x} = \frac{1.2}{0.01563} = 76.8(\text{kPa})$$

液相中水的密度 $\rho_s = 1000$ kg·m^{-3},摩尔质量 $M_s = 18$ kg·$kmol^{-1}$,则由式(5.10)计算该溶液的溶解度系数为

$$H \approx \frac{\rho_s}{EM_s} = \frac{1000}{76.8\times18} = 0.723(\text{kmol}\cdot\text{m}^{-3}\cdot\text{kPa}^{-1})$$

根据以上计算结果,由式(5.12)计算该溶液的相平衡系数为

$$m = \frac{E}{p} = \frac{76.8}{101.325} = 0.758$$

5.3 吸收速率

5.3.1 双膜理论

气液吸收的过程可以描述为气相中的吸收质先从气相主体扩散传递到气液两相界面，然后再从界面扩散传递到液相主体中。由惠特曼（W. G. Whitman）和刘易斯（L. K. Lewis）于 20 世纪 20 年代提出的双膜理论，已成功用于环境中化合物在大气-水界面间的传质过程，较好地解释了液体吸收剂对气体吸收质的吸收过程。

当气体与液体相互接触时，即使在流体的主体中已呈湍流，气液相际两侧仍分别存在有稳定的气体滞流层（气膜）和液体滞流层（液膜），而吸收过程是吸收质分子首先从气相主体运动到气膜界面，并以分子扩散的方式通过气膜到达气液两相界面，通过两相界面吸收质进入液相，然后再从液相界面以分子扩散方式通过液膜进入液相主体。双膜理论就是以吸收质在滞流层内的分子扩散的概念为基础提出的，其基本论点可归纳为：

（1）相接触的气、液两流体间存在着稳定的相界面，界面两侧附近各有一层很薄的且稳定的气膜或液膜，溶质以分子扩散方式通过气膜和液膜。气膜和液膜的厚度或状态会受流体主体滞流或湍流程度的影响，但膜层总是存在的。

（2）在相界面上气液两相互成平衡，即气相界面吸收质的平衡分压等于液相界面溶液吸收质的平衡分压，符合亨利定律，且两相界面上没有传质阻力。

（3）膜层以外的气、液两相主体区处于充分的湍流状态，主体中各点的吸收质浓度基本上是一致的，无传质阻力，即浓度梯度（或分压梯度）为零，换句话说，浓度梯度全部集中在两个膜层内。

（4）若气相主体中吸收质的分压为 p，相界面上气膜中吸收质的分压为 p_i，则 $p - p_i$ 为吸收过程的推动力；同理，若液相主体中吸收质的浓度为 c，两相界面的液膜中的浓度为 c_i，则 $c_i - c$ 也是吸收过程中的推动力。当 $p > p_i$ 或 $c_i > c$ 时，吸收过程便能持续进行（图 5.3）。

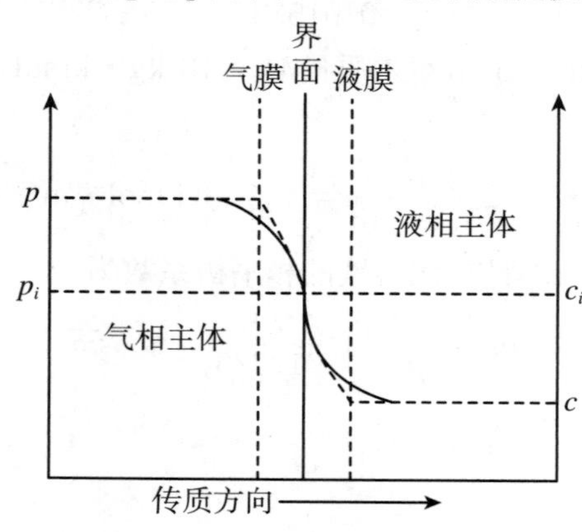

图 5.3　双膜理论示意图

5.3.2 分子扩散定律

1. 菲克定律

当流体内部某一组分存在浓度差时，则因微观的分子热运动组分分子会从浓度高处向浓度低处扩散，这种现象称为分子扩散(molecular diffusion)。

在图5.4所示的容器中，上侧盛有气体A，下侧盛有气体B，两侧压力相同。当抽掉其中间的隔板后，气体A将借助分子运动通过气体B扩散到下侧，同理气体B也向上侧扩散，即两物质各沿其浓度降低的方向发生了传递现象。过程一直进行到整个容器里A、B两组分浓度完全均匀为止。这是一种非稳态分子扩散过程。工业生产中，一般为稳态过程，下面讨论稳态条件下双组分物系的分子扩散。

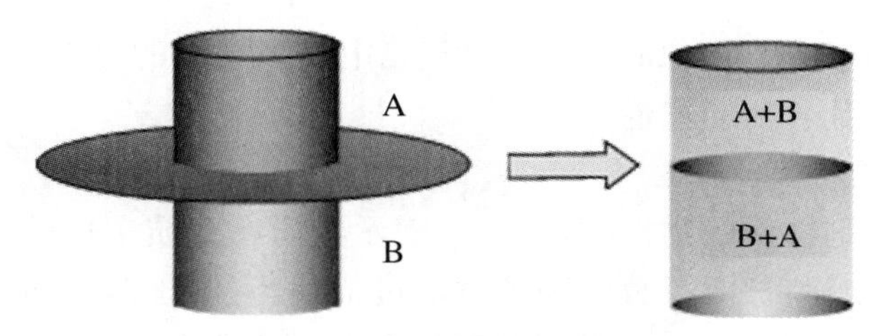

图5.4　两种气体相互扩散模型

分子扩散是吸收质在静止或滞流流体中的扩散，单位时间扩散的物质的量称为扩散速率(rate of diffusion)，以符号 N 表示，单位为 $\mathrm{mol \cdot s^{-1}}$。分子扩散服从菲克(Fick)定律，扩散速率可用下式表示：

$$N = \frac{\mathrm{d}n}{\mathrm{d}\tau} = -DA\frac{\mathrm{d}c}{\mathrm{d}\delta} \tag{5.14}$$

式中，N 为扩散速率，也称传质速率，单位为 $\mathrm{kmol \cdot s^{-1}}$；$A$ 为相间传质接触面积，单位为 $\mathrm{m^2}$；δ 为扩散距离，即膜层厚度，单位为 m；c 为吸收质浓度，单位为 $\mathrm{mol \cdot m^{-3}}$；$\frac{\mathrm{d}c}{\mathrm{d}\delta}$ 为扩散层中的浓度梯度，负号表示扩散方向与物质浓度升高方向相反；D 为分子扩散系数，简称扩散系数(molecular diffusivity)，单位为 $\mathrm{m^2 \cdot s^{-1}}$。

定态扩散条件下，将上式积分，可得扩散速率公式：

$$N = DA\frac{\Delta c}{\delta} \tag{5.15}$$

对于理想气体混合物，菲克定律也可用吸收质分压来表示。气相中吸收质A的浓度 c_{A} 与其分压的关系为 $c_{\mathrm{A}} = \frac{p_{\mathrm{A}}}{RT}$，代入式(5.15)，可得菲克定律的另一表达形式：

$$N = \frac{D}{\delta} \cdot \frac{1}{RT} \cdot A \cdot \Delta p_{\mathrm{A}} \tag{5.16}$$

当扩散质A通过静止的惰性气体B进行稳态扩散时，扩散公式中的 δ 应添加校正系数 $\frac{p_{\mathrm{B}}}{p_0}$，得

$$N = \frac{D}{\delta\frac{p_{\mathrm{B}}}{p_0}} \cdot \frac{1}{RT} \cdot A \cdot \Delta p_{\mathrm{A}} \tag{5.17}$$

此校正项的物理意义为：δ 虽为扩散层厚度，但实际上扩散层并不全部由惰性气体分子组成，在扩散途径上有 A 的分子，惰性气体分子仅占全量的$\frac{p_B}{p_0}$，其中p_B为扩散层中惰性气体的平均分压，p_0为总压力。扩散阻力是由于惰性气体分子的存在，降低了 A 分子的自由路径所引起的。$p_B < p_0$，扩散阻力也就比扩散层全部为 B 分子时要小。

也可以从扩散的物流来解释：吸收进行过程中，可以认为气液两相界面上只允许气相中的溶质 A 通过（即单向扩散）。当吸收质 A 被吸收后，吸收质 A 分子扩散所留下的空位，只能由 A 分子后方的混合气来填补，也就产生了趋向界面的物质流动，这种流动与 A 分子的扩散方向一致，促进了传质的进行。因此，$\frac{p_B}{p_0}$在传质中也称为漂流系数，混合气中 A 的分压越高，$\frac{p_B}{p_0}$就越大。

式(5.17)也称为斯蒂芬(Stefan)定律，当气相中吸收质 A 的分压不大时，相应地有$p_B \approx p_0$，此时，式(5.17)可简化为菲克定律。

2. 扩散系数

分子的扩散系数是物质的物性常数之一，表示物质在介质中扩散能力的大小，单位为 $m^2 \cdot s^{-1}$。根据菲克定律，扩散系数的物理意义可描述为：沿扩散方向，当物质的浓度差为 $1\ mol \cdot m^{-3}$，在 1 s 时间内通过 1 m 厚的扩散层在 $1\ m^2$ 面积上所扩散传递的物质的量（单位为 mol）。

扩散系数 D 的值随扩散质和扩散介质的种类、温度、浓度及压力的不同而不同。压力对物质在液相中的扩散影响很小，但对气相中的扩散有影响。扩散物质的分子体积越小，扩散越容易；温度越高，分子的能量越大，分子运动的速度越快；体系的压力越低，分子的自由路径越大，这些条件都使扩散系数的值增大。扩散系数一般由实验测定，在无实验数据的条件下，可借助某些经验或半经验的公式进行估算。一些物质的扩散系数值见附录 2。

5.3.3　吸收速率方程

1. 膜层分吸收速率方程

连续定态条件下，根据双膜理论及菲克定律，对气膜层来说，其吸收速率方程为

$$dN = \frac{D p_0}{\delta p_B} \cdot \frac{1}{RT} \cdot \Delta p_A \cdot dA \tag{5.18}$$

若气相主体中吸收质的分压为 p，相界面上吸收质的分压为p_i，则上式变为

$$dN = \frac{D p_0}{\delta p_B} \cdot \frac{1}{RT} \cdot (p - p_i) \cdot dA \tag{5.19}$$

进一步可将上式简化为

$$dN = k_g \cdot (p - p_i) \cdot dA \tag{5.20}$$

式(5.20)称为气膜分吸收速率方程，式中$k_g = \frac{D p_0}{\delta p_B}$，称为气相分吸收系数（或气膜吸收系数），单位为 $mol \cdot m^{-2} \cdot s^{-1} \cdot Pa^{-1}$。气膜吸收系数中只包括气膜的阻力。气膜吸收系数 k_g中包含有气膜厚度，类似传热中传热边界层厚度，但是气膜厚度 δ 难于直接测定，因此，

k_g也受流体流动形态等因素的影响，可以利用实验直接测定或经验关系式求得。

同理，对液膜层，吸收速率方程可表示为

$$dN = \frac{D'}{\delta' \cdot \frac{c_s}{c_0}} \cdot \Delta c \cdot dA \tag{5.21}$$

式中，D'为组分 A 在液相中的扩散系数，单位$m^2 \cdot s^{-1}$；δ'为液相的扩散层厚度，单位 m；c_s为扩散层中惰性组分（吸收剂 S）的浓度，单位 $mol \cdot m^{-3}$；c_0为扩散层中的总体浓度，即包括吸收质和吸收剂一起的浓度，单位 $mol \cdot m^{-3}$。

式(5.21)中$\frac{c_s}{c_0}$的意义与式(5.17)中$\frac{p_B}{p_0}$相同，当吸收质浓度不大时，$\frac{c_s}{c_0} \approx 1$。

类似地，若吸收质从气液界面向液相主体传递，液相主体吸收质的浓度为 c，在液膜界面处吸收质的浓度为c_i，式(5.21)可写成

$$dN = k_l \cdot (c_i - c) \cdot dA \tag{5.22}$$

式(5.22)称为液膜分吸收速率方程，式中$k_l = \frac{D'}{\delta' \cdot \frac{c_s}{c_0}}$称为气相分吸收系数（或称液膜吸收系数），单位 $m \cdot s^{-1}$，其值可由实验测定或特征关联式求算。

2．总吸收速率方程

根据气膜和液膜分吸收速率表达式，若能测得p_i或c_i，即可利用膜层分吸收速率方程计算吸收过程中的传质速率。但实际上两相界面的吸收质分子或浓度是很难通过实验测定的，在实际计算传质速率时，只能选取气相主体中吸收质分压或液相主体中吸收质浓度来计算。用吸收质分压或浓度表示的吸收速率方程称为总吸收速率方程，分别推导如下。

（1）气相总吸收速率方程

吸收质分压为 p 的气相与吸收质浓度为c 的溶液接触发生吸收传质过程，根据图 5.5 可以看出与其对应的液相和气相中的平衡浓度和平衡分压分别为c^*和p^*。图 5.5 中曲线 OE 为气液平衡线，可以看出与吸收质分压为 p 的气相相平衡的溶液浓度为c^*，与吸收质浓度为 c 的液相相平衡的气相吸收质分压为p^*，则 $p - p^*$ 表示吸收的气相推动力，因此，只要 $p > p^*$，吸收就能进行。

根据亨利定律，有

$$p^* = \frac{1}{H}c, \quad p_i = \frac{1}{H}c_i$$

根据液膜分吸收速率方程，有

$$dN = k_l \cdot (c_i - c) \cdot dA$$

$$dN = k_l H(p_i - p^*) \cdot dA$$

$$\frac{dN}{k_l H} = (p_i - p^*) \cdot dA$$

同理，根据气膜分吸收速率方程，有

$$dN = k_g \cdot (p - p_i) \cdot dA$$

$$\frac{dN}{k_g} = (p - p_i) \cdot dA$$

联立诸式，整理可得

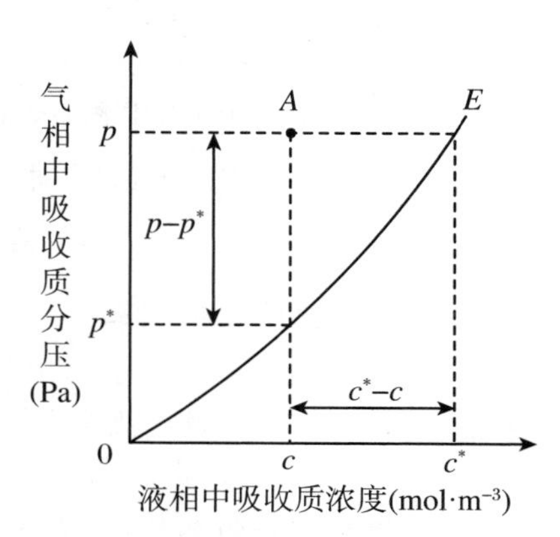

图 5.5　平衡浓度表示的吸收推动力

$$dN=\frac{1}{\frac{1}{k_1H}+\frac{1}{k_g}}\cdot(p-p^*)\cdot dA$$

令 $K_G=\frac{1}{\frac{1}{k_1H}+\frac{1}{k_g}}$,则上式可简写为

$$dN=K_G\cdot(p-p^*)dA \tag{5.23}$$

式(5.23)称为气相总吸收速率方程,式中K_G为气相总吸收系数,其倒数为气相总吸收阻力,主要由气膜吸收阻力($1/k_g$)和液膜吸收阻力(折算成相应的气膜阻力$1/(Hk_1)$)所组成。

对于诸如氨-水、氯化氢-水体系,以及化学吸收的氨-硫酸、硫化氢-碱液、二氧化硫-碱液等体系,其吸收质在吸收剂中的溶解度很大,即吸收质溶解度系数 H 很大,此时$\frac{1}{Hk_1}\ll\frac{1}{k_g}$,则有

$$K_G\approx k_g$$

即吸收过程中的总阻力主要集中于气膜中,此种吸收过程称为气膜阻力控制过程,或气膜控制吸收过程。

对于气膜控制吸收过程,液相界面组成$c_i\approx c$,气膜推动力 $p-p_i\approx p-p^*$。如图5.6(a)所示,相平衡系数 m 很小,气液平衡线的斜率很小,此时,气相中吸收质在较小的分压下也能与浓度较大的液相成相平衡。气膜控制吸收时,要提高总传质系数K_G,需要增加气相的湍动程度。

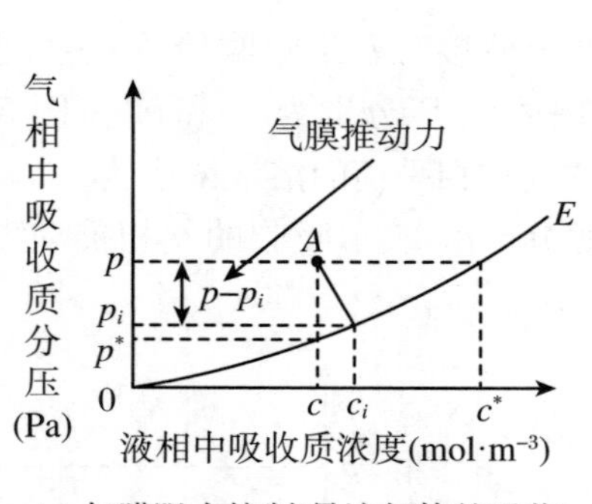

(a) 气膜阻力控制(易溶气体的吸收)

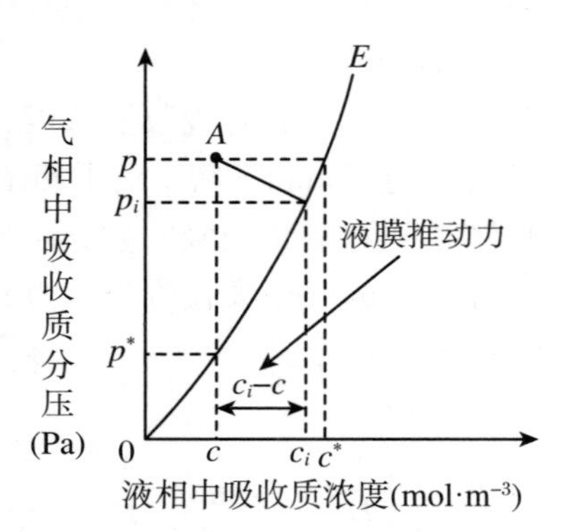

(b) 液膜阻力控制(难溶气体的吸收)

图5.6 吸收传质控制过程

(2) 液相总吸收速率方程

当气相主体的吸收质分压为 p 时,对应的平衡溶液的吸收质浓度为c^*,若此时溶液的浓度为 c,只要$c^*>c$,吸收就能进行。类似地,液相总吸收速率方程就可写成

$$dN=K_L\cdot(c^*-c)dA \tag{5.24}$$

式中,K_L为液相总吸收系数,单位$m^2\cdot s^{-1}$,由液膜阻力($1/k_1$)和气膜阻力(折算成相应的液膜阻力H/k_g)所组成。

同理可得

$$K_L = \frac{1}{\dfrac{1}{k_l} + \dfrac{H}{k_g}}$$

同样，对溶解度很小的吸收体系，如氧气-水、氢气-水、二氧化碳-水等吸收体系，此时溶解度系数 H 很小，即有 $\dfrac{1}{k_l} \gg \dfrac{H}{k_g}$，则有

$$K_L \approx k_l$$

即吸收过程中的总阻力主要集中于液膜中，此种吸收过程称为液膜阻力控制过程，或液膜控制吸收过程。

对于液膜控制吸收过程，气相界面分压 $p_i \approx p$，液膜推动力 $c_i - c \approx c^* - c$，如图5.6(b)所示。要提高总传质系数 K_L，应增大液相的湍动程度。K_G 与 K_L 之间的关系为

$$K_G = HK_L$$

(3) 用比摩尔分数表示的总吸收速率方程

前述用 K_G 或 K_L 表示的总吸收速率可以用于工程的实际运算，但吸收过程中因吸收质从气相溶入液相，因而气相总量和液相总量随吸收的进行不断发生变化，也使计算变得十分复杂。因此，工程上为计算方便，常采用惰性组分(不被吸收的气体或溶剂)作为计算基准，也就是用比摩尔分数表示总吸收速率方程。

气相中以 Y 表示吸收质在气相中的含量，则气相总吸收速率方程可表示为

$$dN = K_Y \cdot (Y - Y^*) dA \tag{5.25}$$

式中，Y、Y^* 分别为 p、p^* 所对应的吸收质在气相中的比摩尔分数；K_Y 为对应于 Y 的气相总吸收系数，单位为 $mol \cdot m^{-2} \cdot s^{-1}$。

K_Y 与 K_G 之间的关系推导如下：

根据道尔顿分压定律，有

$$p_i = p \cdot y, \quad p^* = p \cdot y^*$$

摩尔分数 y 与比摩尔分数 Y 之间的关系为

$$y = \frac{Y}{1 + Y}, \quad y^* = \frac{Y^*}{1 + Y^*}$$

代入式(5.23)得

$$dN = \frac{K_G p}{(1 + Y)(1 + Y^*)} \cdot (Y - Y^*) dA$$

上式与式(5.25)比较后得

$$K_Y = \frac{K_G p}{(1 + Y)(1 + Y^*)}$$

当气相中吸收质含量不高时，Y 和 Y^* 值均较小，上式可简化为

$$K_Y \approx K_G p$$

对于在液相中溶解度较大的气体，则有

$$K_Y \approx K_G p \approx k_g p$$

同理，若用 X 表示液相中吸收质的含量，则用比摩尔分数 X 表示的液相总吸收速率方程为

$$dN = K_X \cdot (X^* - X) dA \tag{5.26}$$

式中，K_X为对应于 X 的液相总吸收系数，单位为 $mol \cdot m^{-2} \cdot s^{-1}$。

K_X与K_L的关系为

$$K_X = \frac{K_L c_0}{(1+X^*)(1+X)}$$

当液相中吸收质浓度较低时，有

$$K_X \approx K_L c_0$$

对于在液相中溶解度小的气体，则有

$$K_Y \approx K_L c_0 \approx k_l c_0$$

用比摩尔分数表示的总吸收速率方程是吸收计算中最常采用的计算式。

3. 强化传质的途径

(1) 增加传质系数

根据双膜理论可知，流体的流速越大，气膜和液膜的厚度越小，从而传质阻力越小，传质系数越大，可加快传质速率，提高传质效率。实际生产中，常采用增加流速作为强化吸收过程的有效措施。

(2) 增加吸收推动力

根据吸收速率方程，采用增加气相中吸收质浓度或分压，降低平衡时吸收质在气相中的浓度或分压可增加吸收传质推动力，提高传质效率。但是提高吸收质在气相中的浓度不符合吸收的目的，因此一般通过设法降低气液平衡时吸收质在气相中的平衡浓度或分压的方法来增加吸收的传质推动力。常用的措施有：增大吸收体系的压力，降低吸收的温度或适当增加吸收剂的用量。

(3) 增加气液接触面积

可通过在吸收塔内加入填料，来增加气、液两相在吸收塔内的分散程度，从而增加两相之间的接触面积，提高传质效率。

5.4 填料吸收塔的计算

气体吸收常在吸收塔中进行，常见的塔设备主要有板式塔和填料塔。气体吸收常用连续接触式填料塔，且填料塔内气、液两相呈逆流流动。根据吸收速率方程，填料吸收塔的计算内容有吸收剂用量、填料层高度及吸收塔基本尺寸计算等，计算基础主要是相平衡关系、操作线方程及传质速率方程。

5.4.1 物料衡算与操作线方程

吸收塔计算中气、液相组成采用比摩尔分数 Y、X 比较方便，因为惰性气体流量和吸收剂用量分别为一定值。在逆流吸收的吸收塔中，塔顶气、液相组成低于塔底，故把塔顶称为稀端(气、液相组成分别记为Y_2、X_2)，塔底称为浓端(气、液相组成分别记为Y_1、X_1)。

设吸收操作时气相中惰性气体流量为$q_n(V)$，液相中吸收剂流量为$q_n(L)$。逆流吸收

中，因惰性气体和吸收剂的量在吸收过程中基本没有变化，按图 5.7 对吸收质 A 做全塔物料衡算，由

$$\text{进入物系的 }A\text{ 量} = \text{离开物系的 }A\text{ 量}$$

可得

$$q_n(V)Y_1 + q_n(L)X_2 = q_n(V)Y_2 + q_n(L)X_1$$

整理可得

$$q_n(V)(Y_1 - Y_2) = q_n(L)(X_1 - X_2) \tag{5.27}$$

式中，$q_n(V)$为通过吸收塔的惰性气体量，单位 $kmol \cdot s^{-1}$；$q_n(L)$为通过吸收塔的吸收剂量，单位 $kmol \cdot s^{-1}$；Y_1、Y_2分别为进塔、出塔气体中吸收质 A 的比摩尔分数；X_1、X_2分别为出塔、进塔溶液中吸收质 A 的比摩尔分数。

在图 5.7 所示的塔内，也可从塔中任一截面到塔底端面间做物料衡算，有

$$q_n(V)Y_1 + q_n(L)X = q_n(V)Y + q_n(L)X_1$$

整理得

$$Y = \frac{q_n(L)}{q_n(V)}X + \frac{q_n(V)Y_1 - q_n(L)X_1}{q_n(V)} \tag{5.28}$$

同理，若在吸收塔内任一截面与塔顶端面间做溶质 A 的物料衡算，有

$$Y = \frac{q_n(L)}{q_n(V)}X + \frac{q_n(V)Y_2 - q_n(L)X_2}{q_n(V)} \tag{5.29}$$

式(5.28)和式(5.29)均称为吸收操作线方程。

以式(5.28)为例，稳态吸收条件下，$q_n(V)$、$q_n(L)$、Y_1、X_1均为定值，则吸收操作线为一直线方程，式中$\frac{q_n(L)}{q_n(V)}$为直线斜率，$\frac{q_n(V)Y_2 - q_n(L)X_2}{q_n(V)}$为直线的截距。故吸收操作线方程描述了吸收塔内任意截面上气、液两相组成之间的关系。

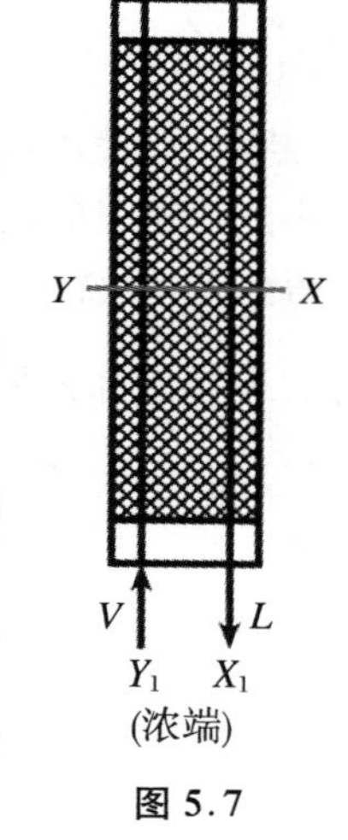

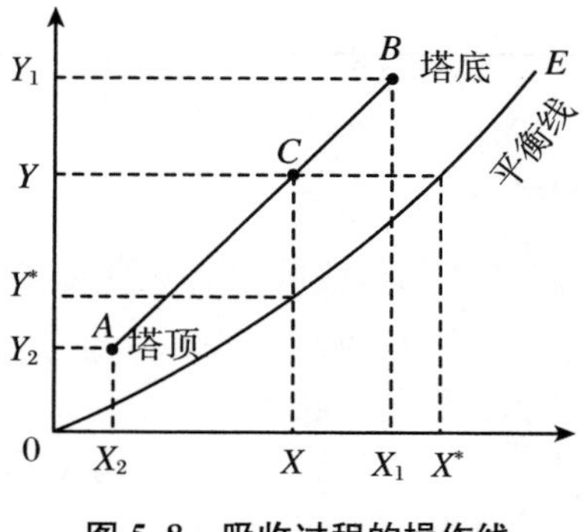

图 5.7

图 5.8 吸收过程的操作线

在图 5.8 所示的 $Y-X$ 坐标图上，点 $B(X_1, Y_1)$表示吸收塔塔底物料组成，点 $A(X_2, Y_2)$表示吸收塔塔顶物料组成，线段 AB 就是吸收塔的操作线，操作线上任意一点 $C(X, Y)$即表示塔内某一截面上气、液组成。从图中可以看出，吸收过程中气相吸收质浓度 Y 总是大于液相中吸收质的平衡浓度Y^*，所以操作线 AB 在平衡线上方。操作线上任意一点 C 与平衡线的垂直距离$(Y - Y^*)$及水平距离$(X^* - X)$即为塔内该截面处的传质推动力，操作线与平衡线的距离越远，代表吸收传质推动力越大。

当吸收的目的是回收气相中的有用物质时，通常用吸收质的吸收率衡量吸收效果，其定义式为

$$\eta = \frac{\text{被吸收的吸收质的量}}{\text{进塔吸收质的量}} = \frac{Y_1 - Y_2}{Y_1} \tag{5.30}$$

在吸收操作中，每摩尔惰性气体与所用吸收剂的物质的量之比称为吸收的液气比，等于吸收操作线的斜率。

根据全塔物料衡算式(式(5.27))，可得吸收操作的液气比为

$$\frac{q_n(L)}{q_n(V)} = \frac{Y_1 - Y_2}{X_1 - X_2} \tag{5.31}$$

工业吸收操作中，Y_1、Y_2、$q_n(V)$、X_2常由工艺要求所确定，在图 5.9(a)中，从点 $A(X_2,Y_2)$画一条斜率为$\frac{q_n(L)}{q_n(V)}$的操作线，与纵坐标为Y_1的水平线相交于点 $B(X_1,Y_1)$，可以看出点 B 的位置(出塔液相的组成X_1)与操作线的斜率(即吸收的液气比)有关。吸收的液气比$\frac{q_n(L)}{q_n(V)}$值越大，出塔吸收液的浓度X_1则越小，相应的吸收推动力越大；反之，降低吸收的液气比，则出塔吸收液的浓度X_1越大，吸收推动力则下降。

当气相中惰性气体的流量$q_n(V)$一定时，减少吸收剂的用量$q_n(L)$，操作线的斜率$\frac{q_n(L)}{q_n(V)}$将减小，吸收操作线向平衡线靠近，出塔吸收液的浓度X_1增大，传质推动力 ΔY 减小，此时，为使出塔尾气达到Y_2的分离要求，所需要的填料层高度必将增大。当吸收剂用量减小到一定量时，操作线与平衡线相交于图 5.9(a)中的点B^*或与图 5.9(b)中的平衡线相切得到点 B'，在交点$B^*(X_1^*,Y_1)$或点 B'处气、液两相为平衡状态，吸收推动力 $\Delta Y=0$，此时的液气比称为最小液气比$\frac{n(L)_M}{n(V)}$，相应的吸收剂用量为最小吸收剂用量 $n(L)_M$。最小液气比时所得X_1最大，此时所需填料层高度为无穷高。

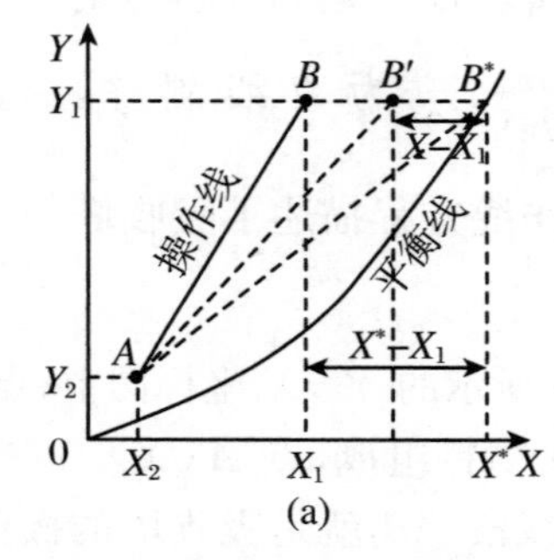

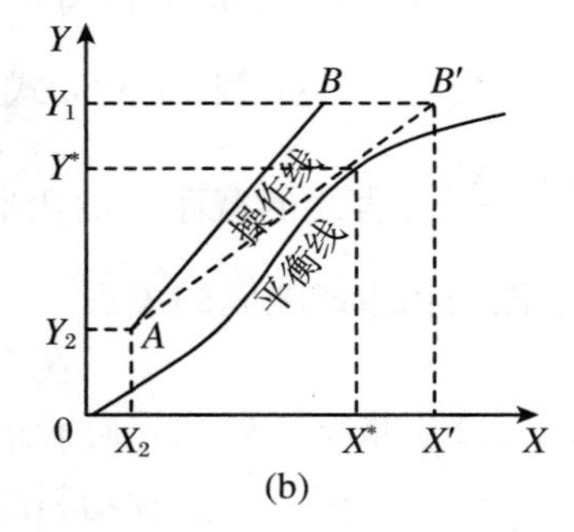

图 5.9 吸收过程最小液气比的确定

应当指出，最小液气比是相对的。当吸收塔采用“最小液气比”时，吸收过程仍然能够进行，但不能达到预期的吸收率，即实得的Y_2比预期的大或实得的X_1比预期的小。

最小液气比可用操作线方程与平衡线来确定，可通过以下三种途径获得。

(1) 若平衡线为如图 5.9(a)所示的一般情况，可从图上读得X_1^*的数值，利用式(5.32)计算最小液气比：

$$\frac{n(L)_M}{n(V)} = \frac{Y_1 - Y_2}{X_1^* - X_2} \tag{5.32}$$

(2) 若平衡线为如图 5.9(b)所示的特殊情况，可由点 A 画一条与平衡线相切的操作线 AB'，并与纵坐标为Y_1的水平线相交于 B'，切点处的传质推动力为 0，此时点 B'的横坐标X_1'就是吸收液的上限，同理利用式(5.33)可计算最小液气比：

$$\frac{n(L)_M}{n(V)} = \frac{Y_1 - Y_2}{X_1' - X_2} \tag{5.33}$$

(3) 若气液相平衡关系符合亨利定律，图 5.9(a)中点B^*的横坐标$X_1^* = \frac{Y_1}{m}$，代入式(5.32)可得最小液气比的计算式

$$\frac{n(L)_M}{n(V)} = \frac{Y_1 - Y_2}{\frac{Y_1}{m} - X_2} \tag{5.34}$$

当液气比较小时，吸收剂用量较少，操作费用低，但吸收塔较高，设备费用高；反之，当液气比较大时，吸收剂用量多，操作费用高，但吸收塔较低，设备费用少。因此操作费用与设备费用之和有一最低点，通常把总费用最低时的液气比称为吸收操作的适宜液气比。根据生产实践经验，实际生产中所采用的适宜液气比一般为最小液气比的 1.1～2.0 倍，常用的范围为 1.2～1.25 倍。

例 5.3　硫铁矿焙烧炉出来的气体进入填料吸收塔中，用水洗涤以除去其中的二氧化硫，混合气体流量为 1000 $m^3 \cdot h^{-1}$。已知混合气中 SO_2含量为 9%(体积分数)，其余可视为惰性气体。要求 SO_2的回收率为 95%，吸收剂用量为最小用量的 1.3 倍。已知操作压力为 101.33 kPa，吸收塔操作温度为 20 ℃，此条件下相平衡关系为$Y^* = 30X$。试问：(1) 当入塔吸收剂组成为$X_2 = 0.0003$时，吸收剂用量($kg \cdot h^{-1}$)及出塔溶液组成X_1各为多少？(2) 其他条件不变，将吸收剂改用清水时，出塔溶液组成X_1为多少？吸收剂用量如何变化？

解　根据已知混合气体中 SO_2含量，则进塔混合气体中吸收质的比摩尔分数为

$$Y_1 = \frac{y_1}{1 - y_1} = \frac{0.09}{1 - 0.09} = 0.099$$

根据回收率的定义，出塔气体中吸收质的含量为

$$Y_2 = Y_1(1 - \eta) = 0.099(1 - 0.95) = 4.95 \times 10^{-3}$$

混合气中惰性气体流量为

$$q_n(V) = \frac{1000}{22.4} \times \frac{273}{273 + 20} = 37.9(\text{kmol} \cdot \text{h}^{-1})$$

(1) 根据相平衡方程可得

$$X_1^* = \frac{Y_1}{m} = \frac{0.099}{30} = 0.0033$$

则吸收的最小液气比为

$$\frac{n(L)_M}{n(V)} = \frac{Y_1 - Y_2}{X_1^* - X_2} = \frac{0.099 - 4.95 \times 10^{-3}}{0.0033 - 0.0003} = 31.4(\text{kmol} \cdot \text{h}^{-1})$$

实际液气比为最小液气比的 1.3 倍，则有

$$\frac{n(L)}{n(V)} = 1.3\,\frac{n(L)_M}{n(V)} = 1.3 \times 31.4 = 40.8(\text{kmol} \cdot \text{h}^{-1})$$

吸收剂用量为

$$n(L) = 40.8 \times 37.9\ \text{kmol} \cdot \text{h}^{-1} = 1546.3\ \text{kmol} \cdot \text{h}^{-1} = 27833.8\ \text{kg} \cdot \text{h}^{-1}$$

根据液气比方程：

$$\frac{n(L)}{n(V)} = \frac{Y_1 - Y_2}{X_1 - X_2}$$

可得出塔溶液组成为

$$X_1 = \frac{Y_1 - Y_2}{\frac{n(L)}{n(V)}} + X_2 = \frac{0.099 - 4.95 \times 10^{-3}}{40.8} + 0.0003 = 0.00261$$

（2）用清水作为吸收剂时，$X_2 = 0$，其他条件不变，则有

$$\frac{n(L)_{\mathrm{M}}}{n(V)} = \frac{Y_1 - Y_2}{X_1^* - X_2} = \frac{0.099 - 4.95 \times 10^{-3}}{0.0033 - 0} = 28.5(\mathrm{kmol \cdot h^{-1}})$$

$$\frac{n(L)}{n(V)} = 1.3\frac{n(L)_{\mathrm{M}}}{n(V)} = 1.3 \times 28.5 = 37.1(\mathrm{kmol \cdot h^{-1}})$$

吸收剂用量为

$$n(L) = 37.1 \times 37.9\ \mathrm{kg \cdot h^{-1}} = 1406.1\ \mathrm{kmol \cdot h^{-1}} = 25309.6\ \mathrm{kg \cdot h^{-1}}$$

可得出塔溶液组成为

$$X_1 = \frac{Y_1 - Y_2}{\frac{n(L)}{n(V)}} + X_2 = \frac{0.099 - 4.95 \times 10^{-3}}{37.1} + 0 = 0.00254$$

计算结果表明，保持相同的回收率情况下，吸收剂中吸收质含量降低，则吸收剂用量将减少，出口溶液浓度降低。因此，实际生产中，进行吸收剂再生时，在兼顾解吸过程经济性的同时，应尽可能将其中的溶质含量减低。

5.4.2 填料层高度的计算

1. 填料层高度的基本计算式

填料吸收塔的高度主要取决于填料层的高度，填料层高度可以运用比摩尔分数表示的总吸收速率方程进行计算。连续接触式填料塔中，气、液两相中溶质的组成沿填料层高度连续变化，因而填料层各截面上的传质推动力和传质速率也将随之变化。因此，填料层高度通常是在填料层中任意取一微元高度，通过积分进行计算的。

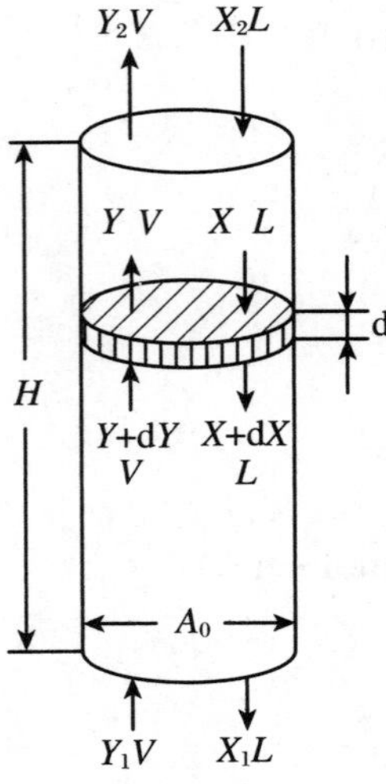

图 5.10

如图 5.10 所示，在填料层中取一微元高度 $\mathrm{d}H$，在高 $\mathrm{d}H$ 的填料上有气、液两相接触，发生吸收传质过程，该截面上气相中吸收前后组成分别为 $Y + \mathrm{d}Y$ 和 Y，则其吸收速率方程可表示为

$$\mathrm{d}N = -q_{\mathrm{n}}(V) \cdot \mathrm{d}Y$$

根据气相中总吸收速率方程式(5.25)，代入上式可得

$$K_{\mathrm{Y}}(Y - Y^*)\mathrm{d}A = -q_{\mathrm{n}}(V) \cdot \mathrm{d}Y$$

整理得

$$\mathrm{d}A = \frac{q_{\mathrm{n}}(V)}{K_{\mathrm{Y}}} \cdot \frac{-\mathrm{d}Y}{Y - Y^*} \tag{5.35}$$

连续定态操作条件下，并设总传质系数 K_{Y} 为定值，将式(5.35)中各项从塔底到塔顶做定积分，得传质面积 A 的计算式如下：

$$\int_0^A \mathrm{d}A = \frac{q_{\mathrm{n}}(V)}{K_{\mathrm{Y}}} \cdot \int_{Y_1}^{Y_2} \frac{-\mathrm{d}Y}{Y - Y^*}$$

即

$$A = \frac{q_n(V)}{K_Y} \cdot \int_{Y_2}^{Y_1} \frac{dY}{Y - Y^*} \tag{5.36}$$

填料塔中若加入的填料层高度为 H，空塔截面积为 A_0，则填放填料的体积为：填料层高度×空塔截面积（HA_0），则塔内传质面积（A）= 单位体积填料有效表面积×填料层体积，即

$$A = a \times HA_0 \tag{5.37}$$

综合式(5.37)和式(5.36)可得吸收塔填料层高度计算式：

$$H = \frac{q_n(V)}{K_Y a A_0} \cdot \int_{Y_2}^{Y_1} \frac{dY}{Y - Y^*} \tag{5.38}$$

式中，a 为单位体积填料有效表面积（$m^2 \cdot m^{-3}$），即单位体积填料层内气、液两相有效传质面积。a 不仅是设备大小和填料特性的函数，还受流体物性和流动状况的影响，难以通过实验直接测定。因此，常把 a 与传质系数（K_Y，K_X）的乘积视为一体，称为体积传质系数（$K_Y a$，$K_X a$），单位为 $mol \cdot m^{-3} \cdot s^{-1}$。

同理，可得以液相推动力 $X^* - X$ 表示的填料层高度计算式：

$$H = \frac{q_n(L)}{K_X a A_0} \cdot \int_{X_2}^{X_1} \frac{dX}{X^* - X} \tag{5.39}$$

2. 传质单元高度与传质单元数

为方便起见，常将填料层高度计算式写成传质单元高度和传质单元数乘积的形式表示，即

$$H = h_G \cdot n_G = h_L \cdot n_L$$

根据式(5.38)和式(5.39)的表达形式，对气、液两相而言，传质单元高度和传质单元数分别为：

(1) 气相传质单元高度：$h_G = \dfrac{q_n(V)}{K_Y a A_0}$，传质单元数：$n_G = \displaystyle\int_{Y_2}^{Y_1} \frac{dY}{Y - Y^*}$。

(2) 液相传质单元高度：$h_L = \dfrac{q_n(L)}{K_X a A_0}$，传质单元数：$n_L = \displaystyle\int_{X_2}^{X_1} \frac{dX}{X^* - X}$。

传质单元高度是指在填料比表面和塔径一定的条件下，与一个传质单元所需的传质面积相当的填料层高度。以气相传质单元高度为例，式中 $\dfrac{q_n(V)}{A_0}$ 为单位塔截面积的惰性气体流量，$\dfrac{1}{K_Y a}$ 反映传质阻力大小。因此，当 $\dfrac{q_n(V)}{A_0}$ 为一定值时，体积传质系数 $K_Y a$ 值越大，传质阻力越小，传质越易进行，则传质单元高度越小，相应的填料层高度也较小。$\dfrac{q_n(V)}{A_0}$ 相当于气体流速，若流速增大，同一塔高下气、液接触时间缩短，要达到规定的传质程度，则需要提高塔高来补偿，即相应的传质单元高度较大。

传质单元是传质过程中的一个重要概念，其意义可表达为

$$传质单元 = \frac{dY}{Y - Y^*} = \frac{过程中吸收质的浓度变化}{过程的推动力}$$

当吸收塔两截面间吸收质的浓度变化等于截面上吸收的推动力时，这样的一个区域就称为一个传质单元，填料塔内的填料层就是由若干个传质单元构成的。

传质单元数为填料层高度相当于传质单元高度的倍数，即填料塔内含有的传质单元的

数目。传质单元数的大小反映传质的难易程度，为了减小吸收过程的传质单元数，应设法增大传质推动力。传质推动力的大小与相平衡关系及吸收液气比有关。

3. 传质单元数的计算

在填料层高度计算中，传质单元高度一般可由实验测定，或已知传质系数K_Y，利用公式$h_G=\dfrac{q_n(V)}{K_Y a A_0}$计算。因此，计算填料层高度的关键就在于传质单元数的求算，即积分$\int_{Y_2}^{Y_1}\dfrac{dY}{Y-Y^*}$或$\int_{X_2}^{X_1}\dfrac{dX}{X^*-X}$的计算。积分值的求算视不同情况选用不同方法，常用的方法有对数平均推动力法和图解积分法。

(1) 图解积分法

以气相传质单元数为例，当气、液两相的平衡关系$Y^*=f(X)$为一曲线时，虽然操作线为直线，但两线间的距离(即传质推动力)在塔内各处均不同，如图5.11(a)所示。以Y对$\dfrac{1}{Y-Y^*}$作图，如图5.11(b)所示，在Y_2和Y_1范围内，曲线下的阴影部分的面积值即为传质单元数。

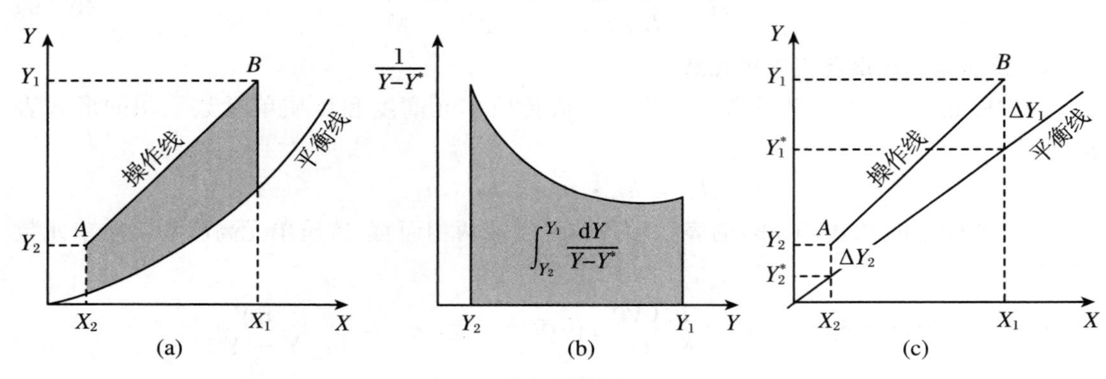

图 5.11 气相传质单元数的求算

具体操作步骤为：如图5.11(a)所示，在Y_2和Y_1之间的操作线上选取若干点，每一点代表塔内某一截面上气、液两相的组成。分别从每一点作垂线，与平衡线相交，由与平衡线的交点可得到对应的Y^*值，据此求出各点的传质推动力$Y-Y^*$和$\dfrac{1}{Y-Y^*}$值。以Y为横坐标、$\dfrac{1}{Y-Y^*}$为纵坐标作图，如图5.11(b)所示，在$Y_2\sim Y_1$范围内曲线下的面积为$\int\dfrac{dY}{Y-Y^*}$，其值即为气相传质单元数n_G。用相同的方法可求液相传质单元数n_L。

(2) 对数平均推动力法

如图5.11(c)所示，当气液平衡关系服从亨利定律时，有$Y^*=mX$，即平衡线为直线，操作线为过$A(X_2,Y_2)$和$B(X_1,Y_1)$的直线。由于操作线和平衡线均为直线，任意截面上的推动力$\Delta Y=Y-Y^*$介于塔底推动力$\Delta Y_1=Y_1-Y_1^*$和塔顶推动力$\Delta Y_2=Y_2-Y_2^*$之间，且与Y成直线关系，则有

$$\frac{d(\Delta Y)}{dY}=\frac{\Delta Y_1-\Delta Y_2}{Y_1-Y_2}=\text{常数}$$

气相传质单元数：

$$n_G = \int_{Y_2}^{Y_1} \frac{dY}{Y - Y^*} = \int_{Y_2}^{Y_1} \frac{dY}{\Delta Y} = \frac{Y_1 - Y_2}{\Delta Y_1 - \Delta Y_2}\int_{\Delta Y_2}^{\Delta Y_1} \frac{d(\Delta Y)}{\Delta Y} = \frac{Y_1 - Y_2}{\Delta Y_1 - \Delta Y_2}\ln\frac{\Delta Y_1}{\Delta Y_2}$$

此时，定义ΔY_m为气相对数平均推动力：

$$Y_m = \frac{\Delta Y_1 - \Delta Y_2}{\ln\dfrac{\Delta Y_1}{\Delta Y_2}} = \frac{(Y_1 - Y_1^*) - (Y_2 - Y_2^*)}{\ln\dfrac{Y_1 - Y_1^*}{Y_2 - Y_2^*}}$$

可得气相传质单元数计算式为

$$n_G = \frac{Y_1 - Y_2}{\Delta Y_m}$$

当$\dfrac{\Delta Y_1}{\Delta Y_2}<2$时，$\Delta Y_m$可用算术平均值代替。

同理，以液相推动力表示时，液相传质单元数的计算式可表示如下：

$$n_L = \frac{X_1 - X_2}{\Delta X_m}$$

式中，ΔX_m为液相对数平均推动力：

$$\Delta X_m = \frac{\Delta X_1 - \Delta X_2}{\ln\dfrac{\Delta X_1}{\Delta X_2}} = \frac{(X_1^* - X_1) - (X_2^* - X_2)}{\ln\dfrac{X_1^* - X_1}{X_2^* - X_2}}$$

例 5.4 用SO_2含量为1.1×10^{-3}(摩尔分数)的水溶液吸收含SO_2为0.09(摩尔分数)的混合气中的SO_2。已知进塔吸收剂流量为37800 kg·h^{-1}，混合气流量为100 kmol·h^{-1}，要求SO_2的吸收率为80%。若在吸收操作条件下，系统的平衡关系为$Y=17.8X$，求气相总传质单元数。

解 进塔混合气中SO_2的含量为

$$Y_1 = \frac{y_1}{1 - y_1} = \frac{0.09}{1 - 0.09} = 0.099$$

出塔气体中SO_2的含量为

$$Y_2 = Y_1(1 - \eta) = 0.099(1 - 0.8) = 0.0198$$

出塔溶液中SO_2的含量为

$$X_2 = \frac{x_2}{1 - x_2} = \frac{1.1\times10^{-3}}{1 - 1.1\times10^{-3}} \approx 1.1\times10^{-3}$$

吸收剂用量为

$$q_n(L) = \frac{37800}{18} = 2100(\text{kmol}\cdot\text{h}^{-1})$$

混合气中惰性气体流量为

$$q_n(V) = 100(1 - y_1) = 91(\text{kmol}\cdot\text{h}^{-1})$$

由式(5.31)可得

$$X_1 = \frac{Y_1 - Y_2}{\dfrac{q_n(L)}{q_n(V)}} + X_2 = \frac{0.099 - 0.0198}{\dfrac{2100}{91}} + 1.1\times10^{-3} = 0.00453$$

气相传质的对数平均推动力为

$$\Delta Y_m = \frac{(Y_1 - Y_1^*) - (Y_2 - Y_2^*)}{\ln \dfrac{Y_1 - Y_1^*}{Y_2 - Y_2^*}}$$

$$= \frac{(0.099 - 17.8 \times 0.00453) - (0.0198 - 17.8 \times 0.0011)}{\ln \dfrac{0.099 - 17.8 \times 0.00453}{0.0198 - 17.8 \times 0.0011}}$$

$$= 0.0041$$

气相总传质单元数为

$$n_G = \frac{Y_1 - Y_2}{\Delta Y_m} = \frac{0.099 - 0.0198}{0.0041} = 19.3$$

例 5.5　在 20 ℃和常压下用规格为∅800 mm 的填料吸收塔回收氨-空气混合气中的氨。用清水作为吸收剂，混合气中氨的分压为 1.5 kPa，混合气中惰性气体的流量为 50 $kmol \cdot h^{-1}$，吸收剂用量为最小用量的1.5倍，要求氨的回收率为98%。操作条件下，气液平衡关系为 $Y=0.76X$，气相体积吸收系数$K_Y a$ 为 360 $kmol \cdot m^{-3} \cdot h^{-1}$。试求吸收塔中填料层的高度为多少。

解　进塔混合气中氨的含量为

$$Y_1 = \frac{p_1}{p_0} = \frac{1.5}{101.3} = 0.0148$$

出塔混合气中氨的含量为

$$Y_2 = Y_1(1 - \eta) = 0.0148(1 - 0.98) = 2.96 \times 10^{-4}$$

吸收最小液气比为

$$\frac{q_n(L)_M}{q_n(V)} = \frac{Y_1 - Y_2}{X_1^* - X_2} = \frac{0.0148 - 2.96 \times 10^{-4}}{\dfrac{0.0148}{0.76} - 0} = 0.74$$

吸收液气比为

$$\frac{q_n(L)}{q_n(V)} = \frac{Y_1 - Y_2}{X_1 - X_2} = 1.5 \times 0.74$$

出塔溶液中氨的含量为

$$X_1 = \frac{Y_1 - Y_2}{1.5 \times 0.74} + X_2 = 0.0131$$

气相传质对数平均推动力为

$$\Delta Y_m = \frac{(Y_1 - Y_1^*) - (Y_2 - Y_2^*)}{\ln \dfrac{Y_1 - Y_1^*}{Y_2 - Y_2^*}}$$

$$= \frac{(0.0148 - 0.76 \times 0.0131) - (2.96 \times 10^{-4} - 0)}{\ln \dfrac{0.0148 - 0.76 \times 0.0131}{2.96 \times 10^{-4} - 0}}$$

$$= 1.63 \times 10^{-3}$$

气相总传质单元数为

$$n_G = \frac{Y_1 - Y_2}{\Delta Y_m} = \frac{0.0148 - 2.96 \times 10^{-4}}{1.63 \times 10^{-3}} = 8.9$$

传质单元高度为

$$h_G = \frac{q_n(V)}{K_Y a A_0} = \frac{50}{360 \times \frac{\pi}{4} \times 0.8^2} = 0.28(\mathrm{m})$$

填料塔中填料层高度为

$$H = h_G \cdot n_G = 0.28 \times 8.9 = 2.5(\mathrm{m})$$

5.5　填　料　塔

填料塔作为化工生产中常用的一类传质设备，主要由圆柱形的塔体和堆放在塔内的填料（各种形状的固体物，用于增加两相流体间的面积，增强两相间的传质）等组成。工业生产中对塔设备的基本要求主要有以下几方面：

（1）有大的生产能力，即单位塔截面能允许处理的物料量要大。

（2）有高的传质效率，使达到规定分离要求的塔高较低。

（3）操作易于稳定，并要求当物流流量在相当范围内变化时不致引起传质效率显著的变动。

（4）对物流（常指气相）的阻力要小，以适合减压操作或节约动力的要求。

（5）结构简单，易于加工制造，维修方便，节省材料，耐腐蚀和不易堵塞等。

5.5.1　填料塔的结构

如图5.11所示，填料塔的塔身是一个直立式的圆筒，底部装有填料支撑板，填料以乱堆或整砌的方式放置在支撑板上；填料的上方安装填料压板，以防填料被上升气流吹动；自塔顶端进入的液体通过液体分布器均匀喷洒到填料上，并沿填料表面成膜状流下；气体从塔底送入，经气体分布装置（小直径塔一般不设气体分布装置）分布后，与液体呈逆流连续通过填料层的空隙，在填料表面上，气、液两相密切接触进行传质。

填料塔中，当液体沿填料层向下流动时，有逐渐向塔壁集中的趋势，使得塔壁附近的液流量逐渐增大，这种现象称为壁流。壁流效应造成气、液两相在填料层中分布不均，从而使传质效率下降。因此，当填料层较高时，需要进行分段，中间设置再分布装置。液体再分布装置包括液体收集器和液体再分布器两部分，上层填料流下的液体经液体收集器收集后，送到液体再分布器，经重新分布后喷淋到下层填料上。

5.5.2　填料及其结构性能

1. 对填料的基本要求

填料的选择对填料塔的操作情况和效率有直接的影响。填料选择的基本要求可从以下几方面考虑：

（1）有较大的比表面积，即单位体积填料具有较大的表面积。

(2) 填料表面易被润湿,使气、液两相在填料表面接触时能有充分的有效接触面。

(3) 有较大的空隙率,以使气体流动时有较小的阻力,保证填料层的压降要低。

(4) 填料要求质量轻而有较大的机械强度,并具有良好的耐腐蚀性。

(5) 填料抗污堵性能强,拆装、检修方便,价廉易得。

2. 填料的类型

工业填料塔所用的填料主要有实体填料和网体填料两大类。根据填料形状不同,实体填料有拉西环、鲍尔环、阶梯环、鞍形填料等;网体填料包括由金属丝网组成的网环填料、网鞍填料以及波纹网填料和栅格类填料等。

(1) 拉西环

拉西环于1914年被发明,是最早使用的一种形状简单的圆环形填料,是外径与高相等的空心圆柱体(图5.12(a))。常用尺寸为25~75 mm,其壁厚在机械强度允许的情况下越薄越好,陶瓷环壁厚2.5~9.5 mm,金属环壁厚0.8~1.6 mm。根据直径大小,可采用乱堆或整砌的方式填入填料塔。一般直径小于50 mm时采用乱堆的装填形式,直径大于50 mm时采用整砌的方式,整砌的压降小,但施工麻烦。拉西环的主要缺点是当横卧放置时,内表面不易被液体润湿,气体也不能从环内通过,致使流体阻力大,气液接触面积小。

拉西环在填料塔的中心区堆放的密度比塔壁附近大,使中心区的阻力较大,液体流过一段填料后,大部分液体会沿壁下降,使中心区的填料不能被润湿,传质接触面减小,这种现象称为偏集流壁效应,会导致传质效率降低。因此,拉西环的应用日趋减少。新近研究表明,减小拉西环填料的高度能减小流体阻力,增大气液接触面积。

(2) 鲍尔环

鲍尔环是在拉西环的环壁上开一两层窗口,上、下两层窗孔交错排列(图5.12(b)),是拉西环的改进。鲍尔环相当于在拉西环的壁面上开一排或两排正方形或长方形孔,开孔时只断开四条边中的三条边,另一边保留,向环内弯曲。这种结构提高了环内表面的利用率,减小了流体阻力,压降仅为拉西环的20%~40%,液体分布较好,增大了气液接触面积。鲍尔环比拉西环的气体通量增大50%以上,传质效率增加30%左右,是一种性能优良的填料,得到了广泛的应用。

(3) 阶梯环

阶梯环填料是在鲍尔环的结构基础上改造得到的,环壁上开有窗孔,其高度为直径的一半(图5.12(c))。由于高径比的减小,使得气体绕填料外壁的平均路径大为缩短,减小了气体流动阻力。阶梯环填料的一端增加了一个翻边,不仅增加了填料的机械强度,而且使填料之间由线接触为主变成以点接触为主,不但增加了填料间的空隙,同时成为液体沿填料表面流动的汇集分散点,可以促进液膜的表面更新,有利于传质效率的提高。阶梯环的传质效率比鲍尔环高20%~50%,气体流动的压降降低40%~50%,是当前工业上推广使用的一种新型填料。

(4) 鞍形填料

鞍形填料有弧鞍形和矩鞍形两种。弧鞍形填料形如马鞍(图5.12(d)),常用填料大小为25 mm至50 mm。弧鞍形填料的特点是表面不分内外,全部敞开,液体在表面两侧均匀流动,表面利用率高,流道呈弧形,流动阻力小。在塔内堆放时,对塔壁侧压力比环形填料小。但是由于其两侧构形相同,堆放时容易产生局部重叠或架空,因而减少了暴露的表面,不能被液体润湿，从而产生沟流，影响传质效率。此外，弧鞍形填料多用陶瓷制造，强度较差，目前已很少使用。

为克服弧鞍形填料堆放时容易重叠的缺点，将弧鞍形填料两端的弧形改为矩形，且两面大小不等，即成为矩鞍形填料（图5.12(e)），其结构上呈半圆形马鞍状，四个边角为直角。矩鞍形填料在乱堆时相互之间的接触面积小，填料之间不会相互掩盖大部分面积，因而空隙率较大，流体阻力小，对流体流动的压降较小，且气液接触面积大，是一种性能优良的填料。

(5) 英特洛克斯填料

英特洛克斯填料（图5.12(f)）是矩鞍形填料的改进，兼有环形填料和鞍形填料的特点，一般用金属材料制作。在鞍的背部冲出两条狭带，弯成环形筋，筋上又冲出四个小爪弯入环内。它在构形上是鞍与环的结合，敞开的侧壁有利于气体和液体的通过，减少了填料层内滞液死区，填料层内流体孔道增多，使气液分布更加均匀，传质效率得到较大提高，是近年来石油减压蒸馏中广泛使用的一种新型高效填料。

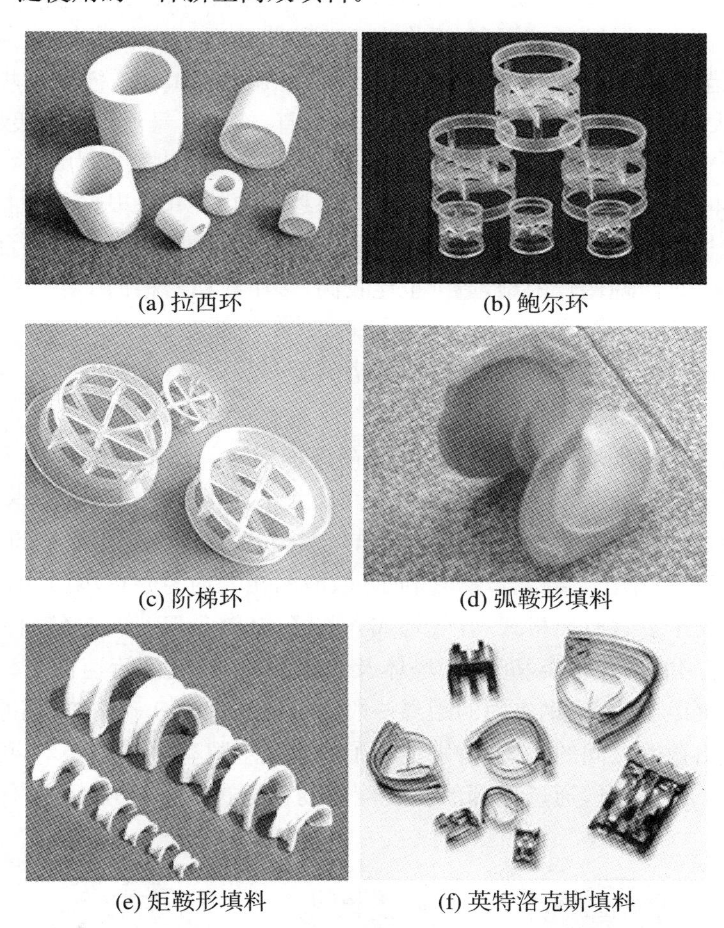

(a) 拉西环　(b) 鲍尔环

(c) 阶梯环　(d) 弧鞍形填料

(e) 矩鞍形填料　(f) 英特洛克斯填料

图5.12　填料

(6) 球形填料

球形填料是个体填料的另一种形式，一般采用塑料材质注塑而成，其结构有多种。有由许多板片构成的多面球形填料，也有由具有许多枝条的格栅组成的球形填料。球形填料的特点是球体为空心,可以允许气体、液体从其内部通过。由于球体结构的对称性,填料装填密度均匀,不易产生空穴和架桥,所以气液分散性能良好。球形填料只适用于某些特定场合,工程应用较少。

(7) 规整填料

规整填料是将金属丝网或多孔板压制成波纹状,然后组装成若干个某种高度的填料层,分层整装进填料塔内。常见的规整填料有波纹填料和格栅填料两种。

格栅填料是以条状单元经一定规则组合而成,其结构随条状单元体的形式和组合规则而变,因而具有多种结构形式。目前应用比较普遍的有格里奇格栅填料、网孔格栅填料和蜂窝格栅填料。格栅填料的比表面积小,主要用于低压降、大负荷及防堵等场合。

波纹填料是一种通用型规整填料,是由许多薄的45°倾斜有波纹的波纹板叠合而成的圆盘状填料,有的还在板上整齐地扎有大量刺孔以进一步增大其表面积。这种填料是将高度相同、中央最大长度稍短于塔直径的多层波纹板,按板与板间波纹倾斜方向相反的顺序,逐层叠合而组成直径略小于塔径的圆盘;再将多个这种圆盘逐个放入塔中,盘与盘间的板波纹走向保持90°交错排列。各个圆盘填料的高度一般为40～60 mm。波纹板填料的优点是结构紧凑,具有较大的比表面积,相邻两盘填料相互垂直,使上升气流不断改变方向,下降的液体也不断重新分布,故传质效率较高。此外,波纹板填料因整砌而阻力小,可采用较高的空塔流速,塔中液体的分布因流经各盘时重新分布而趋于均匀,并可根据处理物料的腐蚀性而选用合适的波纹板材料。波纹板填料的缺点是不适用于处理黏度大、易聚合或有悬浮物的物料,而且填料装填、清理比较困难,造价也比较高,多用在精密精馏中。

3. 填料塔的附件

填料塔的附件设备有填料支承板、液体进塔的分布装置、塔中的液体再分布器等。

(1) 填料支承板

填料在塔内无论是乱堆还是整砌,均堆放在支承板上。支承板的作用主要是支承塔内的填料,因此,对支承板的基本要求是:第一,具有足够的强度和刚度,能支承填料的重量、填料层的持液量以及操作中的附加压力等;第二,应具有大于填料层孔隙率的开孔率,以防止在此处首先发生液泛;第三,结构合理,有利于气、液两相的均匀分布,阻力小,便于拆装。

常用的填料支承装置有栅板式、升气管式和驼峰式(图5.13)。选择哪种填料支承装置,主要根据塔径、使用的填料种类和型号、塔体及填料的材质、气液流速而定。栅板式支承装置是由竖立的扁钢组成的,扁钢之间的距离一般为填料外径的0.6～0.8倍左右。为了克服支承板强度与自由截面之间的矛盾,特别是为了适应高空隙率填料的要求,可采用升气管式支承板,气体由升气管上升,通过顶部的孔及侧面的齿缝进入填料层,而液体经底板上的许多小孔流下。

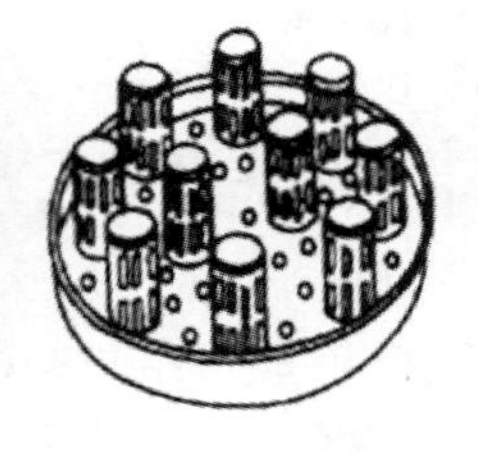

图5.13 填料支承板

(2) 液体分布器

气液接触传质过程中,如果液体分布不良,必将减少填料的有效润湿表面积,使液体产生沟流,从而降低气、液两相的有效接触表面,使传质恶化。液体分布器能为填料层提供良好的液体初始分布,即能提供足够多的均匀分布的喷淋点,且各喷淋点的喷淋液量相等。理想的液体分布器应具备以下条件:第一,与填料相匹配的液体均匀分布点,填料比表面积越大,分离要求越精密,则液体分布器分布点密度也应越大;第二,为气体提供尽可能大的自由截面,实现气体的均匀分布,且阻力小;第三,操作弹性大,适应性好;第四,结构合理,便于制造、安装、调整和检修。液体分布装置的结构形式多样,常见的有莲蓬式喷洒器、多孔管式喷淋器、齿槽式分布器和筛孔盘式分布器,如图 5.14 所示。

莲蓬式喷洒器具有一半球形外壳,壳壁上有许多液体喷淋小孔,小孔直径 3~10 mm,同心圆排列,喷洒角小于 80°。这种喷洒器结构简单,只适用于直径小于 600 mm 的吸收塔中。因小孔容易堵塞,且液体的喷洒范围与压头密切有关,一般应用较少。

多孔管式喷淋器由不同结构形式的开孔管制成,孔径大小一般在 3~6 mm,其突出特点是结构简单,供气流流过的自由截面大,阻力小。但是小孔易堵塞,操作弹性一般较小,因而多用于中等以下液体负荷的填料塔中。

齿槽式分布器通常由分流槽(主槽或一级槽)、分布槽(副槽或二级槽)构成。一级槽通过槽底开孔将液体初分为若干流股,分别加入其下方的液体分布槽,分布槽的槽底(或槽壁)上设有孔道,将液体均匀分布于填料层上。齿槽式分布器具有较大的操作弹性和较好的抗污性,特别适合于气液负荷大及含有固体悬浮物、黏度大的分离场合。由于齿槽式分布器具有优良的气液分布性能和抗污垢性能而具有非常广泛的应用范围。

筛孔盘式分布器先将液体加至分布盘上,然后再由盘上的筛孔流下,适用于直径 800 mm 以上的塔中,缺点是加工较复杂。

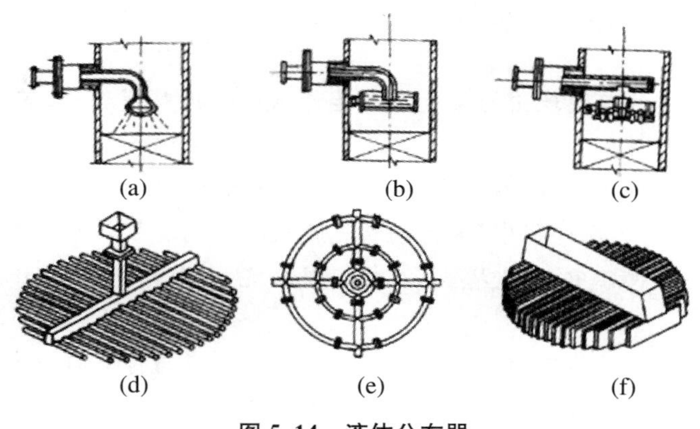

图 5.14　液体分布器

(3) 液体再分布装置

填料塔内,当液体沿填料层向下流动时,有逐渐向塔壁集中的趋势,使得塔壁附近的液流量逐渐增大,这种现象称为壁流。壁流效应会造成气、液两相在填料层分布不均匀,减少了气、液两相的有效接触面积。因此,每隔一定距离必须设置液体再分布装置,以克服此种现象。液体再分布装置包括液体收集器和液体再分布器两部分,上层填料流下的液体经液体收集器后送到液体再分布器,经重新分布后喷淋到下层填料的上方。

常用的截锥形再分布器使塔壁处的液体再流向塔的中央，图5.15(a)所示液体再分布器是将截锥体焊在塔体中，截锥上下仍能全部放满填料，不占空间。当需分段卸出填料时，则采用图5.15(b)所示结构，截锥上加设支承板，截锥下要隔一段距离再装填料。截锥式再分布器结构简单，一般用于直径600～800 mm的吸收塔。

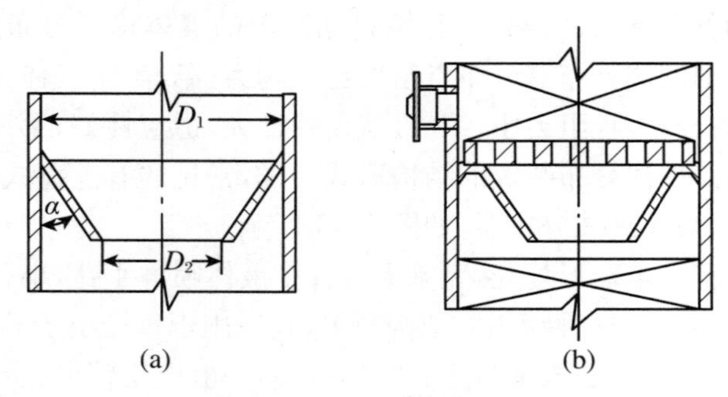

图5.15 液体再分布装置

习 题

1. 工业吸收操作中，吸收剂的选择需要考虑哪些因素？

2. 亨利定律的适用条件是什么？亨利定律不同表达式中的系数 E、H、m 三者之间的关系是什么？它们与温度、压力有什么样的变化关系？

3. 气液相平衡关系中，若升高温度，亨利系数将如何变化？在一定温度下，气相总压升高，相平衡系数 m 将如何变化？若气相组成 y 为一定值，体系总压升高，则液相组成 x 将如何变化？

4. 气液相间传质的双膜理论的主要论点是什么？根据双膜理论，若要提高传质速率和吸收率，可采用哪些方法？

5. 对易溶气体和难溶气体，各采用什么措施可强化吸收传质的进行？

6. 在气、液两相的传质过程中，如何判断气膜吸收控制过程和液膜吸收控制过程？

7. 逆流操作的吸收塔中，若进塔气、液相组成给定，吸收塔内的最小液气比与吸收率有何关系？

8. 传质单元数与传质推动力有何关系？传质单元高度与传质阻力有何关系？

9. 工业吸收操作中对吸收塔设备有哪些基本要求？

10. 为提高吸收传质效率，对吸收塔内填料的结构和性质有哪些要求？

11. 空气-二氧化碳混合气体中，二氧化碳的体积分数为20%，求其摩尔分数和比摩尔分数各为多少。

12. 常压(101.3 kPa)下，100 g水中溶解1 g的 NH_3，查得20 ℃时溶液上方 NH_3 的平衡分压为798 Pa。此稀溶液的气液相平衡关系服从亨利定律，试求亨利系数 E、溶解度系数 H 和相平衡系数 m。

13. 空气-NH_3 混合体系中 NH_3 的含量为1.5%(体积分数)，在20 ℃下用清水吸收其中的NH_3，已知混合体系的总压为203 kPa，且NH_3在水中的溶解度服从亨利定律，操作温度下的亨利系数$E=80$ kPa，试求此氨水溶液的最大浓度(用物质的量浓度表示，单位kmol·m^{-3})。

14. 石灰窑气中含有43%(体积分数)的CO_2气体，其余为惰性气体。常压下将该石灰窑气通入30 ℃的清水中，物系符合亨利定律，亨利系数为188 MPa，求溶液中CO_2的最大含量(以质量分数表示)。

15. 环氧乙烷溶于水，当其在液相中的摩尔分数$x=0.05$以下时服从亨利定律。现有10 ℃的气液平衡体系，液相中环氧乙烷的摩尔分数为0.03，气相中环氧乙烷的平衡分压为16.5 kPa。试求该体系亨利定律不同表达式中的系数E、H和m的值各为多少。(设水溶液的密度为1000 kg·m^{-3})

16. 用清水吸收混合气中的NH_3，进入吸收塔的混合气中含有6%(体积分数)的NH_3，吸收后混合气中NH_3的体积分数降为0.4%，出口溶液中NH_3的摩尔分数为0.012。此物系的相平衡关系为$Y^*=0.76X$，气液逆流流动，试求塔顶、塔底的气相传质推动力各为多少。

17. 含氨极少的空气于101.33 kPa、20 ℃下被水吸收。已知气膜传质系数$k_g=3.15\times10^{-6}$ kmol·m^{-2}·s^{-1}·kPa^{-1}，液膜传质系数$k_l=1.81\times10^{-4}$ m·s^{-1}，溶解度系数$H=0.72$ kmol·m^{-3}·kPa^{-1}，气液相平衡关系服从亨利定律。试求气相总传质系数及液相总传质系数，并判断吸收过程是气膜控制还是液膜控制。

18. 某服从亨利定律的低浓度气体用吸收剂吸收，吸收质的溶解度系数$H=0.0015$ kmol·m^{-3}·kPa^{-1}。已知气膜分吸收系数$k_g=3.0\times10^{-10}$ kmol·m^{-2}·s^{-1}·kPa^{-1}，液膜传质系数$k_l=5\times10^{-5}$ m·s^{-1}，试求气相总传质系数K_G，并分析该气体是易溶、中等溶解还是难溶气体。

19. 在连续逆流吸收塔中，用清水吸收焙烧硫铁矿所得炉气中的二氧化硫。已知进塔炉气中二氧化硫的体积分数为0.09，每秒钟吸收二氧化硫的量为1 kg。吸收在101.3 kPa压力下操作，吸收用的液气比为最小液气比的1.2倍，吸收率为99%。操作温度下的气液平衡关系为$Y^*=26.7X$。试求吸收所用水的量(kg·s^{-1})和吸收所得溶液的浓度(摩尔分数)。

20. 从矿石焙烧炉送出的气体中含有9%(体积分数)的SO_2，其余视为惰性气体。冷却后送入吸收塔，用清水吸收其中所含SO_2的95%。吸收塔的操作温度为30 ℃，操作压力为100 kPa，每小时处理的炉气量为1000 m^3(30 ℃、100 kPa时的体积流量)，吸收所用液气比为最小液气比的120%。试求每小时用水量及出塔水溶液的组成(摩尔分数)。

气液体系的平衡关系数据如下：

液相中SO_2的溶解度(kg(SO_2)·[100 kg(H_2O)]$^{-1}$)	7.5	5.0	2.5	1.5	1.0	0.5	0.2	0.1
气相中SO_2的平衡分压(kPa)	91.7	60.3	28.8	16.7	10.5	4.8	1.57	0.63

21. 用清水在常压下吸收有机合成残气中的甲醇(其他组分可视为惰性气体)。气体处理量为1 m^3·s^{-1}(标准状况)，混合气中甲醇含量为25 g·m^{-3}，吸收后甲醇的回收率为90%，吸收剂用量为最小用量的1.3倍，若当时条件下的气液平衡关系为$Y^*=2.15X$，试求

吸收塔的气相传质单元数。

22. 逆流填料吸收塔中，已知吸收塔入塔气相中吸收质组成Y_1为0.025，入塔液相中吸收质的组成X_2为0.0035，要求气相中吸收质的回收率为95%，操作条件下吸收系统的气液平衡关系为$Y^* = 2.5X$，气相总传质单元高度为0.5 m，求吸收塔出塔液相中吸收质的含量X_1和填料层高度。

23. 某厂有一填料塔，直径880 mm，填料层高度6 m，所用填料为50 mm拉西环，乱堆。每小时处理2000 m^3气体(体积按25 ℃与101.33 kPa计)，其中丙酮的摩尔分数为5%。用清水作吸收剂，经吸收后塔顶排出的废气中丙酮的摩尔分数为0.263%，塔底吸收液每千克含丙酮61.2 g。操作条件下的平衡关系为$Y^* = 2.5X$。计算气相体积吸收系数$K_Y a$。

上述情况下，每小时可回收多少千克丙酮？若把填料层高度增加3 m，可以多回收多少丙酮？

24. 某生产车间使用一填料塔，用清水逆流吸收混合气中有害组分A。已知操作条件下，气相总传质单元高度为1.5 m，进料混合气组成为0.04(组分A的摩尔分数，下同)，出塔尾气组成为0.0053，出塔水溶液浓度为0.0128，操作条件下的平衡关系为$Y^* = 2.5X$ (X、Y^*均为摩尔比)。试求：(1) 实际液气比是最小液气比的多少倍。(2) 所需填料层高度。

25. 在一逆流操作的填料吸收塔中用清水吸收空气中某组分A，已知操作条件下的平衡关系为$Y^* = 2.2X$，入塔气体中A的含量为6% (体积分数)，吸收率为96%，取吸收剂用量为最小用量的1.2倍。(1) 试求：出塔水溶液的浓度；(2) 若气相总传质单元高度为0.8 m，现有一填料层高度为8 m的塔，问是否能用？

26. 某填料吸收塔在101.3 kPa和300 K下用清水逆流吸收气体中的甲醇蒸气，已知进塔气体中每千摩尔惰性气体中含甲醇0.075 kmol，吸收率为98%，所得的溶液中甲醇浓度为最大浓度的65%，相平衡关系为$Y^* = 1.2X$，气体的空塔流速为0.5 $m \cdot s^{-1}$，惰性气体流量为42 $kmol \cdot h^{-1}$。试求：(1) 吸收用水量；(2) 吸收塔的直径。

第6章　精　　馏

学习要点

1. 掌握精馏的气液平衡关系和相对挥发度的计算，掌握蒸馏和精馏原理。
2. 掌握稳态连续精馏过程中的操作线方程。
3. 理解理论塔板的概念；掌握理想二元体系泡点进料时理论板数的求算。
4. 了解回流比与精馏的关系。
5. 了解板式塔中泡罩塔、浮阀塔、筛板塔的基本结构、特性。

液液均相体系的分离技术有多种，如蒸馏（或精馏）、萃取、蒸发、膜分离等，可根据物系性质及具体工艺要求选用，其中蒸馏或精馏在液液混合体系的分离中应用最为广泛。很多场合下，即使采用了其他技术将混合物进行了初步分离，随后也还需要用蒸馏作为辅助手段进一步分离或回收。因此，在各种传质过程中，蒸馏或精馏是最重要也是最基本的操作。

蒸馏（distillation）单元操作自古以来就在工业生产中用于分离液体混合物，如中国传统酿酒工业中所得到的蒸馏酒即是利用蒸馏工序而得到的不同酒精度的酒。中国蒸馏酒是中华民族的伟大创造，其独特的工艺、窖池等独有的设备与世界其他蒸馏酒均有不同，因而被很多专家学者誉为中国“四大发明”之外的第五大发明。同时，蒸馏酒亦是世界科技发展的标志之一。蒸馏是一种热力学的分离工艺，它是利用液液体系或液固体系混合物中各组分挥发度的不同，通过加热使不同沸点组分在相应温度下气化蒸发，从而将混合物中各组分进行分离的一种单元操作，蒸馏所得的产物，可以是纯的单组分，也可以是具有一定沸点范围的液体混合物。用蒸馏的方法制取烧酒，蒸馏酒器无疑是关键的技术设备。目前存世最早的青铜蒸馏器为我国汉代青铜蒸馏器，西汉海昏侯刘贺墓出土的青铜蒸馏器（铜甑），釜底加热以后，釜内的液体气化，热蒸气上升遇到天锅及筒壁后与外界发生热交换，温度下降以后冷凝成液体而流入蒸馏筒底部导流凹槽，汇聚在底部通过流口流出后从外部收集。该蒸馏器是一种提供了加热、蒸发、冷凝、收集四个过程的蒸馏生产设备，说明我国在汉代已有相当完善的青铜蒸馏器，并且掌握了较为成熟的蒸馏技术。在蒸馏过程中，甑桶内的糟醅发生着一系列极其复杂的理化变化，酒、气进行激烈的热交换，起着蒸发、浓缩、分离的作用。固态发酵酒醅中成分相当复杂，除含水和酒精外，酸、酯、醇、醛、酮等芳香成分众多，沸点相差悬殊。通过独特的甑桶蒸馏，使酒精成分得到浓缩，并馏出微量芳香组分。因为采用甑桶蒸馏，让我国蒸馏酒具有了独特的香和味，亦使我国白酒在世界酒林中独树一帜，充分显示了我国白酒的独特和酿酒技艺的源远流长，是中华民族珍贵的遗产。

此外，蒸馏广泛应用于石油炼制（如常压、减压蒸馏）、石油化工（如各种烃类及其衍生物的分离）、炼焦化工（如焦油分离）、基本有机合成、精细有机合成、高聚物工业、基本化工（如空气液化分离)及轻化工生产中。

对于均相液体混合物,在一定压力下,混合物中沸点低的组分容易挥发,称为易挥发组分或轻组分,而沸点高的组分难挥发,称为难挥发组分或重组分。在一定温度下,混合液中饱和蒸气压高的组分容易挥发,饱和蒸气压低的组分难挥发。

蒸馏有多种操作方式,若按蒸馏过程中有无液体回流,可分为有回流蒸馏和无回流蒸馏两种。有回流的蒸馏是把蒸馏出的馏出液一部分送回蒸馏设备,使产品纯度更高,这种蒸馏方式称为精馏(rectification)。精馏又有连续精馏和间歇精馏两种操作方式。无回流的蒸馏包括简单蒸馏(间歇操作)和平衡蒸馏(连续操作)两种类型。

根据蒸馏操作压力不同可以将蒸馏分为常压蒸馏、减压蒸馏和加压蒸馏。一般混合液多采用常压蒸馏。许多有机化合物溶液在常压下沸点较高,容易分解,可采用减压蒸馏操作方式使沸点降低加以分离。许多烃类等有机化合物的沸点在常压下较低,为了能够在常压下采用蒸馏手段进行分离,可对体系加压,以提高其沸点,该种蒸馏方式称为加压蒸馏。

按混合体系中组分的多少还可将精馏分为二组分精馏和多组分精馏。本章主要介绍二组分理想物系的气液相平衡关系及其相图表示、精馏原理及精馏过程分析,二组分连续精馏的计算及其在实际生产中的应用,并对常用精馏塔的结构特征及其操作进行简单介绍。

6.1 精馏原理

6.1.1 拉乌尔定律

在密闭容器内,一定温度下,纯组分液体的气、液两相达到平衡状态时的压力称为饱和蒸气压,简称蒸气压。一般来说,某一纯组分液体的饱和蒸气压只是温度的函数,随温度的升高而增大。在相同温度下,不同液体的饱和蒸气压不同。液体的挥发性越大,其蒸气压就越大。同理,液体混合物在一定温度下也具有一定的蒸气压,其中各组分的蒸气压与其单独存在时的蒸气压不同。对于二元组分的混合溶液,由于B组分的存在,使A组分在气相中的蒸气分压比其纯态下的饱和蒸气压要小。

对于一定组成的稀溶液,在一定温度下气、液两相达到平衡时,溶液上方某组分A在气相中的饱和蒸气分压p_A与其在液相中的组成x_A(摩尔分数)成正比,即有

$$p_A = p_A^* \cdot x_A \tag{6.1}$$

式中,p_A^*为组分A在同温度下的饱和蒸气压。这是拉乌尔根据实验发现的规律,称为拉乌尔(Raoult)定律。

对于大多数溶液来说,拉乌尔定律只有在浓度很低时才适用。因为对稀溶液而言,溶液中溶质分子很少,溶液中几乎都是溶剂分子,其状态与纯溶剂时的情况几乎相同。溶剂分子所受的作用力并未因为少量溶质分子的存在而改变,它从溶液中逸出能力的大小并未受太

大影响。只是由于溶质分子的存在使溶剂分子的浓度减少了，所以溶液中溶剂的蒸气分压相对纯溶剂的饱和蒸气压就打了一个折扣，其折扣大小就是溶剂在溶液中的组成(摩尔分数)。

对大多数浓溶液来说，拉乌尔定律都不适用。但也有实验发现，由性质极其相近的物质组成的溶液(如苯-甲苯、正己烷-正庚烷、甲醇、乙醇等)在全部浓度范围内拉乌尔定律都适用。这是因为它们的微观特征在分子结构及分子大小上都非常接近，分子间的相互作用力几乎相等。例如，甲苯分子的存在对苯分子的挥发能力几乎没有影响，这就同稀溶液中的溶剂分子类似，其蒸气分压符合拉乌尔定律。

在全部浓度范围内都符合拉乌尔定律的溶液称为理想溶液，理想溶液的微观特征在宏观上则表现为各组分混合成溶液时都不产生热效应和体积变化。对理想的二元混合体系 A-B (A为易挥发组分，也称为轻组分；B为难挥发组分，也称为重组分)而言，溶液中两个组分的蒸气分压都可以用拉乌尔定律表示，若体系总压为 p，且 $p=p_A+p_B$，在组分 A 与组分 B 的沸点范围内，则有

$$p_A = p_A^* \cdot x_A$$

$$p_B = p_B^* \cdot x_B = p_B^* \cdot (1-x_A)$$

体系总压为

$$p = p_A + p_B = p_A^* x_A + p_B^*(1-x_A)$$

整理得

$$x_A = \frac{p-p_B^*}{p_A^*-p_B^*} \tag{6.2}$$

根据道尔顿分压定律，可得

$$y_A = \frac{p_A^* x_A}{p} = \frac{p_A^*}{p} \cdot \frac{p-p_B^*}{p_A^*-p_B^*} \tag{6.3}$$

式中，x_A、y_A分别为液相和气相中组分 A 的摩尔分数；p_A^*、p_B^* 分别为组分 A、B 的饱和蒸气压。

6.1.2 理想溶液的气液相平衡

体系组分间挥发性的差异是精馏的依据，常用气液平衡关系来表达。表示气液平衡关系的有 $t-x-y$ 相图和 $x-y$ 相图。$t-x-y$ 相图也称为温度-组成图，常用气液相平衡器测定恒压下气液相平衡数据绘制而成，它是溶液的泡点或蒸气的露点 t 对溶液组成 x 和蒸气组成 y 间的关系图，能比较明确地说明蒸馏的原理。$x-y$ 相图是溶液的组成 x 对蒸气组成 y 的关系图，比较简便，对工程计算有实用价值。

在 101.325 kPa 下，苯和甲苯在不同温度下纯组分的蒸气压数据如表 6.1 所示，利用式(6.2)和式(6.3)可计算出相应温度下苯和甲苯在气、液两相中的平衡数据(摩尔分数)，可绘制出苯-甲苯体系的 $t-x-y$ 相图，如图 6.1 所示。

表 6.1　苯和甲苯在不同温度下的饱和蒸气压及苯-甲苯体系气液平衡数据(x、y 为摩尔分数)

t(℃)	p_A^*(苯)(kPa)	p_B^*(甲苯)(kPa)	x_A	y_A
80.1	101.3	39.3	1.00	1.00
84.0	113.6	44.4	0.823	0.923
88.0	127.6	50.6	0.659	0.830
92.0	143.7	57.6	0.508	0.721
96.0	160.5	65.7	0.376	0.596
100.0	179.2	74.5	0.256	0.453
104.0	199.3	83.3	0.155	0.304
108.0	221.2	93.9	0.058	0.128
110.8	233.0	101.3	0	0

图 6.1 中,A 与 B 两点分别为苯与甲苯的沸点,不同组成的苯-甲苯混合物,其平衡温度在这两个纯组分的沸点之间。上边一条曲线为气相组成 y 与平衡温度 t 的关系曲线,称为气相线(或露点线),气相线上方区域为气相区;下边一条曲线为液相组成 x 与平衡温度 t 的关系曲线,称为液相线(或泡点线),液相线以下区域称为液相区;两条平衡线之间的区域为气液共存区。

若将图 6.1 中 C 点的液体混合物恒压下加热,加热到 D 点(对应温度为 t_1)时,溶液开始沸腾起泡(气泡组成为 y_1),温度 t_1 称为溶液 D 的泡点(bubble point)。由此可以看出液相线表示了溶液组成与泡点的关系,故称为泡点线。类似地,若把 G 点的蒸气进行恒压冷却,冷却到 F 点(对应温度为 t_2)时,气相开始冷凝而析出液体(析出的液体组成为 x_2),温度 t_2 称为蒸气 F 的露点(dew point),气相线表示了蒸气的组成与露点的关系,故称为露点线。当体系温度达到 t 时,混合体系处于气液共存区 E 点(组成为 x_0),此时体系分成互成平衡

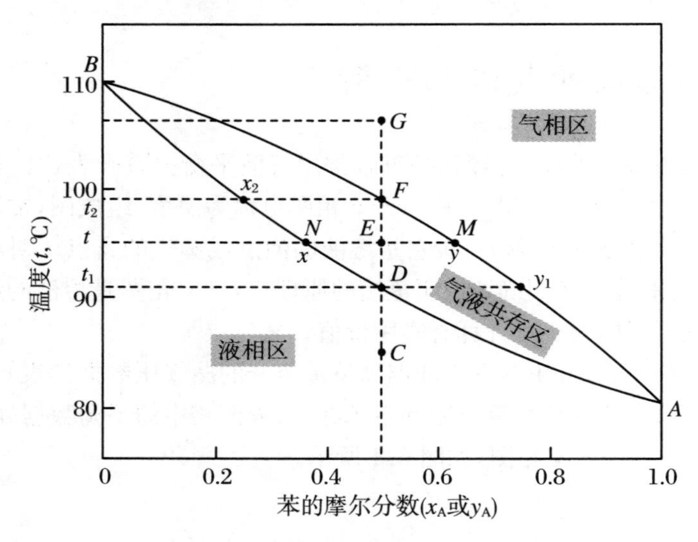

图 6.1　苯-甲苯体系的 $t-x-y$ 相图

的气、液两相，即组成为 x 的液相 N 和组成为 y 的气相 M，且 $y>x$，这是蒸馏原理的基础。根据杠杆定律及气液相组成，可以计算出相应的液相量与气相量比值的大小。

蒸馏主要是处理蒸气、液体间平衡及其相互变化的操作，只有当需要计算换热时才用到温度参数。为方便起见，工程上常选用简单的 $x-y$ 相图代替 $t-x-y$ 相图以适应工程计算的需要。

$x-y$ 相图是分别以液相和气相中易挥发组分的摩尔分数为横坐标和纵坐标作出的，两端点分别代表两种纯的组分。$t-x-y$ 相图中的液相线和气相线在 $x-y$ 相图中合并成一条平衡线，表示在不同温度下互成平衡的气、液两相组成 y 与 x 的关系。对于理想溶液，气相组成恒大于液相组成，故 $x-y$ 相图中的平衡线位于对角线上方，且平衡线离对角线越远，混合液就越容易分离。

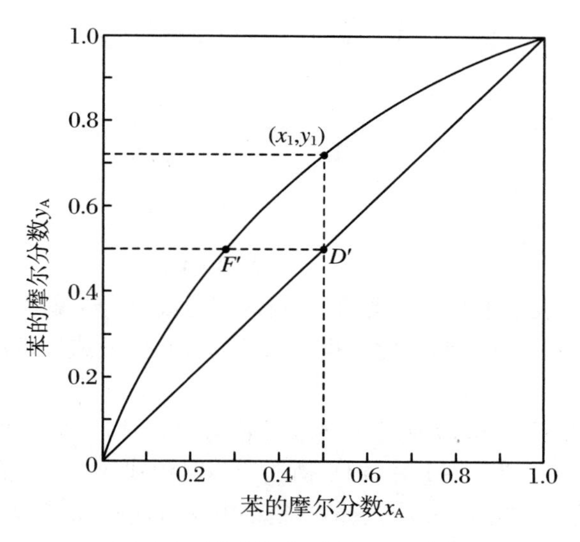

图 6.2　苯-甲苯体系的 $x-y$ 相图

6.1.3　相对挥发度与气液平衡方程

挥发度(volatility，v)是用来表示物质挥发能力大小的物理量，其定义为：$v_A=\dfrac{p_A}{x_A}$。对纯组分液体来说，其饱和蒸气压能反映其挥发能力。理想溶液中各组分的挥发能力因不受其他组分存在的影响，仍可用各组分纯态时的饱和蒸气压表示，即挥发度等于饱和蒸气压 p^*，对理想二元组分 A 和 B 则分别表示如下：

$$v_A = p_A^*,\quad v_B = p_B^*$$

将溶液中易挥发组分的挥发度与难挥发组分的挥发度之比，称为相对挥发度，以 α_{AB} 或 α 表示。它表示气相中两组分的摩尔分数比为与之成平衡的液相中两组分摩尔分数比的 α 倍。对于理想溶液，体系服从拉乌尔定律时，相对挥发度 α_{AB} 的定义为

$$\alpha_{AB} = \frac{v_A}{v_B} = \frac{\dfrac{p_A}{x_A}}{\dfrac{p_B}{x_B}} \tag{6.4}$$

此时，根据理想二元溶液的拉乌尔定律，$p_A = p_A^*$，$p_B = p_B^*$，则相对挥发度 α_{AB} 为

$$\alpha_{AB} = \frac{p_A^*}{p_B^*} \tag{6.5}$$

p_A^* 和 p_B^* 随温度升高而显著增大，但对理想体系，两者的比值变化不大，即相对挥发度 α 可认为接近于一常数。属于这类体系的有沸点相差不大的烃类同系物和某些体系，如四氯化碳-苯、苯-二氯乙烷、氧-氮等。对非理想体系，随着温度的变化，挥发度有相当的变化。

根据道尔顿分压定律和拉乌尔定律，对理想二元混合溶液，有

$$\frac{y_A}{y_B} = \frac{p_A}{p_B} = \frac{p_A^* x_A}{p_B^* x_B} = \alpha \frac{x_A}{x_B} \tag{6.6}$$

对于理想二元组分，式(6.6)可以改写成

$$\frac{y_A}{1 - y_A} = \alpha \frac{x_A}{1 - x_A}$$

整理可得

$$y_A = \frac{\alpha x_A}{1 + (\alpha - 1) x_A} \tag{6.7}$$

或

$$x_A = \frac{y_A}{\alpha - (\alpha - 1) y_A} \tag{6.8}$$

式(6.7)和式(6.8)表示了互成平衡的气、液两相组成 y 与 x 的关系，称为理想溶液的气液相平衡方程。当 α 值已知时，利用此方程可以计算理想溶液或接近理想溶液的蒸气-液体平衡关系。

根据气液相平衡方程式(6.7)或式(6.8)，当 α 为常数时，一个 α 值能画出一条 $x - y$ 相平衡曲线，如图 6.3 所示。当 $\alpha = 1$ 时，相平衡曲线与对角线 $y = x$ 重合，如有机化合物的旋光异构体，体系中的组分不能用一般的蒸馏或精馏方法分离；α 值越大，$x - y$ 相平衡曲线越远离对角线，与同一 x 值对应的 y 值就越大，表明两组分越容易分离。

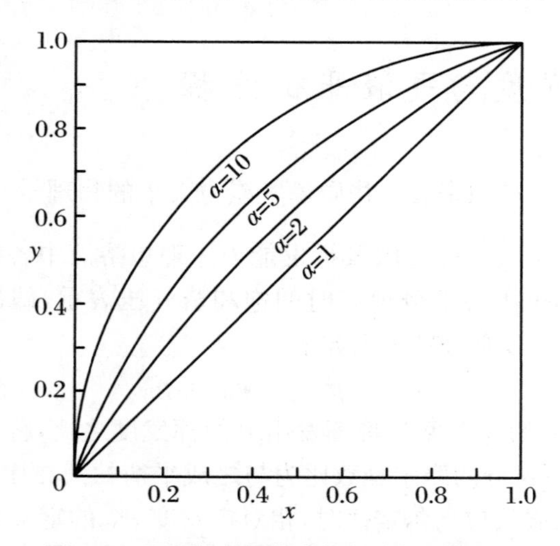

图 6.3　不同相对挥发度的气液相平衡曲线

6.1.4　非理想的两组分互溶体系

非理想溶液中各组分的蒸气压不服从拉乌尔定律，与理想溶液比较总有偏差。常见的对拉乌尔定律发生的偏差有正偏差和负偏差两大类，如图 6.4 所示。溶液中各组分间相互作用越大，发生的偏差也越大。实际溶液中，正偏差的溶液比负偏差者多。

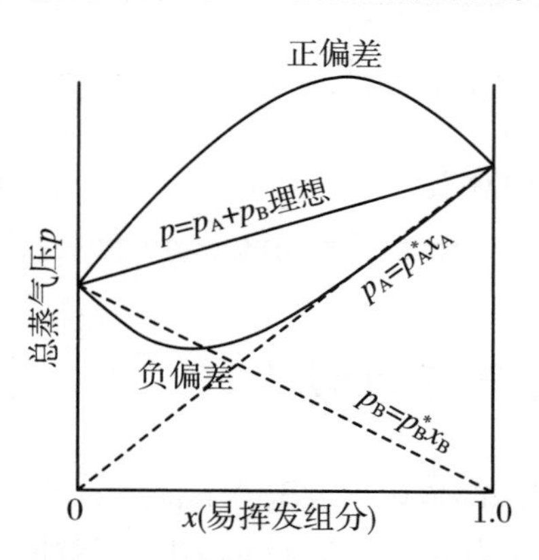

图 6.4　非理想混合体系的 $p-x$ 图

实际溶液中，溶液中相异分子间的排斥力大于相同分子间的排斥力时，实际溶液比相同组成的理想溶液在相同条件下具有较高的蒸气压，此时混合体系对拉乌尔定律产生正偏差，例如甲醇-水体系；在特殊条件下出现最低恒沸点，如乙醇-水体系（图 6.5）。具有最低恒沸点的二元混合体系还有乙醇-苯体系、乙醇-乙酸乙酯体系、丙醇-水体系、水-丁醇体系、水-丙酸体系、戊醇-乙酸戊酯体系等。

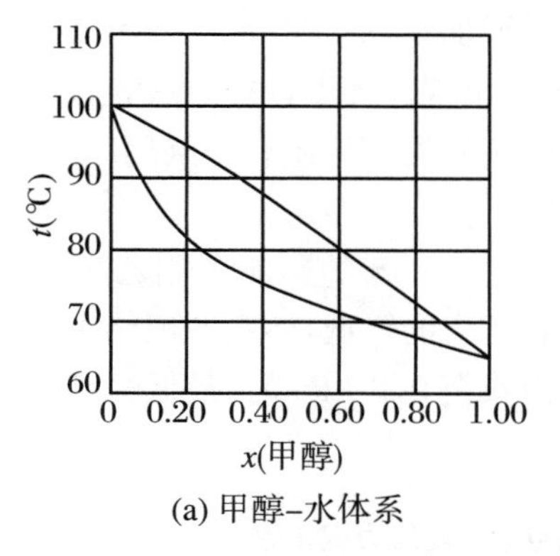

(a) 甲醇-水体系

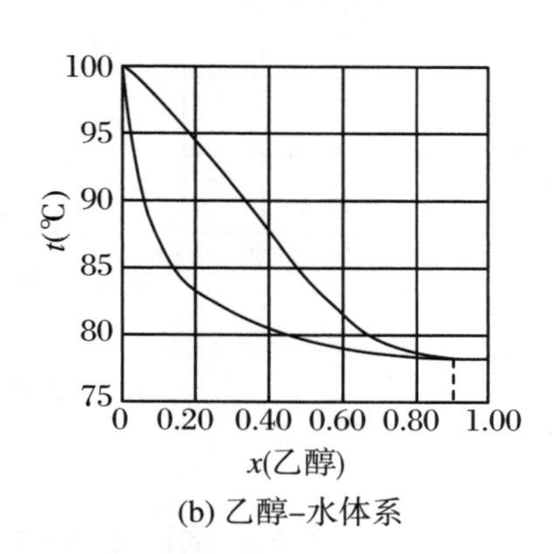

(b) 乙醇-水体系

图 6.5　对拉乌尔定律有正偏差的二元混合体系

实际溶液中，当溶液中相异分子间的吸引力大于相同分子间的吸引力时，实际溶液比相同组成的理想溶液在相同条件下具有较低的蒸气压，例如二硫化碳-四氯化碳体系；在特殊条件下出现最高恒沸点，如硝酸-水体系（图 6.6）。具有最高恒沸点的二元互溶体系还有水-硫酸体系、氯化氢-水体系、溴化氢-水体系、水-过氯酸体系、丙酮-氯仿体系等。

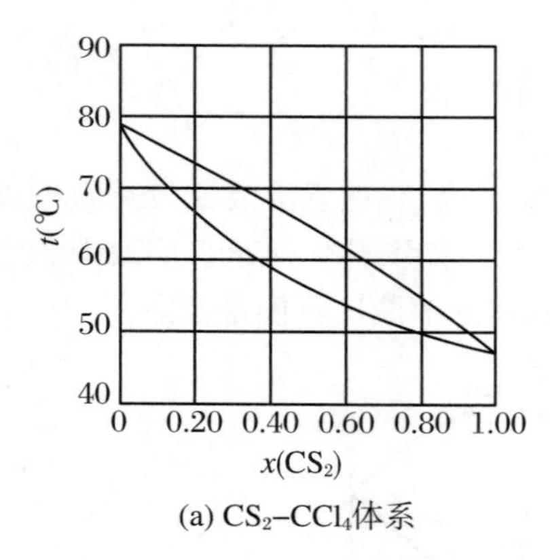

(a) CS_2–CCl_4体系

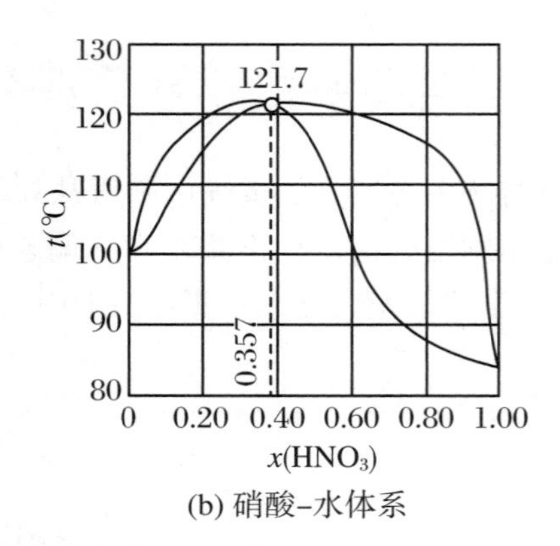

(b) 硝酸–水体系

图 6.6 对拉乌尔定律有负偏差的二元混合体系

6.1.5 压力对气液平衡的影响

$t-x-y$ 相图和 $x-y$ 相图都是在指定压力下得到的，体系的压力变化不大时，蒸气、液体间的平衡组成受影响不大（压力变化 20%～30%时，相对挥发度 α 的值变化不大于 2%）。但溶液的泡点和蒸气的露点有明显变化，即 $t-x-y$ 相图的图形有较大变化，$x-y$ 相图的图形变化不大。

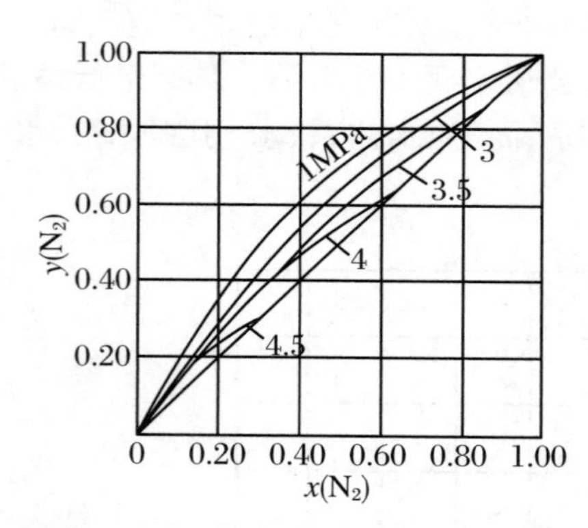

图 6.7 压力对氮-氧体系平衡的影响

当体系的压力有显著变化时，蒸气-液体平衡关系受到很大的影响。一般来说，压力降低，体系的相对挥发度增大，压力增大则使体系的相对挥发度降低。

例如，压力对氮-氧体系的影响如图 6.7 所示，当体系的压力增加到 3.5 MPa（约 34.5 个标准大气压）以上时，体系出现恒沸点，恒沸点的组成随压力变化而转移。属于这种类型的还有二氧化碳-二氧化硫、乙烷-丁烷体系等。

减压对气液平衡的影响可用乙醇-水体系为例来说明。随着压力的降低，体系的恒沸点组成逐渐变化，体系的压力减至 9.8 kPa 时，最低恒沸点消失，具体数据如表 6.2 所示。

表 6.2 乙醇-水体系恒沸点组成随压力变化数据

系统压力(kPa)	193.4	101.3	26.4	12.7	9.3
恒沸液中 x(水)	0.113	0.106	0.067	0.013	0

减压蒸馏对物系的沸点也有一定影响，如图 6.8 所示。对不同相对分子质量的烷烃来说，体系的沸点随压力的降低而降低，当压力降到一定程度时，沸点出现急剧降低；且物质的相对分子质量越大，相同的减压所引起的沸点降低值也越大，例如压力从 101.3 kPa 降低至 6.67 kPa 时，相对分子质量 200 的煤油馏分的沸点降低 100 ℃，而相对分子质量 400 的重柴

油馏分的沸点则降低 191 ℃。

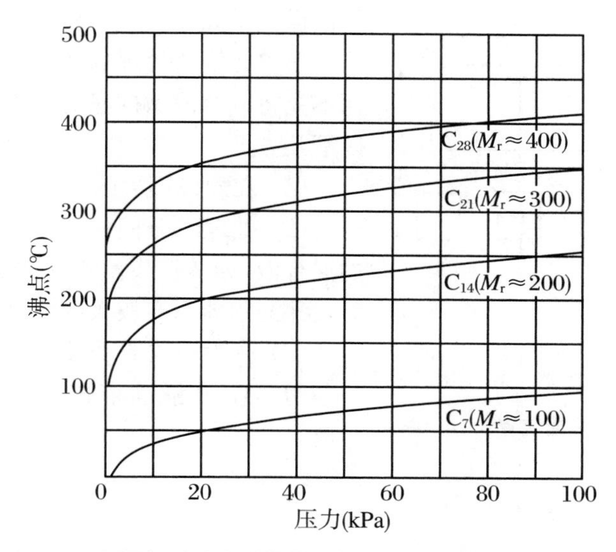

图 6.8　不同相对分子质量的正烷烃的沸点随压力变化曲线

因此，减压蒸馏既可以在多数情况下提高体系的相对挥发度，甚至使原有的恒沸点消失，又可以降低体系的沸点，有利于低压水蒸气或废热利用。但减压蒸馏因在较低压力下进行，因而设备复杂，技术要求高，操作费用大。在炼油工业中，为获得良好效果并使操作经济，有时使减压蒸馏和水蒸气蒸馏同时进行。

6.2　简单蒸馏

6.2.1　简单蒸馏的操作和应用

中国白酒生产中，将酒及其伴生的香味成分从固态发酵酒醅或液态发酵醪中分离浓缩，得到白酒所需要的含众多微量香味成分及酒精的单元操作称为节(或称为蒸馏)，它属于简单蒸馏。简单蒸馏是间歇操作过程，混合液加入蒸馏釜后，根据分离要求将蒸馏釜中混合液在恒压下加热至沸腾，使混合液在加热釜中不断气化，产生的蒸气进入冷凝器，釜内液体不断气化，蒸气被冷却到一定温度的馏出液可按不同组成范围导入产品储槽中。由于 $y>x$，馏出液易挥发组分较多，因而釜内溶液易挥发组分的含量将随时间的延续而逐渐降低，而釜液沸点逐渐升高，当釜中液相浓度下降到规定要求时，即停止操作；将釜中残液排出后，再加新混合液于釜中进行蒸馏，如图 6.9 所示。

简单蒸馏可以在常压下，也可以在减压下进行操作。其特点是溶液受热生产的蒸气立即从蒸馏釜中引出冷凝，在引出的瞬间，蒸气、液体间存在平衡关系。过程进行中，蒸气-液体组成及温度都随时间而变化，馏出液的平均组成与原始溶液和馏残液间只存在物料衡算

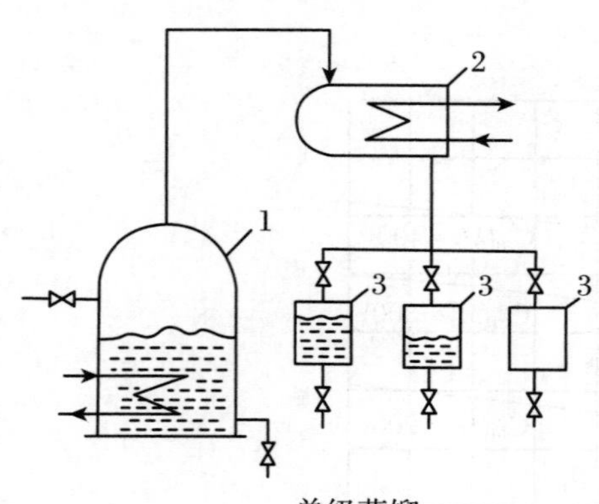

单级蒸馏
1—加热釜；2—冷凝器；3—储槽

图 6.9 简单蒸馏装置

关系，不存在直接的相平衡间的联系。简单蒸馏在精馏操作中只相当于一块理论塔板的作用。

简单蒸馏所处理的物料组分都具有挥发性，因而不能将混合液做彻底的分离，其主要应用体现在以下几方面：

(1) 在规模不大的工厂做不精密的分离。

(2) 处理组分间相对挥发度很大且容易分离的混合液，如蒸馏发酵液生产饮用酒，在中等浓度时，乙醇-水体系有较大的相对挥发度。

(3) 作为回收的手段，如废溶剂的再生。

(4) 作为精馏前的预处理，如煤焦油的粗分离。

6.2.2 简单蒸馏的计算

根据简单蒸馏的特点，其计算理论依据为物料衡算和瞬间的蒸气-液体平衡关系。

在蒸馏过程中的任一瞬间，物料衡算关系为

易挥发组分总量 = 馏出液中易挥发组分的量 + 馏残液中易挥发组分的量

即

$$nx = (n - \mathrm{d}n)(x - \mathrm{d}x) + y\mathrm{d}n \tag{6.9}$$

式中，n 为瞬时蒸馏釜中混合液的物质的量，单位 mol；x 为混合液中易挥发组分的摩尔分数；$\mathrm{d}n$ 为瞬间馏出的物质的量，单位 mol；$\mathrm{d}x$ 为蒸馏瞬间混合液中易挥发组分的摩尔分数变化量；y 为瞬间馏出液中易挥发组分的摩尔分数。

展开式(6.9)，其中 $\mathrm{d}n \cdot \mathrm{d}x$ 为二阶无穷小，可予以忽略，整理得

$$\frac{\mathrm{d}n}{n} = \frac{\mathrm{d}x}{y - x} \tag{6.10}$$

当混合液的物质的量从 $n(F)$变为 $n(W)$时，相应组成从x_f变为x_w，此时对式(6.10)进行积分，可得

$$\ln\frac{n(F)}{n(W)} = \int_{x_\mathrm{w}}^{x_\mathrm{f}} \frac{\mathrm{d}x}{y - x} \tag{6.11}$$

式中，$n(F)$为蒸馏釜中初始混合液的物质的量，单位 mol；$n(W)$为蒸馏结束时釜中残留混合液的物质的量，单位 mol；x_f、x_w分别为初始和残留混合液中易挥发组分的摩尔分数。

上式需用图解积分法求算。在x_w至x_f范围内，由各 x 值从平衡线求得相应的y 值后，以 x 对$\dfrac{1}{y-x}$作图，从曲线下的面积可求得$\dfrac{n(F)}{n(W)}$的值。

当溶液接近理想溶液时，根据气液平衡方程式(6.7)，对式(6.11)进行定积分，可得

$$\ln\frac{n(F)}{n(W)} = \frac{1}{\alpha - 1}\ln\left[\frac{x_\mathrm{f}(1 - x_\mathrm{w})}{x_\mathrm{w}(1 - x_\mathrm{f})}\right] + \ln\frac{(1 - x_\mathrm{w})}{1 - x_\mathrm{f}} \tag{6.12}$$

或

$$\ln\frac{n(F)}{n(W)} = \frac{1}{\alpha - 1}\ln\frac{x_\mathrm{f}}{x_\mathrm{w}} + \alpha\ln\frac{(1 - x_\mathrm{w})}{1 - x_\mathrm{f}} \tag{6.13}$$

此时，馏出液的组成x_d可由总物料衡算求得：

$$x_d = \frac{n(F)x_f - n(W)x_w}{n(F) - n(W)} \tag{6.14}$$

例 6.1 质量分数与摩尔分数的相互换算：(1) 甲醇-水溶液中，甲醇(CH_3OH)的摩尔分数为0.45，试求其质量分数。(2) 苯-甲苯混合液中，苯的质量分数为0.21，试求其摩尔分数。

解 因蒸馏的蒸气-液体平衡数据常用摩尔分数表示，运算时应统一单位，故应根据运算要求加以换算。质量分数 w 和摩尔分数 x 之间的换算关系式为

$$x_A = \frac{\dfrac{w_A}{M_A}}{\dfrac{w_A}{M_A} + \dfrac{w_B}{M_B}} = \frac{\dfrac{w_A}{M_A}}{\dfrac{w_A}{M_A} + \dfrac{1 - w_A}{M_B}}$$

$$w_A = \frac{x_A M_A}{x_A M_A + x_B M_B} = \frac{x_A M_A}{x_A M_A + (1 - x_A) M_B}$$

(1) 甲醇-水溶液：

$$w_A = \frac{x_A M_A}{x_A M_A + (1 - x_A) M_B} = \frac{0.45 \times 32}{0.45 \times 32 + (1 - 0.45) \times 18} = 0.593$$

(2) 苯-甲苯混合液：

$$x_A = \frac{\dfrac{w_A}{M_A}}{\dfrac{w_A}{M_A} + \dfrac{1 - w_A}{M_B}} = \frac{\dfrac{0.21}{78}}{\dfrac{0.21}{78} + \dfrac{1 - 0.21}{92}} = 0.239$$

6.3 连续精馏

根据 $t-x-y$ 相图分析可知，理想二组分混合液体利用多次部分气化和多次部分冷凝，可将挥发性的混合液分离而得到纯的或接近于纯的组分，这种经历多次部分气化和部分冷凝过程的操作称为精馏。精馏是耗能大的分离过程，过程中要求尽可能地节约能量，并采用紧凑有效的设备和简便易行的操作程序。

6.3.1 精馏的依据

(1) 理论依据：根据 $t-x-y$ 相图分析，理想二元混合溶液进行多次部分气化和多次部分冷凝，可以将混合液分离成为纯的或接近于纯的组分。因此，若在同一设备中使部分气化和部分冷凝同时发生，则可以更有效地将混合物分离并得到高的分离效率。

(2) 从 $t-x-y$ 相图可以看出，除纯组分外，同成分蒸气的露点温度比同成分溶液泡点温度要高，即 $t-x-y$ 相图中的气相线在液相线的上方。因此，有可能这样进行精馏：使混合液加热所产生的蒸气与其组成相同或接近的溶液相接触，根据传热时热量从高温物体向低温物体传递的原理，蒸气会将热量部分传递给与之接触的液体，并且蒸气被部分冷凝，而

液体由于吸收了部分热量则发生部分气化，因此在蒸气、液体间发生热量传递的同时，进行了质量传递，从而新生成的气相中更富集易挥发组分，新生成的溶液中更富集难挥发组分。

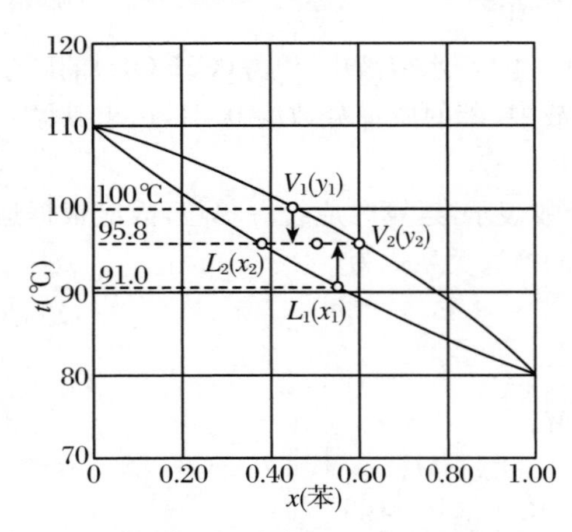

图 6.10　气液接触时的部分气化和部分冷凝过程

以苯-甲苯体系为例，如图 6.10 所示，将温度为 100 ℃、组成为 $y_1 = 0.45$（苯的摩尔分数，下同）的蒸气 V_1 与温度为 91 ℃、组成为 $x_1 = 0.55$ 的溶液 L_1 进行逆向接触，由于蒸气温度高于溶液温度，接触过程中气液体系会同时发生热量传递和质量传递，达到平衡时，蒸气和溶液温度趋于一致（≈95.8 ℃），由于蒸气的部分冷凝和溶液的部分气化，重新得到一个组成为 $y_2 = 0.613$ 的蒸气 V_2 和组成为 $x_2 = 0.387$ 的溶液 L_2。显然 $y_2 > y_1$，且 $x_2 < x_1$，即组分蒸气中富集易挥发组分，溶液中富集难挥发组分。若气体 V_2 和溶液 L_2 能分别地继续进行类似的部分冷凝和部分气化，多次后初始溶液将得到很好的分离。

(3) 精馏所处理的常是沸点相差不大的组分所组成的溶液，各组分的摩尔气化热也相差不大。即当有 1 mol 含难挥发组分较多的蒸气被冷凝时，也将有接近于 1 mol 含易挥发组分较多的溶液被气化。在每次传热和传质完成后，蒸气和溶液的组成会发生明显的变化，但总的物质的量并没有发生变化，这也就为多次进行这样的部分气化和部分冷凝创造了热量充分利用的有利条件。表 6.3 中给出了常压下一些常见物质的摩尔气化热数据。

表 6.3　常压下一些常见物质的摩尔气化热

物质	沸点(℃)	摩尔气化热(kJ · mol^{-1})	物质	沸点(℃)	摩尔气化热(kJ · mol^{-1})
丙烷	−42.2	18.79	苯	80.1	30.77
丁烷	−0.5	23.53	甲苯	110.8	37.74
戊烷	36.1	35.58	邻二甲苯	144.4	36.80
己烷	68.7	28.87	间二甲苯	139.1	36.40
庚烷	98.4	31.71	对二甲苯	138.4	36.09
辛烷	125.7	36.58	苯乙烯	145.2	36.61
水	100	40.69	萘	128.2	40.22
甲醇	64.7	35.28	乙醛	20.2	25.27
乙醇	78.3	38.96	乙醚	34.6	27.00
甲酸	100.7	22.74	三氯甲烷	61.2	30.29
乙酸	118.1	24.38	四氯化碳	76.8	30.01

6.3.2 精馏塔的操作

1. 精馏塔中物相组成的变化

实际生产中，精馏是在精馏塔中进行的。精馏塔有填料塔和板式塔两种。填料塔中物相的组成随塔高而均衡地变化；板式塔中，物相沿塔的各层塔板呈阶梯式变化。生产中在选用塔设备时，塔径1米以上时常选用板式塔。以下就板式塔来分析精馏过程中物系组成在塔中的变化情况。

在板式塔中安装有多层塔板，塔板不是实心的（如筛板塔），蒸气鼓泡（或喷射）通过塔板上的液层而进行换热传质。如图6.11所示，在精馏塔内任取相邻三块塔板，从上往下分别为第 $n-1$ 块板、第 n 块板、第 $n+1$ 块板。从上层塔板流下来的组成为 x_{n-1} 的液体与从下层塔板上升的组成为 y_{n+1} 的蒸气在第 n 块板上逆向接触，且 $y_{n+1} \approx x_{n-1}$，因气相温度高于液相温度，蒸气、液体间存在温差，两相接触时发生热量传递，气相发生部分冷凝，把热量传递给液相，使液相发生部分气化。换热传质的结果是蒸气、液体温度趋于一致，且难挥发组分从气相向液相传递，而易挥发组分从液相向气相传递，则新生成的气相中比下层上来的蒸气更富含易挥发组分（即 $y_n > y_{n+1}$），升至上一层；新生成的液相中比上层流下来的溶液更富含难挥发组分（即 $x_n < x_{n-1}$），导至下一层。流往上、下各层的蒸气和液体分别再在各层中与其相邻上、下层来的液体和蒸气接触，并发生换热传质。

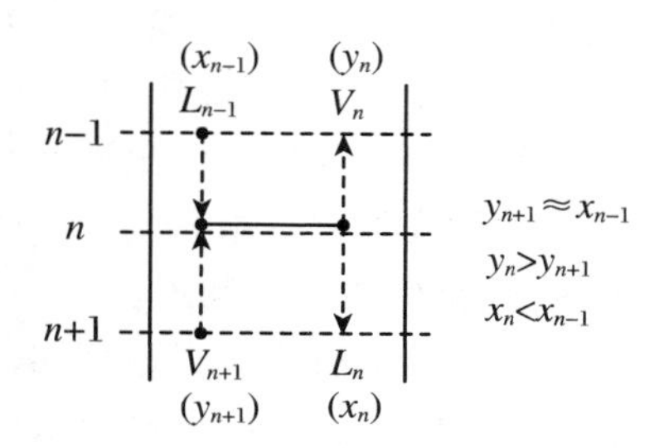

图6.11　相邻塔板上的换热传质

在理想情况下，如果气、液两相接触良好，且接触时间足够长，则离开第 n 块板的气、液两相可能达到平衡，使得气相组成 y_n 与液相组成 x_n 互成平衡关系，这种使气、液两相达到平衡状态的塔板称为一块理论板（theoretical plate）。

实际情况是，气、液两相在塔板上的接触时间有限，接触不够充分，在未达到平衡状态之前就离开了塔板。因此，易挥发组分从液相向气相传递的物质的量以及难挥发组分从气相向液相传递的物质的量都要比平衡状态时传递的量少。也就是说，实际塔板的分离程度要比理论塔板小，但理论塔板可以作为衡量实际塔板分离程度的最高标准。

2. 精馏塔全塔操作情况

(1) 每层塔板上都发生部分气化和部分冷凝，各层塔板提供一定的气、液接触时间（或接触表面），使蒸气、液体两相发生传热和传质过程。

(2) 向上往塔顶方向，蒸气中易挥发组分越来越富集；向下往塔底方向，液体中难挥发组分越来越富集。

(3) 最上一层塔板的蒸气必须与其组成接近的液体相接触，因而塔顶必须从外界供应这种组成相近的液体，这可由塔顶蒸气部分冷凝或全冷凝后的冷凝液（即馏出液）引回一部分注入塔顶。被引回精馏塔的这部分馏出液称为回流。没有回流，塔内的部分气化和部分冷凝不能稳定持续进行，精馏目的无从实现。因此，提供回流是精馏的必要条件。

(4) 塔底应当提供蒸气，且蒸气的组成应与塔底馏残液组成相近，为此，应在塔底安装再沸器，使部分馏残液气化，提供与馏残液组成相近的蒸气。

(5) 进料的组成介于塔顶馏出液和塔底釜残液之间，因此，进料不应在塔顶或塔底，而是在塔中某一适宜的塔板上进料，这层塔板称为进料板或给料板。进料先加热，采用泡点进料，使进料液的组成与进料板上回流液的组成相近。

进料板以上的各层塔板上，上升蒸气中难挥发组分被馏出而使易挥发组分的含量都比进料中的含量要高，即进料液被精制，故称为精馏段(rectifying section)。进料板以下(包括进料板)的各层塔板上，上升气体提取了下降回流液中的易挥发组分，使下降液相中难挥发组分的含量都比进料中的含量要高，故称为提馏段(stripping section)。

同时具备精馏段和提馏段的精馏塔可以把进料液分离成基本是纯的易挥发组分和难挥发组分；只有精馏段的精馏塔只能把进料液分离成纯的易挥发组分和粗的馏残液，例如，从发酵液中提取乙醇，将煤焦油中的粗苯馏分分离成精苯和动力苯等；只有提馏段的精馏塔只能将进料液分离成粗的馏出液和纯的难挥发组分，如吸收液的解吸、稀硫酸的浓缩、二氯乙烷生产中脱去低沸点组分的低沸塔等。因此，精馏塔的结构需要根据工艺条件确定。

3. 精馏塔操作的回流比

根据前面的分析和讨论可知，精馏过程需要气、液两相逐板接触，气相进行多次部分冷凝，同时液相进行多次部分气化，使混合物中两组分在气、液两相之间进行换热传质，以达到两组分的分离。为此，塔顶需要提供液体回流，塔底需要提供上升蒸气，它们为塔板上气、液两相进行部分冷凝和部分气化(传热与传质)提供所需要的热量和冷量，这是保证精馏操作的必要条件。

通常把塔顶的液体回流称为回流，而再沸器中所产生的蒸气上升通常并不特意称其为回流，为了与塔顶的回流区别起见，而把再沸器中产生的蒸气上升称为气相回流。

塔顶生成的蒸气(V)中，经冷凝后一部分作为回流液(L)流回精馏塔，一部分作为馏出液(D)引出。回流液量与馏出液量之间的比值称为回流比(R)：

$$R = \frac{n(L)}{n(D)} \tag{6.15}$$

根据 $n(V)=n(L)+n(D)$，可得

$$n(V) = (R+1)\cdot n(D)$$

回流比对精馏效果的影响较大，在精馏塔中蒸气量一定的条件下，回流比越大，塔内回流液量相应的也越多，塔顶馏出液的量则越少。塔板上发生的是部分气化和部分冷凝，液体部分气化时首先生成的是易挥发组分含量较高的蒸气，回流液量越大，气化生成的蒸气中含易挥发组分也越多，相应地可以用较少的塔板数达到要求的分离纯度。

6.4　连续精馏理论塔板数的计算

连续精馏的计算对象主要是精馏塔的理论塔板数，理论塔板是气液接触、换热、传质达到平衡状态的塔板，也即达到理想传质条件的塔板。使上升蒸气变到与其在同一截面的回流液呈气液相平衡的过程，叫一个理论塔板的分离过程，同样，使回流液变到与其在同一截面的上升蒸气呈气液相平衡的过程，也是一个理论塔板的分离过程。为达到分离要求须经过这种由不平衡到平衡的分离过程的次数，叫理论塔板数。

6.4.1 计算的前提和理论基础

精馏塔理论塔板数的求算依据是同一层塔板上气液平衡关系和相邻两层塔板气液相之间的操作线关系，据此可通过逐板计算法获得理论塔板数。此外，比较简便而又能达到实用精确度的是用 $x-y$ 相图图解求算，即麦克凯勃-蒂勒（McCabe-Thiele）图解求算法；对于理想二元互溶体系，在泡点进料时，可用捷算法——芬斯克-吉利兰特（Fenske-Gilliland）估算法估算精馏所需的理论塔板数。

1. 计算的前提

精馏过程的影响因素较多，计算复杂。为使计算简化，引入恒摩尔流假设，这些假设的依据是进料中各组分的摩尔气化热相等，在很多情况下这种假设都接近于实际情况，其具体内容如下：

(1) 引入精馏塔中的进料液预先加热至泡点，温度与进料板上的温度相接近；塔身绝热，没有热损失。

(2) 依据各组分摩尔气化热相等的设定，各层塔板上气化和冷凝的物质的量均相等。

(3) 回流由塔顶全凝器供给，回流液的组成与产品相同，回流液的温度为溶液的泡点温度，从塔底上升的蒸气由再沸器供给热量产生。

(4) 精馏段：每层塔板上上升蒸气的摩尔流量都相等，即 $n(V_{n-1})=n(V_n)=n(V_{n+1})$；每层塔板下降液体的摩尔流量都相等，即 $n(L_{n-1})=n(L_n)=n(L_{n+1})$。

(5) 提馏段：每层塔板上升蒸气的摩尔流量都相等，等于精馏段中上升蒸气量；每层塔板下降液体的摩尔流量都相等，等于精馏段的回流液量与进液量之和。

2. 计算的理论基础

(1) 同一层塔板上的气、液两相组成服从气液平衡关系方程。

(2) 相邻两层塔板间气、液组成服从操作线方程。

(3) 全塔服从物料衡算关系。

6.4.2 精馏段操作线方程

操作线方程（operating line equation）给出的是精馏塔中相邻两层塔板之间，下层塔板的上升蒸气组成 y_n 与上层塔板下降液相组成 x_{n-1} 之间的关系式，可用于理论塔板数的计算。

操作线方程可根据物料衡算求得。在精馏段中，如图 6.12 所示，存在总物料衡算关系：

$$n(V)=n(L)+n(D)$$

同理，任意两层塔板（n 和 $n+1$）之间，易挥发组分也存在物料衡算关系：

$$n(V)y_{n+1}=n(L)x_n+n(D)x_d$$

式中，$n(V)$、$n(L)$、$n(D)$ 分别为精馏塔中上升蒸气的物质的量、回流液的物质的量和塔顶馏出液的物质的量，单位 mol · s^{-1}；y、x 分别为蒸气和液体的摩尔分数。

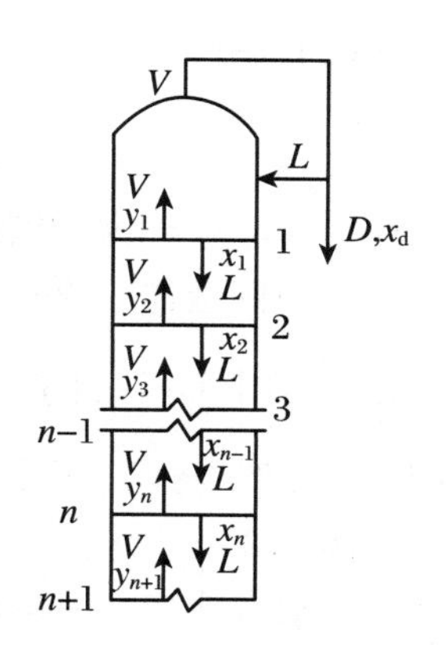

图 6.12 精馏段中的物料衡算

因回流比 $R=\frac{n(L)}{n(D)}$，整理上述两个物料衡算方程可得

$$y_{n+1}=\frac{R}{R+1}x_n+\frac{x_d}{R+1} \tag{6.16}$$

式(6.16)称为精馏段操作线方程，表示在精馏段中任意两层塔板之间上升蒸气组成y_{n+1}和下降回流液组成x_n之间的关系。在 $x-y$ 相图中精馏段操作线为一直线，斜率为$\frac{R}{R+1}$，截距为$\frac{x_d}{R+1}$。当$x_n=x_d$时，$y_{n+1}=x_d$，即精馏段操作线交 $y=x$ 于x_d处。

6.4.3 提馏段操作线方程

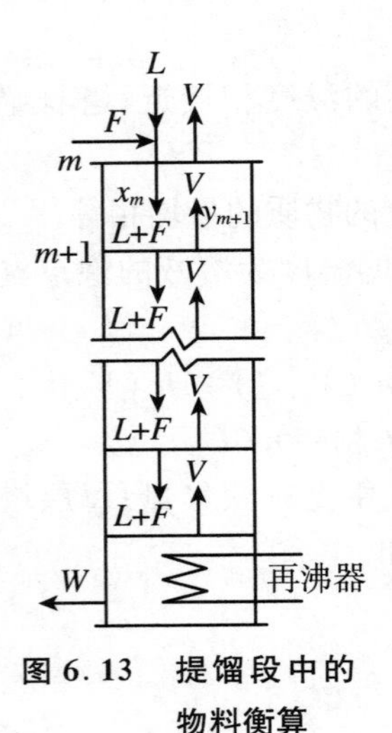

图 6.13 提馏段中的物料衡算

提馏段与精馏段在计算上的区别在于原料液在其泡点进入塔内，增大了提馏段的回流液量。如图 6.13 所示，提馏段的总物料衡算公式为

$$n(L)+n(F)=n(V)+n(W)$$

式中，$n(F)$、$n(W)$分别为进料的物质的量和馏残液的物质的量，单位 $mol\cdot s^{-1}$。

对提馏段任意两层塔板（m 和$m+1$）之间易挥发组分做物料衡算，有

$$[n(L)+n(F)]x_m=n(V)y_{m+1}+n(W)x_w$$

根据

$$n(V)=n(L)+n(D)$$

$$n(W)=n(F)-n(D)$$

$$R=\frac{n(L)}{n(D)}$$

设 f 为单位馏出液所需的进料量，即

$$f=\frac{n(F)}{n(D)}$$

联立以上各式，得

$$y_{m+1}=\frac{f+R}{R+1}x_m-\frac{f-1}{R+1}x_w \tag{6.17}$$

式(6.17)称为提馏段操作线方程，表示提馏段中任意相邻两层塔板之间上升蒸气组成y_{m+1}与下降液体组成x_m之间的关系。类似地，提馏段操作线在 $x-y$ 相图中为一直线，斜率为$\frac{f+R}{R+1}$，因 $f>1$，斜率>1，截距为$-\frac{f-1}{R+1}x_w$。与对角线($y=x$)相交于 $x=x_w$处，同时与精馏段操作线（将两方程并列求解）相交于 $x=x_f$处。

例 6.2 用一连续精馏装置在常压下分离含苯 41%（质量百分数，下同）的苯-甲苯溶液。要求塔顶产品中含苯不低于 97.5%，塔底产品中含甲苯不低于 98.2%，每小时处理的原料量为 8570 kg。操作回流比为 3。试计算：(1) 塔顶及塔底的产品量；(2) 精馏段上升蒸气量及回流液量。

解 计算各物料的摩尔分数：

$$x_f = \frac{\dfrac{41}{78}}{\dfrac{41}{78}+\dfrac{59}{92}} = 0.450$$

$$x_d = \frac{\dfrac{97.5}{78}}{\dfrac{97.5}{78}+\dfrac{2.5}{92}} = 0.979$$

$$x_w = \frac{\dfrac{1.8}{78}}{\dfrac{1.8}{78}+\dfrac{98.2}{92}} = 0.021$$

进料液的平均摩尔质量为

$$M_f = 0.450\times 78 + (1-0.450)\times 92 = 85.70(\text{kg}\cdot\text{kmol}^{-1})$$

则有

$$n(F) = \frac{8570}{85.70} = 100(\text{kmol}\cdot\text{h}^{-1})$$

根据总物料衡算和易挥发组分物料衡算，可得

$$n(F) = n(D) + n(W)$$

$$n(F)x_f = n(D)x_d + n(W)x_w$$

代入已知数据，得塔顶馏出液和塔底釜残液的量分别为

$$n(D) = 44.3(\text{kmol}\cdot\text{h}^{-1}),\quad n(W) = 55.7(\text{kmol}\cdot\text{h}^{-1})$$

精馏段上升蒸气量和下降回流液量分别为

$$n(L) = R\times n(D) = 132.9(\text{kmol}\cdot\text{h}^{-1})$$

$$n(V) = n(L) + n(D) = 177.2(\text{kmol}\cdot\text{h}^{-1})$$

6.4.4 精馏塔理论塔板数的求算

理论塔板是指蒸气与液体接触时，传质能达到蒸气-液体平衡的塔板，塔板上生成的蒸气和液体间存在平衡关系，即达到理想传质条件的塔板。所谓理论塔板数是指为达到分离要求须经过这种由不平衡到平衡的分离过程的次数，因此，利用精馏塔操作线和平衡线可求出理论塔板数。

理论塔板数的求算方法有三种，分别为：图解求算法，也称为麦克凯勃-蒂勒（McCabe-Thiele）法；逐板计算法；捷算法，也称为芬斯克-吉利兰特（Fenske-Gilliland）估算法。

1. 图解求算法

在 $x-y$ 相图上绘出相平衡曲线和两操作线后，就可以在操作线与平衡曲线之间绘制梯级，计算出一定分离要求所需的理论塔板数，称为图解法，它是由 McCabe 与 Thiele 提出的，常简称为 M-T 法。

如图 6.14 所示，从精馏段操作线与对角线的交点 D 开始，在精馏段操作线与平衡线之间，作水平线和垂直线，构成直角梯级。当直角梯级跨过精馏段操作线与提馏段操作线的交点 F 时，则改在提馏段操作线与平衡线之间作直角梯级，直至梯级的垂直线达到或跨过提馏

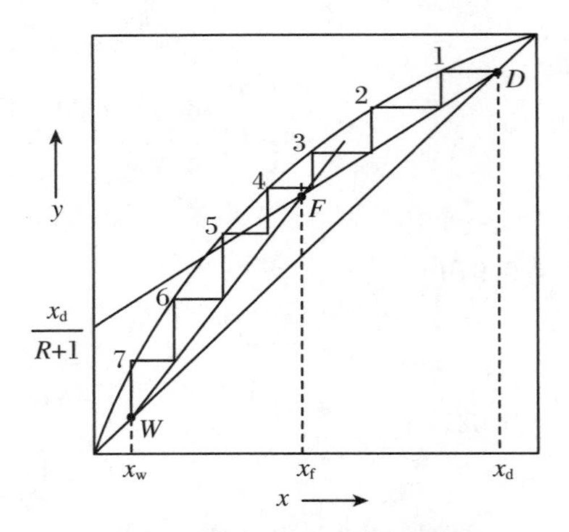

图 6.14　理论塔板数的图解求算法

段操作线与对角线的交点 W 为止。所绘的梯级数就是理论塔板数，跨过两操作线交点 F 的梯级为进料板，最后的梯级为再沸器。该图中总理论塔板数为 7，精馏段为 3，第 4 块板为进料板，从进料板开始为提馏段，其理论塔板数为 4（包括再沸器）。

几点说明：

（1）平衡曲线上各点代表离开该理论塔板的上升蒸气组成 y_n 与下降液体组成 x_n 之间的平衡关系。

（2）操作线上各点代表相邻两层理论塔板之间的上升蒸气组成 y_{n+1} 与下降液体组成 x_n 之间的操作线关系。

（3）每一梯级的水平线代表液体向下流经每一理论塔板，其组成由 x_n 下降至 x_{n+1}。

（4）每一梯级的垂直线代表蒸气向上流经每一理论塔板，其组成由 y_n 上升至 y_{n-1}。

由此，可得出图解求算理论塔板数的操作步骤为：

（1）根据工艺要求，已知进料液组成 x_f，确定塔顶馏出液的组成 x_d 和塔底馏残液的组成 x_w，并选定回流比 R。

（2）作出体系 $x-y$ 相图的平衡线和对角线，并在相图上确定工艺要求的 x_d、x_f、x_w 各点。

（3）在相图上作出操作线：根据精馏段操作线方程，其操作线与对角线相交于 $x=x_d$，与 y 轴相交于 $\frac{x_d}{R+1}$，连接这两点可得精馏段操作线；同理，根据提馏段操作线方程，其与对角线相交于 $x=x_w$，当泡点进料时，其与精馏段操作线相交于 $x=x_f$，连接这两点可得提馏段操作线。

（4）图解求理论塔板数：从对角线上的 x_d 点开始，作 x 轴的平行线（水平线）交平衡线于一点，从该点开始再作 y 轴的平行线（垂直线）交精馏段操作线于一点，构成一个梯级；依此类推，直至梯级的垂直线达到或跨过提馏段操作线与对角线的交点为止，每一梯级即表示一块理论塔板。

例 6.3　进料为苯-甲苯混合物，x_f（苯）$=0.50$，要求馏出液中 x_d（苯）$=0.95$，馏残液中 x_w（苯）$\leqslant 0.05$，选用回流比为 2。利用作图法求精馏塔应有的理论塔板数。

解　（1）作出苯-甲苯气液平衡的 $x-y$ 相图，并作出对角线作为辅助线。

（2）在 $x-y$ 相图中确定三个点：$x_f(0.50)$，$x_d(0.95)$，$x_w(0.05)$。

（3）在 $x-y$ 相图中作操作线：在对角线上确定点 $x_d(0.95)$，在 y 轴上确定截距点 $\frac{x_d}{R+1}=0.317$，连接这两点得精馏段操作线；在对角线上确定点 $x_w(0.05)$，在精馏段操作线上确定点 $x_f(0.50)$，连接这两点得提馏段操作线。

（4）在操作线与平衡线间作阶梯级曲线，如图 6.15 所示，图解即可求得该操作条件下精馏所需的理论塔板数为 11，包括塔底再沸器。

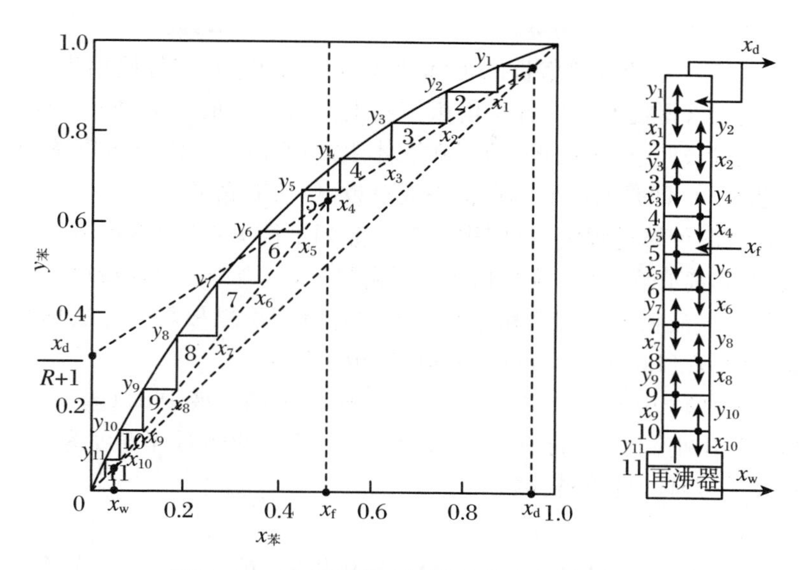

图 6.15 苯-甲苯体系图解法求理论塔板数

(5) 两操作线交点在第 5 梯级中，因此可确定第 5 块板为进料板，从而得到精馏段理论塔板数为 4，提馏段理论塔板数为 6。

2. 逐板计算法

计算依据：根据图解法求算理论塔板数原理，可知同一塔板上气、液两相符合相平衡关系。例如，塔顶回流液由塔顶冷凝器提供，回流至第一块塔板的回流液组成等于该块塔板所产生的蒸气组成：$x_d = y_1$。同时，离开第一块塔板回流到第二块塔板上的回流液（x_1）必然与第一块塔板上升的蒸气（y_1）互成平衡，即

$$y_1 = \frac{\alpha x_1}{1 + (\alpha - 1)x_1}$$

另外，相邻两块塔板间气液组成服从操作线关系，即第二块塔板上升的蒸气（y_2）与第一块塔板向下回流的回流液（x_1）服从操作线方程，即

$$y_2 = \frac{R}{R+1}x_1 + \frac{x_d}{R+1}$$

因此，可应用相平衡方程和操作线方程从塔顶开始逐板计算每层塔板上的蒸气与液相组成，从而可以求得精馏所需要的理论塔板数。

计算步骤：泡点进料，在已知 x_f、x_d、x_w 及 R 的条件下，从塔顶开始，第一块塔板上升蒸气进入冷凝器，冷凝为饱和液体，馏出液组成 x_d 与蒸气组成 y_1 相同，即有 $x_d = y_1$。

离开第一块塔板的液体组成 x_1 应与 y_1 互成平衡，可由相平衡关系求得 x_1。

在第二块塔板上，上升蒸气组成 y_2 可以利用精馏段操作线方程从 x_1 求得。

依此类推，利用同块塔板上的气液相平衡方程从 y_2 可求得 x_2，再用相邻两块塔板间的操作线方程可从 x_2 求得 y_3。如此往复，即有

$$x_d = y_1 \xrightarrow{相平衡} x_1 \xrightarrow{操作线} y_2 \xrightarrow{相平衡} x_2 \xrightarrow{操作线} y_3 \longrightarrow \cdots \longrightarrow x_{n-1}$$

当计算到某一理论塔板（如第 $n-1$ 块板）下降液体组成 x_{n-1} 等于两操作线交点组成 x_f 时，则第 n 块板即为进料板，或者当 $x_{n-1} > x_f > x_n$ 时，第 n 块板也是进料板。随后，从第 n

块板开始以下为提馏段。

进料板以下，从第 n 块理论塔板的下降液体组成 x_n 开始，交替使用提馏段操作线方程和相平衡方程，逐板求得提馏段中各层塔板上的上升蒸气组成与下降回流液组成。当计算到离开某一理论塔板（如第 m 块板）的下降液体组成（x_m）等于或小于塔釜液体组成（x_w），即 $x_m \leqslant x_w$ 时，板数 m 即是所需要的理论塔板总数（包括塔底再沸器）。

在理论塔板数的计算过程中，每使用一次气液相平衡关系，就表示需要一块理论塔板。间接加热的蒸馏釜，离开它的气、液两相达到平衡状态，相当于一块理论塔板。

这种反复利用气液相平衡方程和操作线方程计算理论塔板数的方法称为逐板计算法，也称为路易斯-马瑟森（Lewis-Matheson）理论塔板求算法。

例 6.4 进料为苯-甲苯混合物，x_f（苯）= 0.50，要求馏出液中 x_d（苯）= 0.95，馏残液中 x_w（苯）$\leqslant$ 0.05，选用回流比为 2，操作条件下苯-甲苯体系的相对挥发度为 2.45。试用逐板计算法求算精馏塔应有的理论塔板数。

解 已知条件有

$$x_f = 0.50,\quad x_d = 0.95,\quad x_w = 0.05,\quad R = 2,\quad \alpha = 2.45$$

相平衡方程为

$$y_n = \frac{\alpha x_n}{1 + (\alpha - 1) x_n} = \frac{2.45 x_n}{1 + 1.45 x_n}$$

精馏段操作线方程为

$$y_{n+1} = \frac{R}{R+1} x_n + \frac{x_d}{R+1} = \frac{2}{3} x_n + \frac{0.95}{3}$$

首先交替使用相平衡方程与精馏段操作线方程，逐板计算各层塔板上气液相组成如下：

$x_d = y_1 = 0.95$ —相平衡→ $x_1 = 0.886$ —操作线→
$y_2 = 0.908$ —相平衡→ $x_2 = 0.801$ —操作线→
$y_3 = 0.851$ —相平衡→ $x_3 = 0.700$ —操作线→
$y_4 = 0.781$ —相平衡→ $x_4 = 0.594$ —操作线→
$y_5 = 0.715$ —相平衡→ $x_5 = 0.506$

由于进料液组成为 $x_f = 0.50$，所以第 5 块板以下进入提馏段。

根据物料衡算：$n(F)x_f = n(D)x_d + n(W)x_w$，求得 $f = \dfrac{n(F)}{n(D)} = 2$，则提馏段操作线方程为

$$y_{m+1} = \frac{f+R}{R+1} x_m - \frac{f-1}{R+1} x_w = \frac{4}{3} x_m - \frac{x_w}{3}$$

以下交替使用提馏段操作线方程和相平衡方程，逐板计算各层塔板上气液相组成如下（总 x_5 以平均值 0.503 计）：

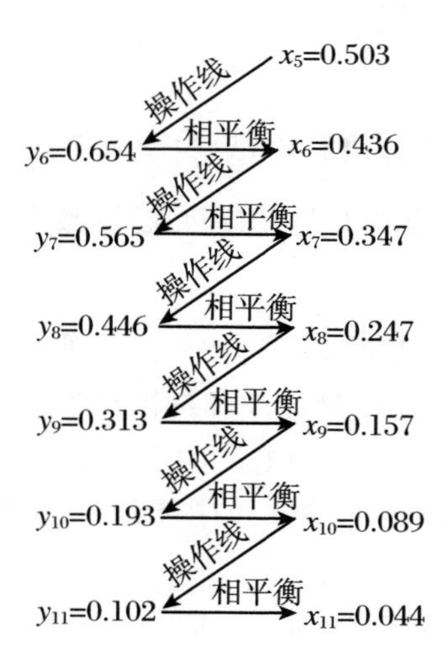

计算结果表明,总理论塔板数为11,其中第5块板为进料板,精馏段理论塔板数为4,提馏段理论塔板数为6,与图解法计算结果一致。

理论塔板数的图解计算比较直观形象,不管是理想溶液还是非理想溶液,只要有气液相平衡数据,画出平衡线,就可用图解法计算理论塔板数,且图解法对于精馏过程分析也比较方便。对于能写出气液相平衡方程的物系,用逐板计算法求解理论塔板数则方便准确,对于相对挥发度 α 较小的理想溶液,由于理论塔板数较多,图解法不易准确,可采用逐板计算法。

例 6.5 二元理想溶液的连续精馏中,已知 $\alpha_{AB}=2$,物料为泡点进料,$x_f=50\%$,$x_d=90\%$,$x_w=10\%$(均为摩尔分数)。$n(F)=1000\ \text{mol}\cdot\text{s}^{-1}$,$n(D)=500\ \text{mol}\cdot\text{s}^{-1}$,$n(L)=1000\ \text{mol}\cdot\text{s}^{-1}$。求:(1) 精馏段和提馏段的操作线方程;(2) 第二块塔板上上升蒸气的组成。

解 (1) 回流比为

$$R=\frac{n(L)}{n(D)}=\frac{1000}{500}=2$$

精馏段操作线方程为

$$y_{n+1}=\frac{R}{R+1}x_n+\frac{x_d}{R+1}=\frac{2}{3}x_n+0.3$$

根据已知条件:

$$f=\frac{n(F)}{n(D)}=\frac{1000}{500}=2$$

提馏段操作线方程为

$$y_{m+1}=\frac{f+R}{R+1}x_m-\frac{f-1}{R+1}x_w=\frac{4}{3}x_m-\frac{0.1}{3}$$

(2) 第一块塔板上升蒸气组成为

$$y_1=x_d=0.90$$

相平衡方程为

$$y_n=\frac{\alpha x_n}{1+(\alpha-1)x_n}=\frac{2x_n}{1+x_n}$$

从塔顶开始,交替使用相平衡方程和精馏段操作线方程,可分别求得 $x_1=0.818$ 及 $y_2=$

0.845。

3. 回流比对精馏过程的影响

在x_f、x_d、x_w一定的条件下，泡点进料，若塔顶冷凝液的回流比 R 增大，则精馏段操作线的斜率$\frac{R}{R+1}$增大，精馏段操作线远离相平衡线，提馏段操作线也随之远离相平衡线，对一定分离要求所需的理论塔板数减少。

因此，在计算精馏塔理论塔板数时，需要选择一个回流比 R。有了回流比，在一定的进料状态下，就可以在 $x-y$ 相图上绘出精馏段和提馏段的操作线。若回流比增大，两操作线远离相平衡曲线，则理论塔板数减少。但由于精馏塔内气、液两相的循环量增大，使冷凝器和再沸器的热负荷增加，因此，回流比的选择还涉及设备费与操作费等费用问题，需综合考虑。

回流比的大小有两个极限，一个是全回流时的回流比，另一个是最小回流比，实际操作回流比应介于两者之间。

（1）全回流与最少理论塔板数

若塔顶上升蒸气冷凝后全部回流至塔内，称为全回流（total reflux）。全回流时，精馏塔不进料，也就没有产品，即 $n(F)=0, n(D)=0, n(W)=0$。因此，回流比 $R=\frac{n(L)}{n(D)}=\infty$，精馏段操作线的斜率$\frac{R}{R+1}\to 1$，截距$\frac{x_d}{R+1}\to 0$，此时，操作线方程为$y_n=x_{n-1}$，即操作线与$x-y$相图中的对角线重合。同理分析可知，提馏段操作线也与 $x-y$ 相图中的对角线重合，此时利用图解法或逐板计算法求算所得到的理论塔板数最少。

全回流时实际上得不到产品，在工业上是不采用的。但全回流时可得到理想的换热传质，因而主要在实验室中用来评价精馏塔板或填料的效率。

（2）最小回流比

若回流比减小，两操作线向相平衡曲线靠近，为达到指定分离程度（x_d，x_w）所需的理论塔板数增多。当回流比减小到某一数值时，两操作线的交点将落在平衡曲线上。此时，在平衡曲线与操作线之间用图解法求算理论塔板数，需要无穷多的梯级才能达到交点处，这时的回流比称为最小回流比（minimum reflux ratio）。对于一定的分离要求，最小回流比可以作为选择回流比的基准。

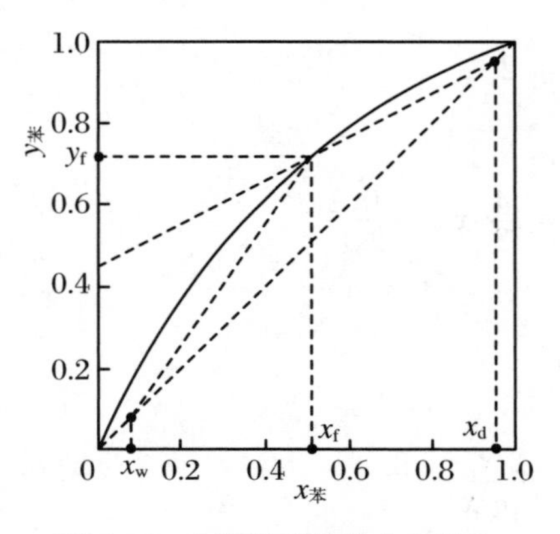

图 6.16 理想体系的最小回流比

① 对于正常的气液平衡体系（如苯-甲苯体系），泡点进料时，随着回流比的减小，精馏段操作线的斜率变小，而提馏段操作线的斜率变大。回流比减小到最小回流比时，两操作线与平衡线相交于（x_f，y_f）这一点（图 6.16）。将x_f和y_f代入操作线方程，可求得最小回流比的表达式为

$$R_M=\frac{x_d-y_f}{y_f-x_f} \tag{6.18}$$

实际生产中选用的回流比一般为最小回流比的1.1～2.0 倍，常用 1.2～1.3 倍。

② 对于某些特殊的气液平衡体系，当回流比减小

到与平衡线相切时(图6.17),精馏也同样达不到预期的要求,这时最小回流比按相切时精馏段操作线的斜率或操作线在 y 轴上的截距推算求出。

(3) 适宜回流比

由前述可知,全回流时的回流比($R=\infty$)是回流比增大的极限,最小回流比R_M是回流比减小的极限。那么,在实际设计时,回流比在R_M和R_∞之间取多少比较适宜呢?精馏是能耗很大的操作,需要通过对操作费用和设备费用等的测算,来确定实际操作所需的回流比。设备费用与操作费用之和为最低的回流比称为适宜回流比(optimum reflux ratio)。

当回流比 R 最小时,所需理论塔板数为无穷多,因而设备费用为无穷大。当 R 稍大于 R_M时,塔板数便锐减,塔的设备费用随之锐减。R 继续增大,所需塔板数减少缓慢,另一方面,由于 R 的增大,使得塔内上升蒸气量随之增多,因而塔径、再沸器、冷凝器等的尺寸会相应增大,故 R 增大到某一数值以后,设备费用会迅速增加。如图6.18所示。

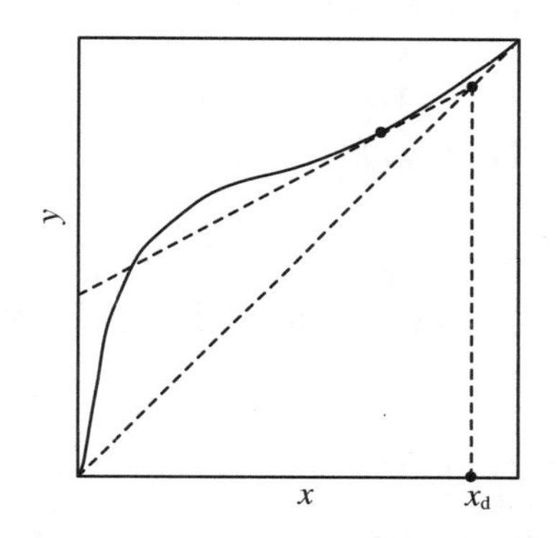

图6.17　特殊气液体系的最小回流比

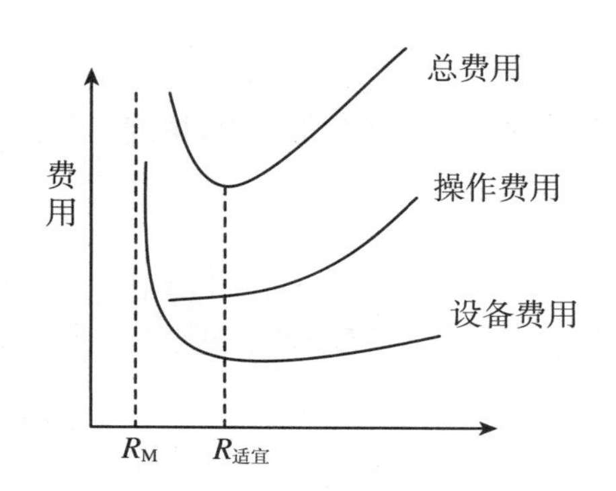

图6.18　适宜回流比的确定

精馏过程的操作费用主要有再沸器加热介质费用和冷凝器冷却介质费用,当回流比增大时,加热介质和冷却介质的消耗量随之增多,使操作费用相应增大。

总费用是设备费用和操作费用之和,它与 R 的大致关系如图6.18中总费用曲线所示,其最低点对应的 R 即为适宜回流比。

在精馏设计中,通常采用由实践总结出来的适宜回流比,其范围为最小回流比的1.1~2.0倍。对于难分离的物系,R 值应取得更大些。

4. 捷算法

捷算法也称芬斯克-吉利兰特(Fenske-Gililand)估算法,它适用于在泡点进料时对理想体系估算精馏所需的理论塔板数。捷算法对50多种双组分和多组分精馏进行逐板计算,以最小回流比R_M与最小理论塔板数N_M为基准,以$\dfrac{R-R_M}{R+1}$为横坐标,以$\dfrac{N-N_M}{N+1}$为纵坐标,把理论塔板数 N(包括再沸器)与回流比 R 关联起来,最终可求算出所需的理论塔板数。捷算法主要包括三个运算步骤:(1) 求全回流下的最小理论塔板数;(2) 求出最小回流比和确定实用的回流比;(3) 由以上两个结果求算理论塔板数。

(1) 全回流下的最小理论塔板数

当二元(A-B)互溶体系为理想体系或接近理想体系时,根据拉乌尔定律,精馏过程中存在以下关系:

$$\frac{y_A}{y_B} = \alpha \frac{x_A}{x_B}$$

对第一块塔板：

$$\frac{y_{A1}}{y_{B1}} = \alpha \frac{x_{A1}}{x_{B1}}$$

对第二块塔板：

$$\frac{y_{A2}}{y_{B2}} = \alpha \frac{x_{A2}}{x_{B2}}$$

相邻两块塔板间的气液组成服从操作线方程，在全回流状态下，操作线方程为 $y = x$，故有

$$y_{A2} = x_{A1}, \quad y_{B2} = x_{B1}$$

可得

$$\frac{y_{A1}}{y_{B1}} = \alpha \frac{x_{A1}}{x_{B1}} = \alpha \left(\alpha \frac{x_{A2}}{x_{B2}} \right) = \alpha^2 \frac{x_{A2}}{x_{B2}}$$

依此类推，包括再沸器在内，精馏必要的理论塔板数为 N，则有

$$\frac{y_{A1}}{y_{B1}} = \alpha^N \frac{x_{AN}}{x_{BN}}$$

已知：$y_{A1} = x_d$，$y_{A1} + y_{B1} = 1$，$x_{AN} = x_w$，$x_{AN} + x_{BN} = 1$，对上式取对数并整理，因全回流时理论塔板数最少，以 N_M 表示最小理论塔板数，可得

$$N_M = \frac{\ln \left[\frac{x_d}{x_w} \left(\frac{1 - x_w}{1 - x_d} \right) \right]}{\ln \alpha} \tag{6.19}$$

也可以确定给料板的位置，精馏段的最小理论塔板数为

$$N'_M = \frac{\ln \left[\frac{x_d}{x_f} \left(\frac{1 - x_f}{1 - x_d} \right) \right]}{\ln \alpha} \tag{6.20}$$

计算时，若 α 因温度变化而以后变动时应取其平均值。

(2) 最小回流比

根据最小回流比的定义式(6.18)：

$$R_M = \frac{x_d - y_f}{y_f - x_f}$$

对理想体系，y_f 与 x_f 存在以下关系：

$$y_f = \frac{\alpha x_f}{1 + (\alpha - 1) x_f}$$

(3) 求理论塔板数

在选定的实用回流比 R 下，结合吉利兰特关联图(图 6.19)可求出精馏所需的理论塔板数。首先根据实用回流比 R 与最小回流比 R_M 的数值求算 $\frac{R - R_M}{R + 1}$ 的大小，随后利用吉利兰特关联图中的曲线确定 $\frac{N - N_M}{N + 1}$ 的大小，最后根据已知的最小理论塔板数 N_M 得到所需的理论塔板数 N。

此外，吉利兰特关联图中的曲线也可近似地用爱迪友斯(Eduljce)关联式表示，继而求

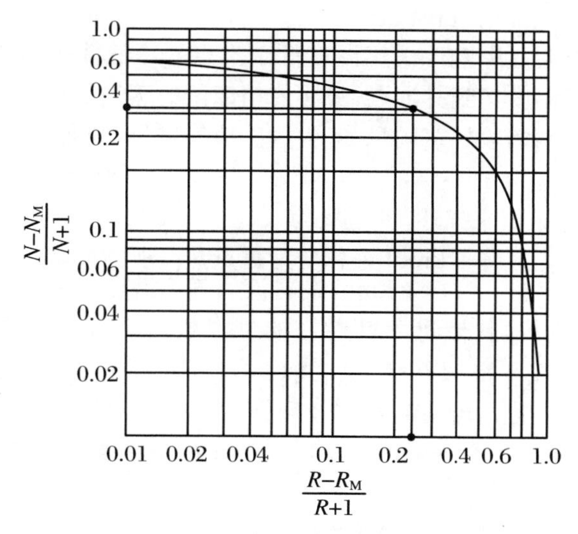

图 6.19 吉利兰特关联图

算所需的理论塔板数：

$$\frac{N - N_M}{N + 1} = 0.75\left[1 - \left(\frac{R - R_M}{R + 1}\right)^{0.5668}\right] \tag{6.21}$$

利用捷算法求算理论塔板数的误差常在10%以内。此外，捷算法也可应用于多组分精馏的计算。

6.4.5 进料状态对精馏的影响

不同进料状态对精馏有一定影响，即精馏段上升蒸气的量与提馏段上升蒸气量不一定相等，精馏段下降回流液量与提馏段下降回流液量也不一定相等，具体视进料状态而定。从双组分混合物的气液平衡 $t-x-y$ 相图上可以看出，当进料组成一定时，按进料温度从低到高，可以有5种进料状态(图6.20)，分别为：

(1) 温度低于泡点的冷液体进料。

(2) 泡点下的饱和液体进料。

(3) 温度介于泡点和露点之间的气液混合物进料。

(4) 露点下的饱和蒸气进料。

(5) 温度高于露点的过热蒸气进料。

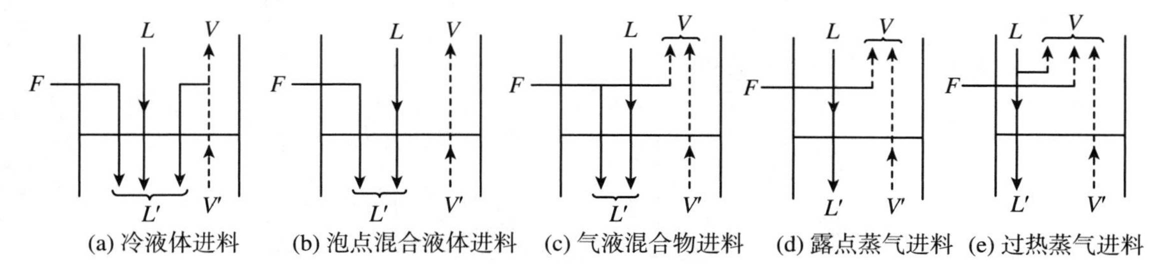

图 6.20 不同进料状态下进料板上气液流量之间的关系

塔板上的液体和蒸气都是饱和状态，不同的进料状态，对精馏段和提馏段的上升蒸气量和下降回流液量都会有明显影响。采用温度低于泡点的冷液体进料时，进入进料板的液体需要吸收热量以提高其温度达到其泡点，势必使精馏段的蒸气量少于提馏段的蒸气量，也少于同条件下泡点进料时精馏段的蒸气量；若为过热蒸气进料，则将使精馏段的蒸气量多于提馏段的蒸气量。

进料的热状态可用 q 值来描述，其定义为

$$q = \frac{\text{将 1 kmol 进料变为露点蒸气所需的热量}}{\text{1 kmol 进料液的气化潜热}}$$

q 值可为正值或负值，料液进入精馏塔的进料板后将分成两部分：下降的回流液量 $qn(F)$ 和上升的蒸气量 $(1-q)n(F)$。当 $q>1$ 时，将使上升的蒸气有部分被冷凝；若 $q<0$，将使部分回流的液体被气化。若精馏段的上升蒸气量为 $n(V)$，下降回流液量为 $n(L)$，则提馏段的上升蒸气量 $n(V')=n(V)-(1-q)n(F)$，下降回流液量 $n(L')=n(L)+qn(F)$。

推导操作线方程时，精馏段操作线的物料关系为

$$n(V)y = n(L)x + n(D)x_{\mathrm{d}}$$

提馏段操作线的物料关系为

$$n(V')y = n(L')x - n(W)x_{\mathrm{w}}$$

或

$$[n(V)-(1-q)n(F)]y = [n(L)+qn(F)]x - n(W)x_{\mathrm{w}}$$

非泡点进料时，两操作线不再交于 $x=x_{\mathrm{f}}$ 垂线上，为求其交点，将上述两式联立求解，得

$$(1-q)n(F)y = qn(F)x - n(W)x_{\mathrm{w}} - n(D)x_{\mathrm{d}}$$

由全塔易挥发组分物料衡算式 $n(F)x_{\mathrm{f}} = n(D)x_{\mathrm{d}} + n(W)x_{\mathrm{w}}$，整理上式，可得

$$y = \frac{q}{q-1}x - \frac{1}{q-1}x_{\mathrm{f}} \tag{6.22}$$

上式为不同 q 值时通过两操作线交点的直线方程，称为 q 线方程，其斜率为 $\frac{q}{q-1}$，交对角线 $(y=x)$ 于 x_{f} 点。不同进料状态的 q 线如图 6.21 所示。进料热状态对 q 线斜率的影响如表 6.4 所示。

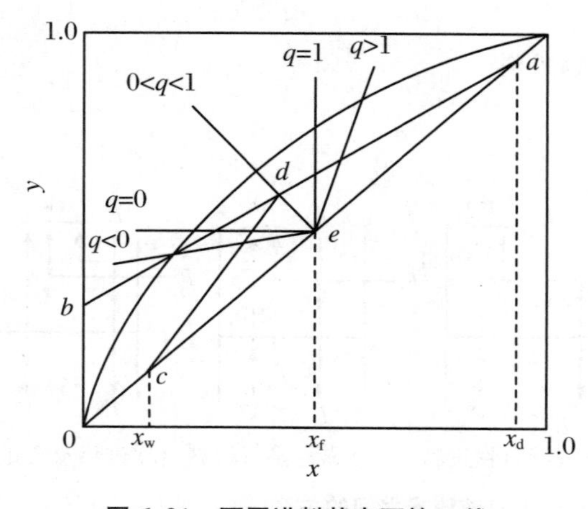

图 6.21　不同进料状态下的 q 线

表 6.4　进料热状态对 q 线斜率的影响

进料热状态	q 值	斜率 $q/(q-1)$
冷液体	>1	>0
饱和液体（泡点液体）	1	∞
气液混合物	0～1	<0
饱和蒸气（露点蒸气）	0	0
过热蒸气	<0	>0

根据物料衡算，提馏段上升蒸气量 $n(V')=n(L)+qn(F)-n(W)$，由此，可得提馏段操作线方程为

$$y_{m+1}=\frac{n(L)+qn(F)}{n(L)+qn(F)-n(W)}x_m-\frac{n(W)}{n(L)+qn(F)-n(W)}x_w \tag{6.23}$$

又

$$n(F)=n(D)+n(W)$$

$$f=\frac{n(F)}{n(D)}$$

$$R=\frac{n(L)}{n(D)}$$

整理式(6.23)可得

$$y_{m+1}=\frac{R+qf}{R+1+(q-1)f}x_m-\frac{f-1}{R+1+(q-1)f}x_w \tag{6.24}$$

式(6.24)可直接用于逐板计算法求算精馏塔的理论塔板数。用于图解法求算理论塔板数时，应首先作出精馏段操作线和 q 线，然后将两线的交点与对角线上的 x_w 点相连，即可得到提馏段的操作线，最后再从 x_d 点至 x_w 点作梯级，即可得到相应的理论塔板数。

进料状态对精馏操作的影响可分析如下：当回流比一定(回流比常以塔顶为基准)，进料状态与精馏段操作线的斜率无关，仅对提馏段操作线的斜率有影响。进料带入热量越多，在 $x-y$ 相图中，两操作线交点的位置越偏向左，提馏段操作线越偏近平衡线，精馏所需的理论塔板数越多，但塔底供热量可以较少；与此相应，提馏段的塔径可以减小。另一方面，当塔底供热量一定时，进料带入热量越多，塔顶冷却量需要相应增大，回流比也相应增大，分离所需理论塔板数可以减少，但单位产量的能耗增大。

6.5　板　式　塔

混合物的精馏可以在板式塔中进行，也可以在填料塔中进行，其中填料塔的结构及气、液两相在其中的流动特性等已在吸收章节中做了介绍，本节介绍板式塔的结构及其操作。

板式塔中设置有相当数量的水平塔板(图 6.22)，塔板与塔板之间有一定间距。从塔顶下流的液体在各层塔板上保持一定的数量并顺序往下层塔板流动，气体则从下而上以鼓泡或喷射形式通过塔板上的液层，进行换热传质过程。气相和液相的组成沿塔板发生阶梯式的变化。因此，塔板是板式塔的核心部分，关系到气、液两相传热、传质的好坏。

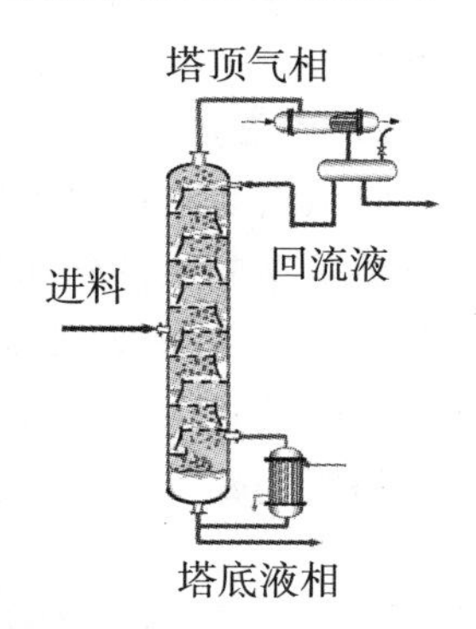

图 6.22　板式塔

板式塔根据其结构可分为有降液管的板式塔(图 6.23(a))和无降液管的板式塔(图 6.23(b))。降液管是液体从塔板往下层流动时的溢流装置。有降液管的板式塔还可根据气体流动方式分为鼓泡塔(如泡罩塔、浮阀塔、筛板塔等)和喷射塔(如舌形塔、浮舌塔、浮动喷射塔等)；无降液管的板式塔主要有各种形式的穿流塔。

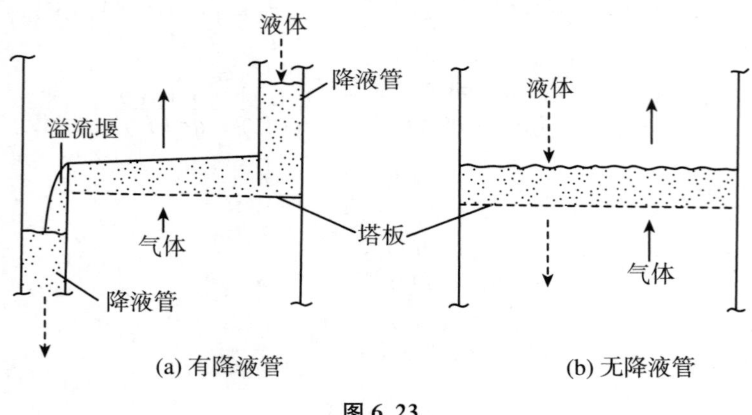

(a) 有降液管 (b) 无降液管

图 6.23

6.5.1 塔板结构

塔板是板式塔中气、液两相接触传质的部位，决定塔的操作性能，塔板上主要分为气液鼓泡区和降液管区。

1. 气液鼓泡区

为保证气、液两相充分接触，气液鼓泡区上一般会均匀地开有一定数量的通道（也称之为气体通道）供气体自下而上鼓泡穿过塔板上的液层。气体通道的形式很多，它对塔板性能有决定性影响，也是区别塔板类型的主要标志。筛板塔塔板的气体通道最简单，只是在塔板上均匀地开设许多小孔（通称筛孔），气体穿过筛孔上升并分散到液层中。泡罩塔塔板的气体通道最复杂，它是在塔板上开设若干较大的圆孔，孔上接有升气管，升气管上覆盖分散气体的泡罩。浮阀塔塔板则直接在圆孔上盖以可浮动的阀片，根据气体的流量，阀片自行调节开度。

2. 溢流堰

为保证气、液两相在塔板上形成足够的相际传质表面，塔板上须保持一定深度的液层，为此，在塔板的液体出口处安装溢流堰（overflow weir）。塔板上液层高度在很大程度上由溢流堰高度决定，堰长一般为塔径的 0.6～0.8 倍。对于大型塔板，为保证液流均布，还在塔板的液体进口处安装进口堰。

3. 降液管

降液管是液体自上层塔板溢流至下层塔板的通道，也是气体与液体分离的部位。从降液管流下来的液体横向流过塔板，经溢流堰和降液管流到下层塔板。降液管除了能使液体顺利流向下层塔板，还应能使液体中夹带的气泡分离出来，以免被带到下层塔板。为此，就要求在降液管中必须有足够的空间，让液体能够停留一段时间。通常降液管中清液层高度约为塔板间距的一半。

6.5.2 塔板上的气液流动

从塔板的流体力学实验中可以观察到塔板上气、液两相的各种流动现象。有的流动现象对传质有利，有的对传质不利，因此，需要了解气、液两相在塔板上的流动现象。

1．气液接触状态

塔板上气液流动过程中，接触状态主要有鼓泡接触、泡沫接触和喷射接触三种状态（图6.24）。

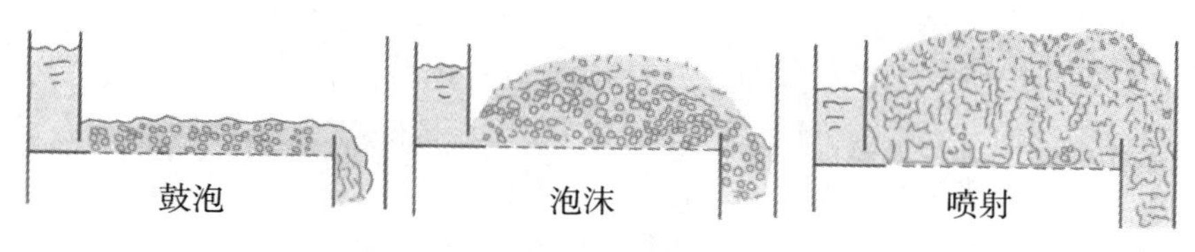

图6.24 塔板上的气液接触状态

（1）鼓泡接触状态

当气体通过塔板筛孔速度较小时，以鼓泡形式通过液层，塔板上气、液两相呈鼓泡接触状态，接触面积为气泡表面。由于气体流速较小，气泡数量不多，气液接触面积不大，并且气泡表面的湍动程度不强，所以传质阻力较大。

（2）泡沫接触状态

随着气体流速的增加，气体通过塔板筛孔后产生的泡沫数量增多，气泡相连，气泡之间形成液膜。在气泡不断相互碰撞、合并或破裂的过程中，液膜表面不断更新，形成一些直径较小、扰动剧烈的动态泡沫，塔板上的液体大部分以气泡之间的液膜形式存在。此外，在塔板表面上有一薄层液体，在泡沫层上方空间有气相夹带的液体。气、液两相在泡沫接触状态下，表面积大，且表面不断更新，有利于换热传质。

（3）喷射接触状态

若气体通过塔板筛孔的速度继续增大，气相将以喷射状态穿过液层，将塔板上的液体破碎成许多大小不同的液滴，抛向上方空间，较大的液滴落下来，较小的液滴被气体夹带进入上层塔板，称之为液沫夹带。

在喷射状态下，液相变为分散相，气相为连续相。众多液滴的外表面就是气、液两相的传质面积，传质面积较大。同时，由于液滴的多次形成与合并使液滴表面不断被更新，这些都有利于气、液两相的换热与传质。

2．塔板上的液面落差

在液体从塔板的进口流向出口的过程中，为了克服流体阻力，液面逐渐降低。塔板进、出口之间的清液层高度差称为液面落差。液体流量越大，行程越长，液面落差就越大。由于有液面落差，进口处液层厚度较大，气相通过液层的阻力较大，则气速较小。而出口处液层薄，气相受到的阻力相对较小，则气速较大。由此出现气速分布不均匀，对气、液两相的传热、传质均不利。

为了减小液面落差，当液体流量与塔径较大时宜采用双流型塔板。

3．塔板筛孔漏液

对筛板塔，当气相通过筛孔的速度较小时，液体会从整个塔板上漏下来。随着气速的增加，漏液量会减少，甚至不漏液。漏液量太大会影响塔板效率，通常认为相对漏液量（漏液量/液流量）小于10%时对塔板效率影响不大。

4．液泛

液泛又称淹塔，指的是在精馏塔中，由于各种原因造成液相堆积超过其所处空间范围的现象。液泛可分为降液管液泛、雾沫夹带液泛等。液泛开始时，塔的压降急剧上升，效率急剧下降，随后塔的操作遭到破坏。促成液泛的因素主要有以下两个：

(1) 降液管内液体倒流回上层板：由于塔板对上升的气流有阻力，下层板上方的压力比上层板上方的压力大，当降液管内泡沫液高度相当的静压头能够克服这一压力差时，液体才能往下流。当液体流量不变而气体流量加大，下层板与上层板间的压力差亦随着增加，降液管内的液面随之升高。若气体流量加大到使得降液管内的液体升高到堰顶，管内的液体便不仅不能往下流，反而开始倒流回上层板，板上便开始积液；加上操作时不断有液体从塔外送入，最后会使全塔充满液体，就形成了液泛。若气体流量一定而液体流量加大，液体通过降液管的阻力增加，以及板上液层加厚，使板上下的压力差加大，都会使降液管内液面升高，从而导致液泛。

(2) 过量液沫夹带到上层板：气流夹带到上一层板的液沫，可使板上液层加厚，正常情况下，增加得并不明显。在一定液体流量之下，若气体流量增加到一定程度，液层的加厚便显著起来(板上液体量增多，气泡加多、加大)。气流通过加厚的液层所带出的液沫又进一步增多。这种过量液沫夹带使泡沫层顶与上一层板底的距离缩小，液沫夹带持续地有增无减，大液滴易直接喷射到上一层塔板，泡沫也可冒到上一层塔板，终至全塔被液体充满。

以上两种促成液泛的原因中，比较常见的是过量液沫夹带。防止液泛的主要方法有：(1) 尽量加大降液管截面积，但这会减少塔板开孔面积；(2) 改进塔板结构，降低塔盘压力降；(3) 控制液体回流量不至太大。

5. 液沫夹带

液沫夹带是指蒸气穿过塔板上的液层鼓泡并夹带一部分液体雾滴到上一层塔板的现象。液沫夹带会使上层塔板液层中易挥发组分浓度下降，导致塔板效率下降，破坏塔的正常操作。夹带量的大小主要与蒸气速度、蒸气密度、物料的物理性质(黏度、密度等)及板间距有关。采用较大的蒸气速度可保证产量，而为了防止液沫夹带，蒸气速度不能过大，操作时必须选择适宜的蒸气速度。

同样的板间距，若气速过大，夹带的液沫量也会增多，为保证传质达到一定效果，夹带量不允许超过 0.1 kg 液体/kg 干蒸气。泡沫状态操作时，液沫夹带量较少，板间距可以小一些；而喷射状态操作时，液沫夹带量较多，板间距应大一些。

6.6　几种典型板式塔

板式塔有多种类型，通常要求板式塔的生产能力大(生产能力是指单位塔截面积所处理的液体流量)，操作弹性大(操作弹性是指在正常操作条件下，同样使塔效率降低 15%时物料最大负荷与最小负荷之比)，气相通过塔板的压力降较小，塔板效率高，结构简单，造价低廉等。目前化工生产中常使用的板式塔有泡罩塔、浮阀塔、筛板塔和喷射塔。

1. 泡罩塔

泡罩塔是指以泡罩作为塔盘上气、液两相接触元件的一种板式塔，是化工生产中应用最早的板式塔。

泡罩塔内装有多层水平塔板，板上有若干个供蒸气(或气体)通过的短管，其上各覆盖底缘有齿缝或小槽的泡罩，并装有溢流管(图6.25)。操作时，液体由塔的上部连续进入，经溢流管逐板下降，并在各板上积存液层，形成液封；蒸气(或气体)则由塔底进入，经由泡罩底缘上的齿缝或小槽分散成为小气泡，与液体充分接触，并穿过液层而达液面，然后升入上一层塔板。短管装在塔内的，称内溢流式；装在塔外的，称外溢流式。泡罩塔广泛用于精馏和气体吸收。两塔板间的高度应保证在塔板上形成的泡沫和雾沫较少地被夹带到上一层。

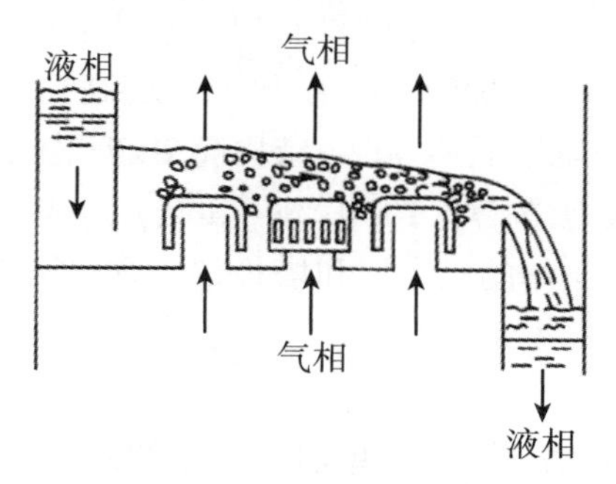

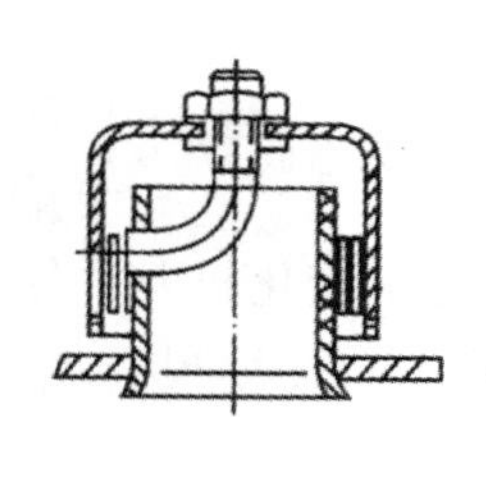

图6.25 泡罩塔塔板结构

泡罩塔在正常操作时，气、液间接触充分并形成泡沫，有较高的塔板效率，精馏操作良好时在80%～85%。泡罩塔因为有升气管，在较低的气速下操作也不会产生严重漏液现象。因此，操作弹性大且稳定，不易堵塞且生产能力大，适用于大型生产。其缺点是结构复杂，制造成本高，安装、检修不方便；同时，气液流动通道曲折，塔板上液层较厚，增大了气体流动阻力，使得塔板压强降大；液体流过塔板时因阻力而有液面落差，板上液层深浅不同，气量分布不均匀。泡罩塔现已逐步被其他类型的塔取代，如在新建的石油化工厂中，已多使用浮阀塔或喷射塔代替泡罩塔。

2. 浮阀塔

浮阀塔是近40年来发展的一种新型气液传质设备，效率高，很快得到广泛应用，成为化工和炼油企业的重要塔设备。

浮阀塔塔板的构造与泡罩塔相似，塔板上开有许多阀孔，孔中安装一个可上下移动的浮阀，浮阀由阀片与3个阀腿构成(图6.26)。当阀孔气速高时，阀片被顶起上升，气速低时，阀片因自身重力而下降。阀片升降位置随气流量大小自动调节，从而使进入液层的气速基本稳定。又因气体在阀片下侧水平方向进入液层，既减少了液沫夹带量，又延长了气液接触时间，从而液沫夹带量较小。因此，能在较大的气量变化范围内正常操作，操作弹性大。

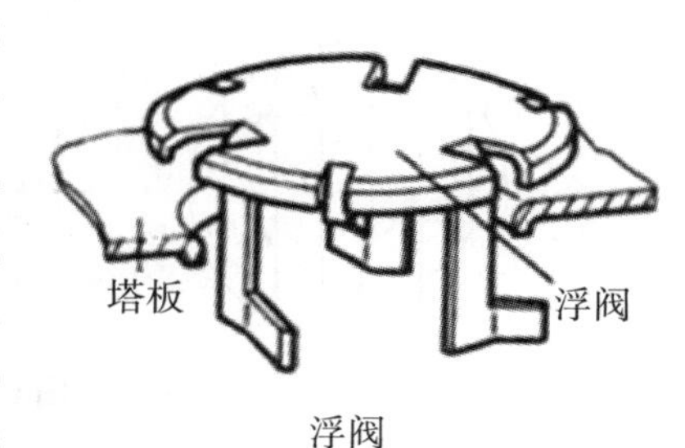

浮阀

图6.26 浮阀

浮阀主要有V型和F型两种，特点是：生产能力大，比泡罩塔大20%～40%；操作弹性大，气体的两个极限负荷比为7～9；在较宽的气速变化范围内具有较高的塔板效率，比泡罩塔高10%～15%；气液接触良好，塔板上液面落差小，雾沫夹带少，气体分布比泡罩塔均匀，气流阻力小；结构介于泡罩塔与筛板塔之间；对物料的适应性较好等。通量大、放大效应小，常用于初浓段的重水生产过程。

3. 筛板塔

筛板塔是较早应用于化工生产的塔设备之一，但由于其操作不易掌握而未被广泛使用。

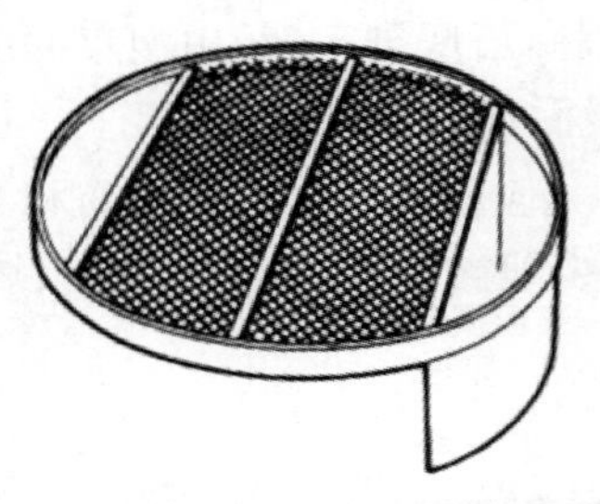

图 6.27　筛板塔塔板

筛板塔的塔板上分布有均匀的小孔(图 6.27)，小孔直径为 3～8 mm，常用孔径为 4～5 mm，经降液管从上层流下的液体进入到筛板上，气体(或蒸气)经筛孔分散鼓泡通过液层，形成的泡沫层是进行传质的主要区域。

与泡罩塔相比，筛板塔具有以下优点：生产能力大，比泡罩塔大 10%左右；塔板效率高，比泡罩塔高约 10%；气体流动的压强降比泡罩塔低约 30%；结构简单，安装、检修方便；造价低廉，造价比泡罩塔低约 40%。其缺点主要是操作弹性小(2～3)，气液流量的变化较大时会显著影响操作的稳定性和塔板效率，此外，筛孔容易堵塞，处理结垢物料的困难比浮阀塔大。

4. 喷射塔

喷射塔又分固定式喷射塔和浮动式喷射塔。结构简单而又高效的固定式喷射塔采用的是网孔塔板(图 6.28)，近年来在石油炼制中被广泛采用。塔板是冲孔后经拉伸而成的，在板上有定向开口的斜孔(其形状有如加工萝卜的刨丝板，因斜孔以网孔状均匀分布在塔板上而得名)。塔板由多个区段组成，相邻区段的斜孔口成 90°排列。蒸气通过孔口喷射而与液体剧烈混合，同时又有方向变化，产生气液旋转分散，从而强化了气、液间的传质。网孔板的上空装设的挡沫板也有冲压的开口斜孔，其形状与板上的稍有不同。网孔塔板的压降很小，适用于气量大、液体量相对较小的减压精馏。

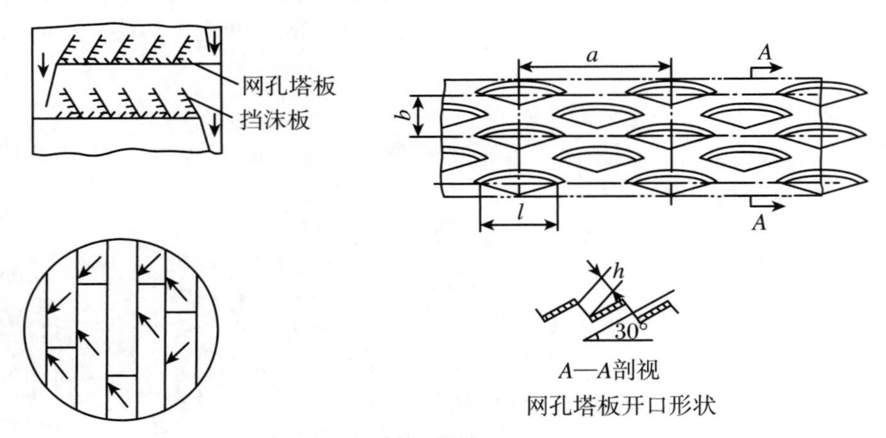

图 6.28　喷射塔网孔塔板结构

浮动式喷射塔主要有浮舌塔和浮板塔，分别在塔板上用浮动舌片或浮板代替浮阀。塔板上的浮舌(图 6.29)可随气体流速的改变而进行一定程度的浮起，以调节气流通道截面，保证适宜的缝隙气速。舌片的一端固定在塔板上，另一端可以浮动。舌片的最大张角为 20°，呈等腰三角形排列。从上层经降液管流下的液体流到浮舌塔板上，气体(或蒸气)从下层塔板经浮舌开缝喷出(图 6.30)，舌片开口方向与液体流动方向一致，随着气速的增加，舌片的一端逐渐开启，气体沿开口的缝隙定向喷出，强化气液接触，使传质良好进行。气速较小时，气体呈鼓泡状态与液体接触，传质效率明显降低。这种塔板的特点是处理能力大，压降小，塔板效率较好，但舌片易于磨损。

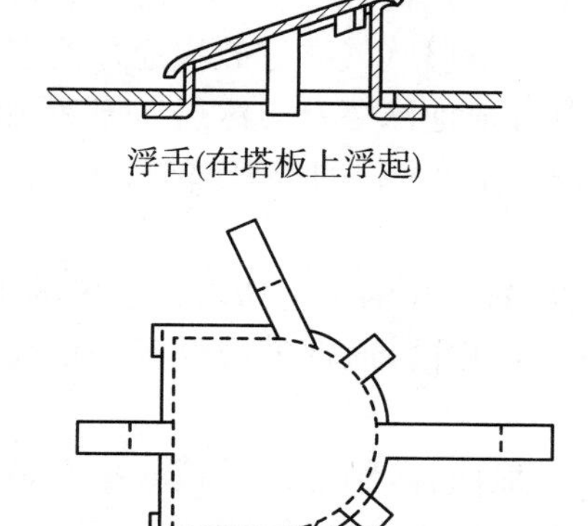

图 6.29 浮舌塔浮动舌片

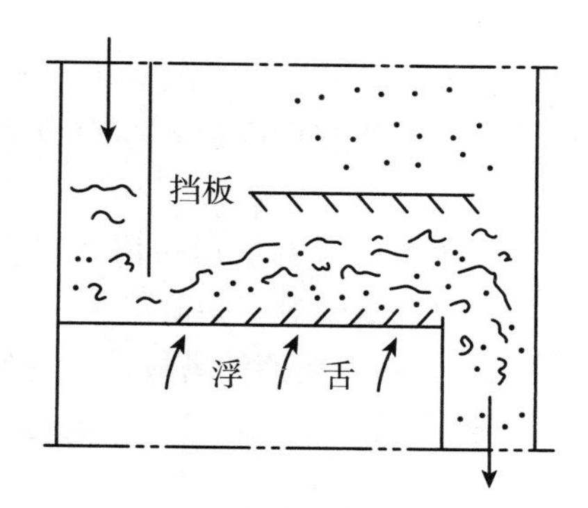

图 6.30 浮舌板的操作

浮动式喷射塔的塔板上方有时设置挡网或挡板，使向上喷散的雾沫聚落回塔板上，以减少夹带和加强气、液两相间的传质。浮动式喷射塔的特点为：生产能力大，压力降小；结构比泡罩塔简单；操作弹性大，接近于浮阀塔；可处理易聚合物系，不易堵塞。浮动式喷射塔的缺点是：在液量变化大时操作不稳定；塔板效率稍低于浮阀塔和筛板塔。

6.7 塔板效率

理论塔板是假设塔板上气相浓度和液相浓度都是均匀的，气液接触达到平衡。以理论塔板效率为100%，实际塔板效率总低于理论塔板效率。实际塔板的塔板效率（也称为莫夫里（Murphree）效率）E_m，按气相V和液相L分别定义为（图6.31，对精馏而言，以第 n 块塔板为例）

$$E_{m,V}=\frac{\text{实际塔板的气相增浓值}}{\text{理论塔板的气相增浓值}}=\frac{y_n-y_{n+1}}{y_n^*-y_{n+1}}$$

$$E_{m,L}=\frac{\text{实际塔板的液相降浓值}}{\text{理论塔板的液相降浓值}}=\frac{x_{n-1}-x_n}{x_{n-1}-x_n^*}$$

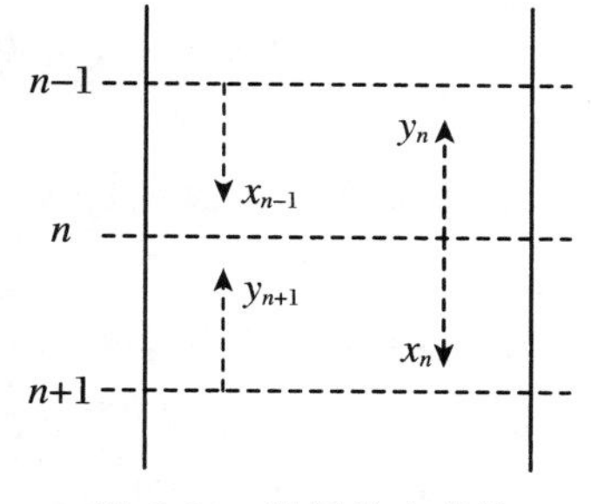

图 6.31 塔板效率求算

式中，y_{n+1}、y_n 分别为进入和离开第 n 块塔板的气相浓度；x_{n-1}、x_n 分别为进入和离开第 n 块塔板的液相浓度；y_n^* 为与 x_n 相平衡的气相浓度；x_n^* 为与 y_n 相平衡的液相浓度。

实际增浓值或降浓值是在操作中检测得到的，理论值则是通过计算求得的（指利用图解法或逐板计算法求出的平衡线与操作线之间的距离）。

造成实际塔板的塔板效率降低的主要原因有：塔板上浓度不均匀；气、液两相接触时间不足、接触面积不足而使传质未达到平衡；存在雾沫夹带、塔板漏液以及物料的返混等。

这些原因又与混合物的气、液两相的物理性质(如黏度、密度、表面张力、扩散系数等)、塔板结构、操作时的负荷和条件(气、液流量、温度、压力等)有关。例如,气、液流量较小时,两相之间虽有充分接触时间,但气、液两相间的湍动并不剧烈(气体近鼓泡通过液层),传质速率并不理想。气、液流量过大,两相间虽湍动剧烈(形成泡沫层及雾沫层),但两相间接触时间过短,雾沫夹带和返混严重,降低传质效果。因此,各种塔板的效率都有其最高点,通常在其液泛点附近。

应当指出,板式塔各层塔板的效率并不相同,全塔效率指的是全塔塔板效率的平均值。同时,气相塔板效率和液相塔板效率在数值上也不一定相同,通常塔板效率是指气相塔板效率。

此外,塔板效率也与所处理的传质过程有关。一般而言,精馏的塔板效率在适宜点为70%～85%;吸收的塔板效率则低得多,一般只有30%～50%。液膜控制的塔板效率一般比气膜控制的低。物系对精馏的塔板效率的大致影响为:相对挥发度和黏度越大,塔板效率越低;此外,对醇类的效率要比对烃类的低得多。

习　题

1. 何谓拉乌尔定律?何谓理想溶液?
2. 蒸馏的依据是什么?说明相对挥发度的意义和作用。
3. 精馏的必要条件是什么?回流比对精馏操作有什么影响?
4. 精馏过程中为什么既要有回流,同时精馏塔又要求绝热?
5. 如何应用相对挥发度 α 表示气液相平衡时的液相组成 x 与气相组成 y 之间的关系?
6. 相对挥发度 $\alpha=1$ 时,用普通蒸馏的方法能分离化合物吗?为什么?
7. 精馏操作线的意义是什么?为什么可以根据操作线和相平衡线给出精馏所需的理论塔板数?
8. 在板式精馏塔的塔板上,气、液两相是怎样进行换热传质的?塔板上的气液组成如何变化?
9. 如何利用图解法和逐板计算法确定精馏塔进料板位置?
10. 什么是全回流?在什么情况下应用全回流操作?什么是最小回流比?如何计算?
11. 精馏操作适宜回流比的选取应考虑哪些因素?适宜回流比 R 通常为最小回流比的多少倍?
12. 精馏塔塔板有多种类型,评价精馏塔塔板优劣的标准有哪些?
13. 浮阀塔浮阀的工作原理是什么?浮阀塔比泡罩塔有哪些优势?
14. 简要说明塔板效率的定义及其影响因素。
15. 简要比较填料塔和板式塔之间的优缺点。
16. 已知甲醇(A)和水(B)的饱和蒸气压数据如下:

温度(℃)	64.7	70	75	80	90	100
甲醇的p_A^*(kPa)	101.3	123.3	149.6	180.4	252.6	349.8
水的p_B^*(kPa)	25.1	31.2	38.5	47.3	70.1	101.3

根据拉乌尔定律绘制出总压为101.33 kPa时甲醇和水体系的$t-x-y$相图和$x-y$相图。

17. 甲醇(A)-丙醇(B)物系的气液平衡体系服从拉乌尔定律，试求：(1) 温度$t=80$ ℃，溶液组成$x_A=0.5$(摩尔分数，下同)时的气相平衡组成与总压；(2) 总压为101.33 kPa，液相组成$x_A=0.4$时的气液相平衡温度与气相组成；(3) 液相组成$x_A=0.6$，气相组成$y_A=0.84$时的平衡温度与总压。(用Antoine方程计算饱和蒸气压(kPa)，甲醇$\lg p_A^*=7.19736-\dfrac{1574.99}{t+238.86}$，丙醇$\lg p_B^*=6.74414-\dfrac{1375.14}{t+193}$，式中$t$为温度，单位℃。)

18. 可视为理想溶液的甲醇-乙醇溶液，在20 ℃下达到气液相平衡，若液相中甲醇和乙醇各为100 g，试计算气相中甲醇和乙醇的分压及总压，并计算气相组成。已知20 ℃时甲醇的饱和蒸气压为11.83 kPa，乙醇的饱和蒸气压为5.93 kPa。

19. 甲醇和丙醇在80 ℃时的饱和蒸气压分别为181.1 kPa和50.93 kPa。甲醇-丙醇溶液可视为理想溶液。(1) 试求80 ℃时甲醇与丙醇的相对挥发度α；(2) 80 ℃下气、液两相平衡时的液相组成为0.5(摩尔分数)，试求气相组成；(3) 计算此时气相的总压。

20. 苯-甲苯体系在常压下的平均相对挥发度为2.45，若苯-甲苯混合液进料中，x_f(苯)=0.5，进行简单蒸馏，试求蒸出总物质的量为50%时馏出液的组成。(注：可采用试算法求算)

21. 用连续精馏塔分离含苯、甲苯各50%(摩尔百分数，下同)的混合液，要求馏出液含苯90%，釜残液含苯10%，泡点进料。已知进料量为100 $\mathrm{kmol\cdot h^{-1}}$，自塔釜产生的蒸气量为150 $\mathrm{kmol\cdot h^{-1}}$，苯的摩尔质量为78 $\mathrm{g\cdot mol^{-1}}$，甲苯的摩尔质量为92 $\mathrm{g\cdot mol^{-1}}$。问：(1) 馏出液和釜残液各为多少？(2) 塔顶回流比R是多少？

22. 在一连续操作的精馏塔中，分离苯-甲苯混合液，原料液中苯的组成为0.28(摩尔分数，下同)，要求塔顶馏出液组成为0.98，塔底釜残液组成为0.03，精馏段上升蒸气量为1000 $\mathrm{kmol\cdot h^{-1}}$。若塔顶回流比为1.5，试求：(1) 塔顶馏出液量及精馏段回流液量；(2) 精馏段操作线方程及提馏段操作线方程。

23. 在一连续操作的精馏塔中分离某二元组分混合溶液，已知进料液组成为0.3(摩尔分数，下同)，塔顶馏出液组成为0.95，塔底釜残液组成为0.04，均为易挥发组分的摩尔分数。若塔顶回流比为2.0，试求精馏段和提馏段的操作线方程。

24. 某一连续操作的精馏塔，泡点进料。已知操作线方程为

$$\text{精馏段}\quad y=0.8x+0.172$$

$$\text{提馏段}\quad y=1.3x-0.018$$

试求塔顶液体回流比R、馏出液组成x_d、塔釜馏残液组成x_w及进料组成x_f。

25. 用精馏塔分离苯-甲苯混合液，进料液中苯的含量为0.4(摩尔分数，下同)，在常压下进行连续精馏，要求馏出液中苯的摩尔分数为0.98，馏残液中含苯为0.02，选用的回流比为最小回流比的2倍，试求精馏所需的理论塔板数和苯的回收率。

26. 在一连续精馏塔中分离苯-甲苯混合物，已知进料液中含苯0.5（摩尔分数，下同），要求馏出液中含苯0.95，馏残液中含苯不超过0.05，选用的适宜回流比为2，若苯-甲苯体系在常压下的相对挥发度为2.45，求第三块塔板上的气液相组成。

27. 在一连续精馏塔中分离某理想二元混合物，已知进料量为100 $kmol \cdot h^{-1}$，进料组成为0.5（易挥发组分摩尔分数，下同），塔顶馏出液的流量为50 $kmol \cdot h^{-1}$，组成为0.96，泡点进料，操作回流比为最小回流比的1.5倍。操作条件下平均相对挥发度 $\alpha=2.1$。试求：(1) 塔釜馏残液的组成；(2) 精馏段操作线方程；(3) 塔顶往下第二块理论塔板上的液相组成。

28. 正庚烷-甲苯体系接近于理想体系，平均相对挥发度为1.43。用连续精馏分离正庚烷-甲苯混合体系，已知进料液中正庚烷组成为0.5（摩尔分数，下同），要求馏出液中正庚烷组成为0.9，馏残液中正庚烷摩尔分数为0.1，进料为20 ℃溶液，采用的回流比为4，求塔顶往下第三块理论塔板上的气液相组成。

29. 在常压下连续操作的精馏塔中分离乙醇-水溶液，泡点进料，进料量为100 $kmol \cdot h^{-1}$，进料液中乙醇的摩尔分数为0.3，塔顶馏出液中乙醇的摩尔分数为0.9，塔釜馏残液中乙醇的摩尔分数为0.005，选用的回流比为1.6。(1) 塔顶馏出液量和塔釜馏残液量各是多少？(2) 试求精馏段操作线方程；(3) 若操作条件下的相对挥发度为2.45，则第二块塔板上的气、液相组成各是多少？

30. 用常压下连续操作的精馏塔分离苯-甲苯混合溶液，泡点进料，进料液中苯的摩尔分数为0.4，要求分离完成后，塔顶馏出液中苯的摩尔分数为0.97，塔釜馏残液中苯的摩尔分数为0.02，塔顶回流比为2.2，苯-甲苯溶液的相对挥发度为2.46，试用捷算法估算精馏所需的理论塔板数。

第 7 章　均相反应动力学基础

学习要点

1. 理解均相反应动力学基本概念。
2. 掌握影响简单均相反应速率的因素和反应速率方程。
3. 掌握复杂反应中转化率、选择性和收率的概念。

化学反应动力学研究化学反应速率与影响反应速率的各个变量（如温度、浓度、催化剂等）之间的定量关系，它是工业反应器选型、操作与设计计算所需要的重要理论基础。

均相反应是指在单一的液相或气相中进行的反应，均相反应的速率取决于反应物的温度、浓度。多相反应是指反应物（和催化剂）处于两个或两个以上相态中，在两相界面上发生的反应，多相反应的化学反应速率与两相之间的接触情况有关。本章讨论的是均相反应，关于多相反应的问题会在第 10 章讨论。

7.1　化学动力学的基本概念

7.1.1　化学计量方程式

化学计量方程式表示了化学反应中反应物和产物之间的定量关系。

若一个化学反应可表示为

$$aA + bB \longrightarrow cC + dD \tag{7.1}$$

该方程式称为化学计量式，各组分前的系数称为化学计量系数。

对于计量关系不太复杂的化学反应过程用式(7.1)可较为直观地表述，而对于计量关系复杂的化学反应过程，若反应中存在 n 个反应组分 $B_1, B_2, \cdots, B_n$，则可用下式表示：

$$\sum_{i=1}^{n} \nu_i B_i = 0 \tag{7.2}$$

式中 ν_i 为组分 B_i 的化学计量数。根据约定，反应物的化学计量数为负，产物的化学计量数为正。

7.1.2　反应进度

对于一个化学反应 $aA + bB \rightarrow cC + dD$，为描述反应进行到什么程度，可以用此反应消

耗或生成了多少量的组分来表示。但是各组分消耗或生成的量不一定相等,因此引入反应进度的概念。反应进度 ξ 定义为

$$\xi = \frac{n_{\mathrm{I}} - n_{\mathrm{I0}}}{\nu_{\mathrm{I}}} \tag{7.3}$$

式中,n_{I}为体系中参与反应的任意组分 I 的物质的量,n_{I0}为起始时刻组分 I 的物质的量,ν_{I}为 I 组分的化学计量数。根据约定,反应物的化学计量数为负,产物的化学计量数为正,所以反应进度恒为正值。显然所有反应物和产物的反应进度都是相等的,反应进度具有广度性质,因次为[mol]。

7.1.3 转化率

反应进度是一个绝对量,不容易表述出这个反应进行的相对程度,目前普遍使用转化率来描述反应进行的程度。对于不同操作方式的反应器,转化率有不同的定义。下面先介绍几种反应器的操作方式,然后再介绍转化率。

反应器的操作有间歇、连续和半连续三种方式。

反应原料一次性加入反应器,在反应达到预定转化率时将反应混合物全部取出的操作方式称为间歇操作。间歇操作是一个非定态过程,在反应过程中各组分的浓度随时间而变化。

反应原料从反应器的入口处连续供给,在出口处连续取出产品的操作方式称为连续操作。连续操作属于定态操作,反应器中任意位置的操作参数(温度、浓度等)不随时间变化,但沿流动方向而变化。

半连续操作介于间歇操作和连续操作之间,例如,一部分反应物分批加入反应器中,另一部分反应物连续加入反应器中。

1. 间歇反应器中的转化率

反应组分 A 在反应开始时的物质的量为 $n_{\mathrm{A},0}$,经过时间 t 后组分 A 的物质的量为 n_{A},A 的转化率为

$$x_{\mathrm{A}} = \frac{n_{\mathrm{A},0} - n_{\mathrm{A}}}{n_{\mathrm{A},0}} \tag{7.4}$$

或

$$n_{\mathrm{A}} = n_{\mathrm{A},0}(1 - x_{\mathrm{A}}) \tag{7.5}$$

对于反应前后体积不变的化学反应(如大部分液液反应),式(7.5)除以体积,则可以写成

$$c_{\mathrm{A}} = c_{\mathrm{A},0}(1 - x_{\mathrm{A}}) \tag{7.6}$$

2. 连续操作反应器中的转化率

对连续操作的反应器,定常态操作时各组分的浓度不随时间变化,组分 A 的转化率可表示成

$$x_{\mathrm{A}} = (q_{\mathrm{A0}} - q_{\mathrm{A}})/q_{\mathrm{A0}} \tag{7.7}$$

式中,q_{A} 为反应器内某一点处组分 A 的摩尔流量;q_{A0}为反应器入口处组分 A 的摩尔流量。

7.1.4 化学反应速率的定义

反应进度、转化率都可以描述反应进行的程度，除了关注反应进行的程度，在工业上，还非常关注反应进行的快慢，也就是反应速率的问题。

1. 间歇反应器中反应速率的定义

在间歇操作的反应器中，化学反应速率是指反应体系中，参与反应的物质在单位时间、单位反应区域内的变化量。对均相反应，这里的反应区域指反应体积，而非均相的液液反应是在相界面上发生的，气固相催化反应则发生在催化剂表面，因此，反应区域一般指相界面积或催化剂质量。

对均相反应：$a\mathrm{A}+b\mathrm{B}\longrightarrow s\mathrm{S}$，随着反应的进行，反应物的物质的量逐渐减少，即 $\mathrm{d}n_\mathrm{A}/\mathrm{d}t<0$，$\mathrm{d}n_\mathrm{B}/\mathrm{d}t<0$，为使反应速率恒为正值，计算时反应物的反应速率使用其消耗速率；产物的物质的量随时间增加，即 $\mathrm{d}n_\mathrm{S}/\mathrm{d}t>0$，产物用其生成速率。A、B 物质的消耗速率为

$$r_\mathrm{A}=-\frac{\mathrm{d}n_\mathrm{A}}{V\mathrm{d}t},\quad r_\mathrm{B}=-\frac{\mathrm{d}n_\mathrm{B}}{V\mathrm{d}t}\tag{7.8}$$

式中，V 为反应器中反应物所占的体积，n_A、n_B 为任意组分 A、B 的瞬时物质的量，t 为反应时间。

产物 S 的生成速率为

$$r_\mathrm{S}=\frac{\mathrm{d}n_\mathrm{S}}{V\mathrm{d}t}\tag{7.9}$$

反应速率也可以用转化率表示：

$$r_\mathrm{A}=-\frac{\mathrm{d}n_\mathrm{A}}{V\mathrm{d}t}=\frac{n_{\mathrm{A},0}\mathrm{d}x_\mathrm{A}}{V\mathrm{d}t}\tag{7.10}$$

还有一种用反应进度表示的反应速率 r：

$$r=\frac{\mathrm{d}\xi}{V\mathrm{d}t}\tag{7.11}$$

以任意组分 I 表示的反应速率和以反应进度表示的反应速率是两种表示反应速率的方法，两种反应速率的关系为 $r=\frac{r_\mathrm{I}}{\nu_\mathrm{I}}$。习惯上使用以组分 I 表示的反应速率 r_I，而不使用以反应进度表示的反应速率 r。

2. 连续反应器中反应速率的定义

在连续反应器中，反应物连续流入反应器，当系统达到定常态时，反应物系各组分的浓度不随时间变化。如图 7.1 所示，在连续反应器内，在 13 时取样和 15 时取样浓度是相同的。按照式(7.8)，有 $r_\mathrm{A}=\frac{-\mathrm{d}n_\mathrm{A}}{V\mathrm{d}t}=\frac{-\mathrm{d}C_\mathrm{A}}{\mathrm{d}t}=0$，则 $r_\mathrm{A}=0$，这显然是不正确的，即由式(7.8)定义的反应速率不能应用于流动体系。

流动体系反应速率可表示为

$$r_\mathrm{I}=-\frac{\mathrm{d}q_\mathrm{I}}{\mathrm{d}V}\tag{7.12}$$

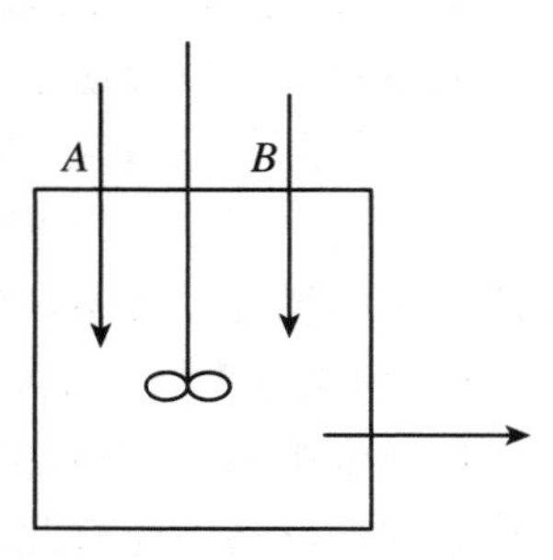

图 7.1　连续反应器

式中，q_I 为 I 组分的摩尔流量，dV 为反应器沿反应物系流动方向的微元体积。

7.1.5 反应速率方程

描述反应速率与温度、浓度等影响因素之间关系的方程式称为反应速率方程，也称为动力学方程。反应速率方程是分析反应过程和设计反应器的重要依据。对于均相反应，反应速率主要由反应组分的浓度和反应温度决定。

1. 反应速率与浓度的关系

化学反应根据其涉及的反应步骤的多少可分为基元反应和非基元反应。一般定义反应过程不能再分割的单一反应或反应路径为基元反应。在基元反应中，其反应速率与浓度的关系可用质量作用定律描述。对基元反应：

$$aA + bB \longrightarrow sS$$

其反应速率方程为

$$r = kc_A^a c_B^b \tag{7.13}$$

式中，k 为反应速率常数，它是温度的函数；c_A、c_B 分别为反应物 A 和 B 的浓度。

对于非基元反应，若其机理和路径明确，则可以借助基元反应速率方程推导出反应速率与浓度的关系。工业应用中绝大多数反应都不是基元反应，而且反应机理和路径不明确，因此，反应速率方程通常用试验来测定，得到反应速率方程的经验式。应当指出，通过试验得到的化学反应速率方程，仅反映了所测范围内的规律，在不同温度范围内，反应物的浓度效应可能呈现不同的规律。对于均相反应，反应速率方程多可以写成幂级数形式。对非基元反应

$$aA + bB \longrightarrow sS$$

其反应速率方程表示为

$$r = kc_A^m c_B^n$$

式中，指数 m、n 分别为组分 A 和 B 的反应级数，反应的总级数为 $m+n$。经验式表示的反应级数不一定是整数，可以是分数或零，而且可正可负。反应级数越高，浓度的变化对反应速率的影响越显著。

幂级数形式的反应速率方程具有形式简明、处理方便的优点。但并不是所有的反应都适合用幂级数的形式来表示。非幂级数形式的反应速率方程通常意味着较为复杂的反应机理。很多非均相反应的反应速率方程都不能表示为幂级数的形式。

2. 反应速率的温度效应和反应活化能

温度对化学反应速率的影响主要体现在反应速率常数 k 上。反应速率常数随温度的变化关系可用阿伦尼乌斯（Arrhenius）公式求算，它是由瑞典的阿伦尼乌斯所创立的经验公式。阿伦尼乌斯在化学上的贡献有很多，比较重要的贡献是提出了电离学说，另外他解释了反应速率与温度的关系，提出了活化能的概念及与反应热的关系等。由于在化学领域的卓越成就，阿伦尼乌斯于 1903 年荣获了诺贝尔化学奖，成为瑞典第一位获此科学大奖的科学家。他热爱祖国，为报效祖国而放弃国外的荣誉和优越条件，在当今仍不失为科学工作者的楷模。阿伦尼乌斯能有此成就，主要有以下原因：首先，他刻苦钻研，具有很强的实验能力。其次，在哲学上他是一位坚定的自然科学唯物主义者，他终生不信宗教，坚信科学，并且不迷

信当时的权威专家，因而能打破传统观念，独创电离学说。另外，他知识渊博，对自然科学的各个领域都学有所长，早在学生时代就已精通英、德、法和瑞典语等四五种语言，这对他周游各国，广泛求师进行学术交流起了重大作用。

阿伦尼乌斯公式为

$$k = A \cdot e^{\frac{-E}{RT}} \tag{7.14}$$

式中，A 称为指前因子或频率因子；E 为活化能，是一个重要的动力学参数；R 为气体常数，值为 $8.314\ \mathrm{J \cdot mol^{-1} \cdot K^{-1}}$；$T$ 为反应温度，单位为 K。

对式(7.14)两边取对数，得

$$\ln k = \ln A - \frac{E}{RT} \tag{7.15}$$

据此以 $\ln k$ 对 $\frac{1}{T}$ 作图可以得到一条直线，其斜率为 $-\frac{E}{R}$，截距为 $\ln A$，因此通过在几个不同的温度条件下进行反应实验，可以确定活化能。

由阿伦尼乌斯公式可以看出，反应速率常数同时受到指前因子、活化能和热力学温度 T 的影响。活化能越大，温度对反应速率的影响越显著(图7.2)。对于同一反应，即活化能 E 一定时，反应速率对温度的敏感度随温度升高而降低。如对于活化能为 $41.87\ \mathrm{kJ \cdot mol^{-1}}$ 的反应，在温度为 400 ℃时，反应速率提高一倍温度仅需提高 70 K，而在温度为 2000 ℃时，反应速率提高一倍则温度需提高 1037 K。

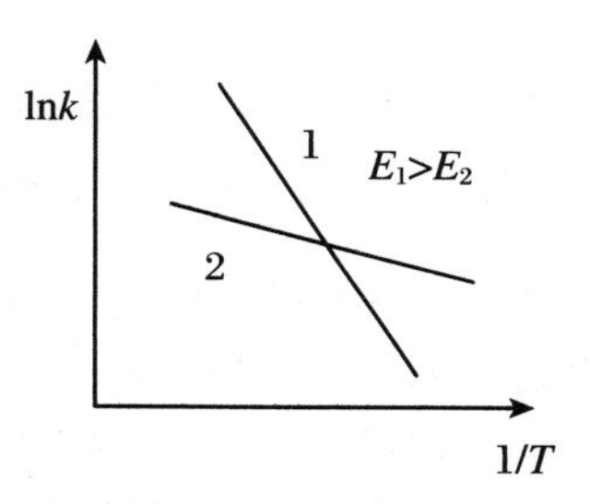

图7.2　反应速率常数与温度的关系

需要注意，阿伦尼乌斯经验公式在一定温度范围内与实验结果符合，但是对于温度范围较宽或是较复杂的反应，$\ln k$ 与 $1/T$ 就不是一条很好的直线了。这说明活化能与温度是有关的，阿伦尼乌斯经验公式对某些复杂反应不适用。

例7.1　乙烷裂解反应的表观活化能为 $300\ \mathrm{kJ \cdot mol^{-1}}$，在其他条件相同的情况下，该反应在 700 ℃的反应速率是 500 ℃时的多少倍？

解　其他条件相同，不同温度下的反应速率之比与其速率常数之比相等，则有

$$\frac{k_{700}}{k_{500}} = \frac{A\exp\left(\frac{-E}{R \times (700+273)}\right)}{A\exp\left(\frac{-E}{R \times (500+273)}\right)} = \exp \frac{300 \times 10^3}{8.314}\left(\frac{1}{973} - \frac{1}{773}\right) = 14691$$

故该裂解反应在 700 ℃时的反应速率是 500 ℃时的 14691 倍。

7.2　简单反应

反应过程只需用一个化学计量方程和一个反应速率方程表示的化学反应称为简单反应或单一反应。对于可逆反应，虽然要用正、逆两个反应式才能完整描述，但可以用一个反应方程式描述参与反应的各物质数量之间的关系，一般将可逆反应当作单一反应来处理。

7.2.1 一级反应

对一级反应 A ⟶ S，反应速率与物质浓度的一次方成正比：

$$r_A = kc_A \tag{7.16}$$

对于等温条件、反应前后体积基本不变的间歇操作，则有

$$r_A = -\frac{1}{V}\cdot\frac{dn_A}{dt} = -\frac{dc_A}{dt} = kc_A$$

在初始条件为 $t=0, c_A = c_{A,0}$ 下，进行积分：

$$\int_{c_{A0}}^{c_A}\frac{dc_A}{c_A} = -\int_0^t k\,dt$$

得

$$\ln\frac{c_{A,0}}{c_A} = kt \quad 或 \quad c_A = c_{A,0}\cdot e^{-kt} \tag{7.17}$$

如用转化率表示可写成

$$\ln\frac{1}{1-x_A} = kt \quad 或 \quad x_A = 1 - e^{-kt} \tag{7.18}$$

在实际生产中，很多反应不是按照化学计量方程式的比例进料，由于生产工艺或技术经济上的原因，会使某种反应物过量。比如对 A、B 两种物质参与反应的二级反应，当某一反应物极大地过量，则该反应物的浓度在反应过程中仅有很小的变化，因而可视为定值，则可看成另一反应物的一级反应。这样的一级反应称为拟一级反应。可见，实际情况和理想情况是不同的，不能照搬理想情况时的规律。在实际生产过程中，很多化学反应都不是按化学计量方程式的比例进料的，在反应过程的计算中要引起注意。

7.2.2 二级反应

二级反应是工业上最为常见的反应。对二级反应 A + B ⟶ R，反应速率方程为 $r_A = kc_Ac_B$，若两种反应物的初始浓度相等即 $c_{A,0} = c_{B,0}$，由于 A、B 计量系数相等反应过程中两种反应物消耗的物质的量相等，所以 $c_A = c_B$，则反应速率方程可表示为 $r_A = kc_A^2$。与反应速率的定义式联立，对于反应前后体积基本不变的间歇反应，有

$$r_A = kc_A^2 = -\frac{dc_A}{dt} \tag{7.19}$$

或

$$r_A = kc_{A,0}^2(1-x_A)^2 \tag{7.20}$$

反应开始时，$t=0, c_{A,0} = c_{B,0}$，对式(7.19)进行积分，有

$$\int_0^t k\,dt = \int_{c_{A0}}^{c_A}\frac{-dc_A}{c_A^2}$$

得

$$kt = \frac{1}{c_A} - \frac{1}{c_{A,0}} \tag{7.21}$$

或

$$kt = \frac{x_A}{c_{A,0}(1 - x_A)} \tag{7.22}$$

若 $c_{A,0} \neq c_{B,0}$，反应速率方程为

$$r_A = \frac{-\mathrm{d}c_A}{\mathrm{d}t} = kc_A c_B$$

反应物A与B的初始浓度不等，它们在反应某一时刻的转化率也是不相等的，但它们必然满足以下条件：$c_{A,0}x_A = c_{B,0}x_B$（因为A、B的化学计量数均是1），则有

$$\begin{aligned} r_A &= \frac{c_{A,0}\mathrm{d}x_A}{\mathrm{d}t} \\ &= k(c_{A,0} - c_{A,0}x_A)(c_{B,0} - c_{B,0}x_B) \\ &= kc_{A,0}(1 - x_A)(c_{B,0} - c_{A,0}x_A) \end{aligned}$$

对上式积分得

$$t = \frac{1}{k(c_{B,0} - c_{A,0})} \ln \frac{1 - x_B}{1 - x_A} \tag{7.23}$$

或

$$t = \frac{1}{k(c_{B,0} - c_{A,0})} \ln \frac{c_B c_{A,0}}{c_A c_{B,0}} \tag{7.24}$$

常用的不可逆反应的速率方程见表7.1。

表7.1　等温恒容不可逆反应的速率方程及其积分式

反应级数	反应速率方程	反应速率积分式
零级	$\frac{-\mathrm{d}c_A}{\mathrm{d}t} = k$	$t = \frac{c_{A,0} - c_A}{k}$
一级	$\frac{-\mathrm{d}c_A}{\mathrm{d}t} = kc_A$	$t = \frac{1}{k}\ln\frac{c_{A,0}}{c_A} = \frac{1}{k}\ln\frac{1}{1 - x_A}$
二级	$\frac{-\mathrm{d}c_A}{\mathrm{d}t} = kc_A^2$	$t = \frac{1}{k}\left(\frac{1}{c_A} - \frac{1}{c_{A,0}}\right) = \frac{x_A}{kc_{A,0}(1 - x_A)}$
	$\frac{-\mathrm{d}c_A}{\mathrm{d}t} = kc_A c_B$	$t = \frac{1}{k(c_{B,0} - c_{A,0})}\ln\frac{c_B c_{A,0}}{c_A c_{B,0}} = \frac{1}{k(c_{B,0} - c_{A,0})}\ln\frac{1 - x_B}{1 - x_A}$

7.2.3　可逆反应

可逆反应也属简单反应，它是指那些正向和逆向同时以显著速率进行的化学反应。

对于一级可逆反应：$A \rightleftharpoons P$，A的反应速率等于正、逆反应速率的代数和，即 $r_A = k_1 c_A - k_2 c_P$，其中，k_1、k_2分别为正、逆反应的反应速率常数。

设平衡状态时反应物A的浓度为 $c_{A,e}$，产物P的浓度为 $c_{P,e}$，当反应达到平衡时，A的消耗速率与它的生成速率相等，即有

$$k_1 c_{A,e} = k_2 c_{P,e}$$

令 $K = \frac{k_1}{k_2} = \frac{c_{P,e}}{c_{A,e}}$，又可写成

$$K = \frac{c_{\mathrm{P,e}}}{c_{\mathrm{A,e}}} = \frac{c_{\mathrm{A,0}} - c_{\mathrm{A,e}}}{c_{\mathrm{A,e}}} = \frac{x_{\mathrm{A,e}}}{1 - x_{\mathrm{A,e}}}$$

式中，$x_{\mathrm{A,e}}$为反应物 A 的平衡转化率，K 为反应平衡常数。

例 7.2　设某反应的反应速率方程为 $r_{\mathrm{A}} = 0.85c_{\mathrm{A}}^2\ \mathrm{kmol \cdot m^{-3} \cdot s^{-1}}$。A 的初始浓度为 $1\ \mathrm{kmol \cdot m^{-3}}$，若要求 A 的残余浓度为 $0.01\ \mathrm{kmol \cdot m^{-3}}$，问需要多少时间？若 $r_{\mathrm{A}} = 0.05c_{\mathrm{A}}^2$，又需要多少时间？

解　反应为二级反应，有 $kt = \frac{1}{c_{\mathrm{A}}} - \frac{1}{c_{\mathrm{A0}}}$。

(1) $t_1 = \dfrac{\frac{1}{0.01} - 1}{0.85} = 116.5(\mathrm{s})$。

(2) $t_1 = \dfrac{\frac{1}{0.01} - 1}{0.05} = 1980(\mathrm{s})$。

7.3　复合反应

在实际生产过程中，反应器中只有一个反应的情况很少，常发生若干个反应，包括希望发生的主反应和不希望发生的副反应。一种反应物可能只参与其中一个反应，也可能同时参与几个反应。复合反应的反应速率需要用两个或两个以上的反应速率方程来表示。

7.3.1　描述原料利用率的指标

对于复合反应，反应体系中同时发生若干个反应，能产生几种不同的产物，一般说来，其中只有一种产物是生产的目的产物，产生目的产物的反应称为主反应，而产生不需要的产物或价值较低的产物的反应称为副反应。显然，对化工生产而言，尽量减少副反应的发生是赢利的一个关键因素。对于化学工业来说，原料的成本通常占有很大的比重，因而原料的利用率是非常重要的，通常我们用以下指标来描述原料的利用率。

1. 转化率

当系统中反应物不止一个时，若各反应物不是以化学计量比进料，则对于同一反应进度，采用不同反应物计算的转化率数值可能不一样。所以在分析反应器时，常选用某一组分来表示反应的转化率。这一组分必须是反应物，而且是相对不足的，这种不过量的反应物称为限制组分或着眼组分。如果体系中有多个不过量的反应物，通常选取重点关注的、经济价值相对高的组分作为限制组分。

2. 选择性

在复合反应中，反应物转化过程中除了生成目标产物之外，还会生成一定量的副产物。显然，生成的目标产物比例越大，说明反应过程中对资源的利用率越高。限制组分在化学反应过程中转化为目标产物的比例用目标产物的选择性表示，选择性是指转化成目的产物的反应物的物质的量与转化掉的反应物的量之比。由于复合反应中存在产生非目标产物的副反应，反应物在转化过程中不可能全部生成为目标产物，因此目标产物的选择性总是小于 100%。

$$选择性(\beta)=\frac{转化为目的产物的反应物的物质的量}{反应物被转化掉的物质的量}$$

通常化工生产企业对选择性的重视程度超过转化率。因为在反应过程中，如果某一化学反应在一定的条件下转化率较低，还可以将未转化的反应物分离后重新使用，所增加的费用主要是增大设备尺寸和分离产物时的能量消耗。但如果化学反应的选择性低，则表明有相当一部分原料转化成副产品，而要使副产品再变成所需的产物是十分困难的。一般而言，化工生产的原料成本远大于能源成本和设备的折旧成本。何况，有些副产品可能会成为生产中的废弃物，废弃物的回收和处理成本也是相当高的。

3．收率

收率也称产率或得率。收率这个名词在化工生产中用得较多，它表示了投入的原料与得到的产物之间的定量关系，表示了原料的有效利用程度。收率可表示为

$$收率(\varphi)=\frac{转化为目的产物的反应物的物质的量}{进入反应器的反应物的物质的量}$$

转化率、选择性、收率三者的关系可表示为

$$\varphi = x\beta$$

对于单一反应来说，转化率与收率相等；对于复合反应，转化率大于收率。

7.3.2　复合反应的速率方程式

典型的复合反应有平行反应和连串反应以及它们的组合。

1．平行反应

平行反应是指反应物完全相同，但产物不相同或不完全相同的反应。在该反应中，反应物以不同的反应途径形成不同的反应产物。设平行反应为

$$A+B\xrightarrow{k_1}P$$

$$A+B\xrightarrow{k_2}S$$

它们的反应速率为

$$r_P=\frac{dc_P}{dt}=k_1c_A^{a_1}c_B^{b_1}$$

$$r_S=\frac{dc_S}{dt}=k_Sc_A^{a_2}c_B^{b_2}$$

平行反应的速率之比为

$$\rho=\frac{r_P}{r_S}=\frac{dc_P}{dc_S}=\frac{k_1}{k_2}c_A^{a_1-a_2}c_B^{b_1-b_2}$$

显然，主反应与副反应的反应速率之比越大，则形成的主产物越多、副产物越少，反应的

选择性越高。可以看到，如主反应的级数大于副反应的级数，即 $a_1>a_2$，$b_1>b_2$，则提高反应物的浓度有利于提高选择性；反之，如果副反应的级数大于主反应的级数，则较低的反应物浓度有利于提高产物的选择性。

温度对选择性的影响可以通过反应速率常数的比值来判断：

$$\frac{k_1}{k_2}=\frac{A_1}{A_2}e^{-\frac{E_1-E_2}{RT}}$$

若 $E_1>E_2$，则随着温度的升高主反应速率常数比副反应速率常数增加得快，因此反应应该在较高的温度下进行，反之则应在较低的温度下进行。

2. 连串反应

若有一连串反应的形式为

$$A\xrightarrow{k_1}P\xrightarrow{k_2}S$$

随着反应的进行，组分 A 的浓度逐渐下降，最终产物 S 的浓度逐渐上升，而中间产物 P 的浓度则是先升后降的。这是因为反应前期中间产物 P 的生成速率大而消耗速率小，所以 P 的浓度上升，但在反应后期由于 P 的浓度增加，消耗速率加快，并超过了 P 的生成速率，P 的浓度逐渐下降。因此，P 的浓度在某一反应时间内有一极大值。

若中间产物是目标产物，则控制反应时间是提高选择性或收率的关键。因此对于连串反应，最重要的变量是时间，对于间歇反应器指实际反应时间，对于连续反应器指反应物在反应器的停留时间。连串反应的反应时间计算的准确性比其他类型的反应都重要。

习 题

1. 要将反应速率写成 $r_A=-\frac{dc_A}{dt}$，有什么条件？

2. 有一液相反应 $A+B\longrightarrow R$，已知反应是一个二级反应，反应速率方程为 $r_A=kc_Ac_B$，反应速率常数 $k=0.2\ L\cdot mol^{-1}\cdot min^{-1}$。现在在一个容积为 1 L 的间歇操作反应装置中进行上述反应。反应开始时，反应器中 $c_{A,0}=2.4\ mol\cdot L^{-1}$，$c_{B,0}=1.6\ mol\cdot L^{-1}$。问当反应物 B 的转化率达到 75%时，需要多少时间？

3. 气相反应 $2A\longrightarrow B+C$ 在一恒容间歇反应器中进行，测得组分 A 的分压 p_A 随时间的变化关系为 $\frac{-dp_A}{dt}=k_pp_A^2(atm\cdot h^{-1})$，式中 $k_p=5\ atm^{-1}\cdot h^{-1}$。假定反应在 423 K 下等温进行，试推导组分 A、B、C 的反应速率与浓度的关系。反应速率的单位为 $mol\cdot m^{-3}\cdot s^{-1}$。

4. 某反应方程式为 $A+2B\longrightarrow 3C$，若以反应物 A 表示的反应速率为 $r_A=2c_Ac_B^2$，试写出以反应物 B 和产物 C 表示的反应速率方程。

5. 对于牛奶高温杀菌过程，60 ℃反应时需要 30 min，74 ℃反应时只需 15 s，求该杀菌反应的活化能。

6. 在373 K条件下，某气相反应速率表达式为 $r_A = \frac{-dn_A}{Vdt} = 8.2c_A^2$（mol · L^{-1} · s^{-1}）。(1) 速率常数的单位是什么？(2) 将反应表达式转化为以分压表示 $r = \frac{-dP_A}{dt} = k_P P_A^2$（MPa · s^{-1}）时，求 k_P 的值。

7. 等温条件下进行一级和二级不可逆液相反应，若反应物初始浓度相同，分别求出转化率由0达到0.9所需的时间（t_1）和由转化率0.9达到0.99所需时间（t_2）之比。

第8章　均相反应过程

学习要点

1. 掌握典型反应器中物料流动的特点。

2. 掌握理想反应器中进行的简单均相反应的转化率、反应时间、空间时间、停留时间与反应器容积之间的关系。

3. 掌握间歇搅拌釜式反应器(BSTR)、平推流反应器(PFR)、全混流反应器(CSTR)、多釜串联反应器的容积计算。

4. 了解多釜串联反应器容积计算的基本方法。

5. 了解不同反应器的比较和选择。

8.1　概　　述

8.1.1　化学反应器的类型

化工生产过程中的化学反应类型很多,反应条件差别很大,操作方式也不尽相同,故而工业反应器的类型繁多,分类方法也有多种。

1. 按物料的相态分类

按物料的相态,反应器可分为均相反应器和非均相反应器两大类。均相反应器有气相和液相两类;非均相反应器有气-液、气-固、液-液、液-固等类反应器。

2. 按反应器的结构型式分类

按反应器结构型式的特征,常见的工业反应器有釜式、管式、塔式、固定床和流化床反应器等。

8.1.2　反应器中的流动问题

在不同型式的反应器中,同一化学反应即使在相同的条件下进行反应结果也会不同,这是因为不同结构的反应器内物料的流速、温度和浓度的分布不同,会造成反应速率的差异。对于均相反应,影响反应速率的只有物料的流动状态和混合两个因素。

停留时间相同的物料之间的混合,称为简单混合,比如间歇反应器中物料的混合就属于简单混合。停留时间不同的流体微团之间的混合，称为返混。连续反应器中不同停留时间的物料之间的混合属于返混。返混会影响物料组成的变化，从而导致反应速率的变化，对反应产品的产量、质量都带来影响。因此，着手反应器设计计算前，必须先对物料在反应器中的流动状况进行分析。

实际流动较为复杂，为讨论方便，本章只对两种理想的流动（也即两种极端的流动状况）及其相应的反应器进行分析，偏离理想流动状况的非理想流动将在下一章讨论。

两种极端的流动情况是平推流（也称活塞流或理想排挤流等）和全混流（也称完全混合流或理想混合流）。平推流是指在轴向没有扩散，在径向上温度、流速、浓度处处相等，所有物料在反应器中的停留时间是相同的，不存在返混。而全混流则是指刚进入反应器的新鲜物料与已存留在反应器中的物料能达到瞬间的完全混合，在整个反应器中各处物料的浓度和温度完全相同，且等于反应器出口处物料的浓度和温度，返混最大。

实际反应器中的流动状况，介于上述两种理想流动状况之间。但是在工程计算上，对管径较小、流速较大的管式反应器，其内的流动接近于平推流，可作为平推流反应器处理；而带有搅拌的釜式反应器的情况接近于全混流，可作为全混流反应器处理。

8.2　间歇操作釜式反应器

8.2.1　间歇操作釜式反应器的结构与操作特点

间歇反应器是将反应物料按一定比例一次加入反应器中，经过一段时间反应达到所要求的转化率后，将反应器内的物料全部排出，经过清洗，即完成了一个生产周期。

间歇反应器的特点是分批装料、分批操作和分批卸料，操作灵活、简单，是最常用的一种反应器，适用于规模小、反应时间长的反应。其缺点是装料、卸料等辅助操作耗时长，设备利用率低，产品质量也不稳定。

理想间歇反应器，简称间歇反应器，英文名为 batch reactor，简称 BR。理想间歇反应器具有以下特点：

(1) 反应器有效空间内各处温度、浓度都相等，反应器内的浓度、转化率、反应速率等只随反应时间变化而不随反应器内的位置变化。

(2) 所有物料在反应器内停留时间相同，所以无返混。

(3) 出料组成与反应器内物料的最终组成相同。

(4) 有辅助生产时间，如加料、出料、清洗等时间。

理想间歇反应器是一种理想的反应器，是对实际反应器的简化。在处理实际的化工问题时，由于实际问题太复杂，严格按照实际情况无法解决，我们通常会将其简化为一个模型，尽管模型和实际情况并不是一模一样，但是很接近，这种模型法是处理实际问题经常使用的方法。在反应物料黏度不太大，化学反应速率较慢的情况下，间歇搅拌釜式反应器通常都能满足温度和浓度均一的要求，即可当作理想间歇釜式反应器处理。

8.2.2 间歇操作釜式反应器容积的计算

1. 反应时间的计算

由于整个反应器内处处温度、浓度均匀，所以可对整个反应器做物料衡算。根据物料衡算式：

$$进入的物料量 = 输出的物料量 + 反应掉的物料量 + 物料的积累量 \tag{8.1}$$

对组分 A 进行物料衡算，由于间歇反应既没有物料的进入也没有物料的输出，所以

$$反应掉的 A 的物料量 = - A 物料的积累量$$

即有

$$r_A \times V = -\frac{dn_A}{dt} = -\frac{d[n_{A,0}(1-x_A)]}{dt} = n_{A,0}\frac{dx_A}{dt}$$

$$\int_0^t dt = \int_0^{x_A} \frac{n_{A,0}}{r_A \cdot V} dx_A$$

$$t = n_{A,0}\int_0^{x_A} \frac{dx_A}{r_A \cdot V} \tag{8.2}$$

式(8.2)是间歇操作釜式反应器的基本方程式。若反应前后物料的体积变化不大，则可认为是定容过程，这时反应物的体积 V 为常数，则有

$$t = \frac{n_{A,0}}{V}\int_0^{x_A} \frac{dx_A}{r_A} = c_{A,0}\int_0^{x_A} \frac{dx_A}{r_A} \tag{8.3}$$

对于定容过程，$c_A = c_{A,0}(1 - x_A)$，$dc_A = -c_{A,0}dx_A$，式(8.3)可写成

$$t = -\int_{c_{A,0}}^{c_A} \frac{dc_A}{r_A} \tag{8.4}$$

当给定反应速率方程，已知初始浓度 $c_{A,0}$，由式(8.3)可确定达到一定转化率所需要的反应时间，由式(8.4)可确定达到一个指定的浓度所需的时间。简单整数级反应的反应时间的计算结果同上一章表 7.1。

对反应历程较为复杂的化学反应，通常不能表示为简单的整数级，无法应用式(8.4)用解析的方法求取反应所需时间 t。这时需要用实验的方法求得反应速率与反应物浓度的关系，作出类似图 8.1 中的曲线，用数值积分的方法，算出曲线下的面积，求得反应所需的时间。

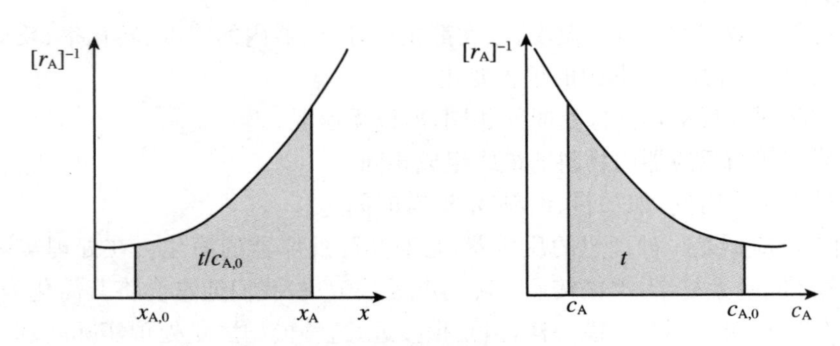

图 8.1　间歇操作釜式反应器特性方程的图解表示

2. 反应器容积的计算

对于间歇操作，因为还有加料所需的时间、出料所需的时间和清洗反应器的时间，所以整个循环的时间大于其反应时间。加料、出料、清洗等非反应时间统称为辅助时间 t'。间歇反应器的反应体积与单位时间内物料的处理量有关。反应器的有效容积由下式确定：

$$V_R = v(t + t') \tag{8.5}$$

式中，v 为单位时间处理物料的平均体积，t 为计算的反应时间，t'为辅助时间。

由于反应器装填物料后要留有一定空间，所以实际体积要比有效体积大，实际体积 V_T为

$$V_T = \frac{V_R}{\varphi} \tag{8.6}$$

式中，φ 称为装料系数，它是反应器有效容积占总容积的比值。φ 通常由经验确定，对不产生泡沫、不沸腾的液体，φ 采用 0.7～0.85，反之，φ 只可采用 0.4～0.6。

例 8.1　用反应釜间歇操作进行某二级反应，反应速率为：$r_A = 2.09\ c_A{}^2(\text{kmol} \cdot \text{m}^{-3} \cdot \text{h}^{-1})$，$c_{A,0} = 2\ \text{kmol} \cdot \text{m}^{-3}$，操作温度 373 K，求转化率 x_A分别为 50%、80%和 90%时所需的反应时间，并加以比较。

解　根据二级反应的反应时间公式计算：

$$t = \frac{x_A}{kc_{A,0}(1 - x_A)}$$

$$t_{50\%} = \frac{1}{2.09 \times 2} \times \frac{0.5}{1 - 0.5} = 0.239(\text{h})$$

$$t_{80\%} = \frac{1}{2.09 \times 2} \times \frac{0.8}{1 - 0.8} = 0.96(\text{h})$$

$$t_{90\%} = \frac{1}{2.09 \times 2} \times \frac{0.9}{1 - 0.9} = 2.15(\text{h})$$

计算结果表明：随着转化率的提高，反应所需的时间越来越长。这是因为反应越到后期，反应物浓度越低，反应速率也就越慢。

例 8.2　在间歇釜式反应器中，己二酸与己二醇以等物质的量比，在 343 K 时进行缩聚反应产生醇酸树脂。反应速率方程为：$r_A = k \cdot c_A \cdot c_B$，由实验测得，在 343 K 时，$k = 1.97\ \text{L} \cdot \text{kmol}^{-1} \cdot \text{min}^{-1}$。己二酸的起始浓度 $c_{A,0} = 0.006\ \text{kmol} \cdot \text{L}^{-1}$。若每天处理 2000 kg 己二酸，己二酸的转化率为 80%，每批操作的辅助时间 $t' = 1.2$ h，试计算反应器的总容积。装料系数 φ 取 0.8。

解　(1) 计算每批料所需反应时间：

$$t = \frac{x_A}{kc_{A,0}(1 - x_A)} = \frac{0.8}{1.97 \times 0.006 \times (1 - 0.8)}\ \text{min} = 338\ \text{min} = 5.64\ \text{h}$$

(2) 计算反应器总容积。

每天处理 2000 kg 己二酸，每小时处理己二酸为$\frac{2000}{24 \times 146} = 0.57(\text{kmol} \cdot \text{h}^{-1})$。己二酸的起始浓度 $c_{A,0} = 0.006(\text{kmol} \cdot \text{L}^{-1})$，反应物的处理量 $V = \frac{0.57}{0.006} = 95(\text{L} \cdot \text{h}^{-1})$。

$$t_{总} = t + t' = 5.64 + 1.2 = 6.84(\text{h})$$

反应器有效容积

$$V_R = v(t + t') = 95 \times 6.84 = 649.8(\mathrm{L})$$

反应器总容积

$$V_T = 649.8/0.8 = 812.25(\mathrm{L})$$

反应器总容积为 812.25 L。

8.3 平推流反应器

平推流反应器是一种理想反应器,通过反应器的物料沿同一方向以相同速度向前流动,像活塞一样向前平推,故又称为活塞流或理想置换反应器,英文名为 plug(piston) flow reactor,简称为 PFR。

8.3.1 平推流反应器的特点

如果反应在等温、定态的条件下进行,平推流反应器应具有以下特点:

(1) 物料在反应器中依次前进,像活塞推进一样流动,物料在反应器中停留的时间都相等,反应器中不同轴向位置上的物料完全不混合,即返混程度为 0。

(2) 在垂直于流动方向的任一截面上,也就是径向上,有关参数如浓度、反应速率、转化率等都相等。

(3) 物料的浓度、反应速率、转化率等随反应器轴向位置而变化。

我们知道,流体在管内流动时,其径向的流速分布并不均匀,管中心处的流速最大,靠近管壁处流速最小,因此活塞流实际上并不存在。当反应器内物料流速高、反应器的长径比很大时,可以当作平推流反应器进行处理。

8.3.2 平推流反应器容积的计算

在平推流反应器中,随着反应的进行,反应物浓度沿轴向逐渐降低,即轴向存在浓度分布,反应速率会随着反应器长度而变化,因此不能对整个反应器进行物料衡算,而只能取一浓度差别可忽略的微元薄片进行分析。如图 8.2 所示,取一长度为 $\mathrm{d}l$、体积为 $\mathrm{d}V_R$ 的薄片对组分 A 做物料衡算,有 $\mathrm{d}V_R = S\mathrm{d}l$,$S$ 为管式反应器的横截面积。

单位时间内物料 A 的进入量等于单位时间内物料 A 的引出量加单位时间内反应掉的 A 的量,即有

$$q_{n,A} = q_{n,A} + \mathrm{d}q_{n,A} + r_A \mathrm{d}V_R \tag{8.7}$$

因为

$$\mathrm{d}q_{n,A} = \mathrm{d}[q_{n,A,0}(1 - x_A)] = -q_{n,A,0}\mathrm{d}x_A$$

所以

$$q_{n,A,0}\mathrm{d}x_A = r_A \mathrm{d}V_R$$

对整个反应器积分,其边界条件为:$V_R = 0, x_A = 0$;$V_R = V_R, x_A = x_{A,f}$。积分式为

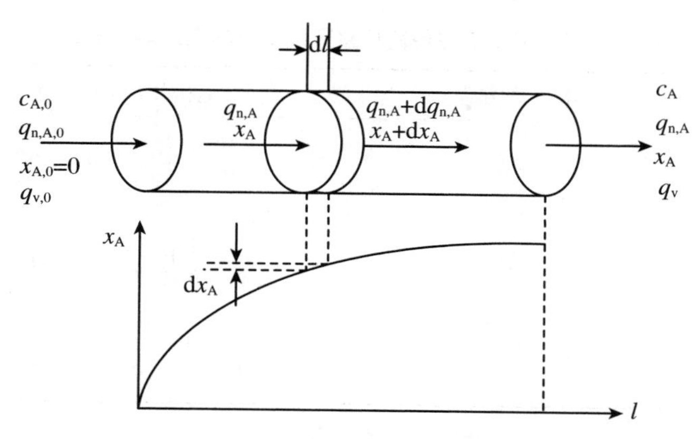

图 8.2　理想管式反应器示意图

$$\int_0^{V_R} \frac{dV_R}{q_{n,A,0}} = \int_0^{x_{A,f}} \frac{dx_A}{r_A}$$

在定态操作时，$q_{n,A,0}$为常数，上式可写成

$$\frac{V_R}{q_{n,A,0}} = \int_0^{x_{A,f}} \frac{dx_A}{r_A} \tag{8.8}$$

因为 $q_{n,A,0} = q_{V,0} \cdot c_{A,0}$，其中 $q_{V,0}$为反应器进口处物料的体积流量，则式(8.8)可写成

$$\frac{V_R}{q_{V,0}} = c_{A,0}\int_0^{x_{A,f}} \frac{dx_A}{r_A} \tag{8.9}$$

令

$$t_0 = \frac{V_R}{q_{V,0}} \tag{8.10}$$

t_0称为空间时间(简称空时)，其定义是反应器有效容积与进口处的体积流量之比。空间时间是一个人为规定的参量，它的意义是反应器处理与反应器有效体积相等量的进口物料所需的时间，所以它表示反应器生产能力的大小。显然，空间时间越小，反应器生产能力越大。空间时间不等同于停留时间，只有当反应过程中反应物流的体积不发生变化时，空间时间与停留时间在数值上才相等。

$$t_0 = \frac{V_R}{q_{V,0}} = c_{A,0}\int_0^{x_{A,f}} \frac{dx_A}{r_A} = -\int_{c_{A,0}}^{c_{A,f}} \frac{dc_A}{r_A} \tag{8.11}$$

将反应速率方程 $r_A = f(c_A)$代入式(8.11)中，即可求出在定态等温条件下要达到某一转化率所需平推流反应器的容积。

式(8.11)是计算恒容平推流反应器的基本方程式，可以看到这个式子和上一节间歇釜式反应器的反应时间的计算公式是一样的。只是在间歇釜式反应器中 t 是指反应时间，而平推流反应器中 t_0是指空间时间。为什么在这两种结构和操作都不相同的反应器中，它们的表达式却是一致的呢？这是因为在间歇釜式反应器中浓度和转化率随时间而变，而理想管式反应器中浓度和转化率则随空间(管长)而变，它们的变迁史是相同的，所以间歇釜式反应器中反应时间的表达式和平推流反应器中空间时间的表达式是一致的。

如在反应器中发生的是较为简单的一级或二级反应，则可用解析法求解反应器体积。表 8.1 列出了零级、一级、二级反应时，平推流反应器空间时间计算的基本方程式。

表 8.1　平推流反应器中简单整数级反应的空间时间表达式

反应级数	反应速率方程	空间时间 t_0 表达式
零级	$r_A = k$	$t_0 = \frac{c_{A,0} - c_A}{k} = \frac{c_{A,0} x_A}{k}$
一级	$r_A = kc_A$	$t_0 = \frac{1}{k}\ln\frac{c_{A,0}}{c_A} = \frac{1}{k}\ln\frac{1}{1-x_A}$
二级	$r_A = kc_A^2$	$t_0 = \frac{1}{k}\left(\frac{1}{c_A} - \frac{1}{c_{A,0}}\right) = \frac{x_A}{kc_{A,0}(1-x_A)}$

如果反应速率方程的形式较为复杂，也可以通过图解法求解，方法和间歇釜式反应器相同。反应进行得越完全，转化率越高，则所需反应器的容积就越大，当转化率较高时，所需容积增加十分迅速。

例 8.3　反应物 A 和 B 以等物质的量比进行反应，反应式可表示为：$A + B \longrightarrow R$，由实验测得其反应速率方程为 $r_A = k \cdot c_A \cdot c_B$，式中 c_A、c_B分别为 A、B 的瞬时浓度，352 K 时反应速率常数 $k = 0.128\ m^3 \cdot kmol^{-1} \cdot h^{-1}$，反应物 A 的起始浓度 $c_{A,0} = 8\ kmol \cdot m^{-3}$，A 的摩尔质量为 $146\ kg \cdot kmol^{-1}$。若每天处理 2000 kg 反应物 A，A 的转化率为 85%，间歇釜每批操作的辅助时间 $t' = 1.2\ h$，装料系数为 0.7，分别计算使用间歇操作釜式反应器的反应时间和总容积以及使用理想管式反应器所需的容积。

解　(1) 计算间歇操作釜式反应器每批料所需反应时间和总容积。

$$t = \frac{x_A}{kc_{A,0}(1-x_A)} = \frac{0.85}{0.128 \times 8 \times (1-0.85)} = 5.53(h)$$

辅助时间为 1.2 h，两项共 6.73 h。

已知每天处理 A 物料 2000 kg，A 的摩尔质量为 $146\ kg \cdot kmol^{-1}$，则每小时处理的物料量为$\frac{2000}{24 \times 146} = 0.57(kmol \cdot h^{-1})$，换算成体积为$\frac{0.57}{8} = 0.07(m^3 \cdot h^{-1})$。反应器有效容积为

$$V_R = 0.07 \times 6.73 = 0.47(m^3)$$

反应器的总容积为

$$V_T = \frac{0.47}{0.7} = 0.67(m^3)$$

(2) 理想管式反应器的计算。

根据表 8.1 中二级反应的表达式计算空间时间：

$$t_0 = \frac{x_A}{kc_{A,0}(1-x_A)} = 5.53(h)$$

体积流量为

$$q_V = \frac{2000}{24 \times 146 \times 8} = 0.07(m^3 \cdot h^{-1})$$

反应器容积为

$$V_R = 0.07 \times 5.53 = 0.39(m^3)$$

计算表明：两种反应器的反应时间都等于5.53 h，但是间歇操作釜式反应器的实际容积比理想管式反应器大，这是因为间歇操作釜式反应器还需要计算辅助时间以及除以装料系数。

8.4　全混流反应器

连续流动釜式反应器与间歇釜式反应器相比，两者在型式上完全相同，只是操作方式不同，连续流动釜式反应器是将反应物料连续加入反应器，并将反应后的物料连续引出。

全混流反应器又称连续流动充分搅拌釜式反应器，英文名为 continuous stirred-tank reactor，简称CSTR。其特点是：

(1) 连续加料并高速搅拌，物料在反应器内停留时间从0～∞都存在，不同停留时间的物料在反应器内混合很好，反应器内返混程度最大。

(2) 任意位置上的浓度、转化率、反应速率、温度都相同。

(3) 连续出料，出料的浓度、转化率、反应速率、温度等都与反应器内物料相同。

如果连续釜式反应器内搅拌能保证全釜的均匀混合，则其流动就非常接近全混流模型。如图8.3所示。

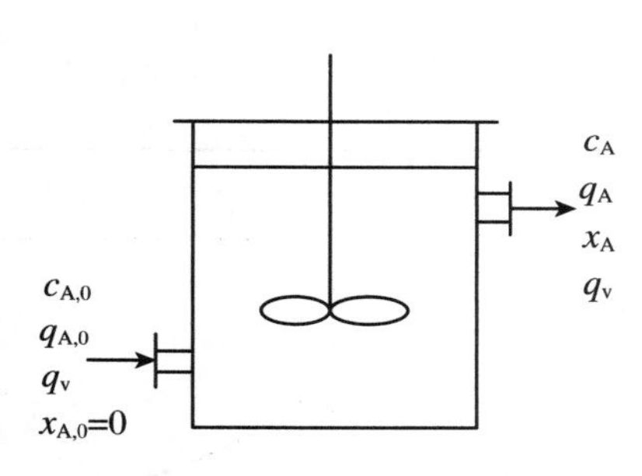

图8.3　全混流反应器示意图

在等温、定态的条件下对全混流反应器中的反应物A进行物料衡算。如反应过程中物料的体积变化很小，可忽略不计，则可列式：

$$\text{进入量} = \text{引出量} + \text{反应量} + \text{积累量}$$

则有

$$q_V \cdot c_{A,0} = q_V \cdot c_A + r_A \cdot V_R + 0$$

$$q_V \cdot (c_{A,0} - c_A) = r_A \cdot V_R \tag{8.12}$$

$$t_0 = \frac{V_R}{q_V} = \frac{c_{A,0} - c_A}{r_A} \tag{8.13}$$

或

$$t_0 = \frac{V_R}{q_V} = \frac{c_{A,0} x_A}{r_A} \tag{8.14}$$

式中 t_0为空间时间，它的量纲是时间的量纲，但实际上在全混流反应中不同的物料的微元通过反应器所经历的时间是不相同的，因而这里 t_0具有平均值的概念。只要将反应速率方程 $r_A = f(c_A)$代入式(8.14)中，即可求出在定态等温条件下要达到某一转化率所需全混流反应器的容积。

对于一级反应：

$$t_0 = \frac{V_R}{q_V} = \frac{c_{A,0} x_A}{r_A} = \frac{x_A}{k(1 - x_A)} \tag{8.15}$$

对于二级反应：

$$t_0=\frac{V_R}{q_V}=\frac{c_{A,0}x_A}{r_A}=\frac{x_A}{kc_{A,0}(1-x_A)^2} \tag{8.16}$$

表 8.2 列出了零级、一级、二级反应时，全混流反应器计算的基本方程。可以看出，全混流反应器的计算方程式和平推流反应器的计算式是不同的。同样是连续流动，为什么全混流反应器与平推流反应器的结果会不一样呢？这是因为在全混流反应器中，反应器内的温度、浓度、转化率均不随时间而变，也不随空间而变，一直保持在最终转化率时的低浓度下恒速反应，而平推流反应器反应物浓度是随管长而逐渐下降的，如图 8.4 所示。

表 8.2　全混流反应器中简单整数级反应的表达式

反应级数	反应速率方程	反应物浓度式	转化率式
零级	$r_A=k$	$t_0=\frac{c_{A,0}-c_A}{k}$	$t_0=\frac{c_{A,0}x_A}{k}$
一级	$r_A=kc_A$	$t_0=\frac{c_{A,0}-c_A}{kc_A}$	$t_0=\frac{x_A}{k(1-x_A)}$
二级	$r_A=kc_A^2$	$t_0=\frac{c_{A,0}-c_A}{kc_A^2}$	$t_0=\frac{x_A}{kc_{A,0}(1-x_A)^2}$

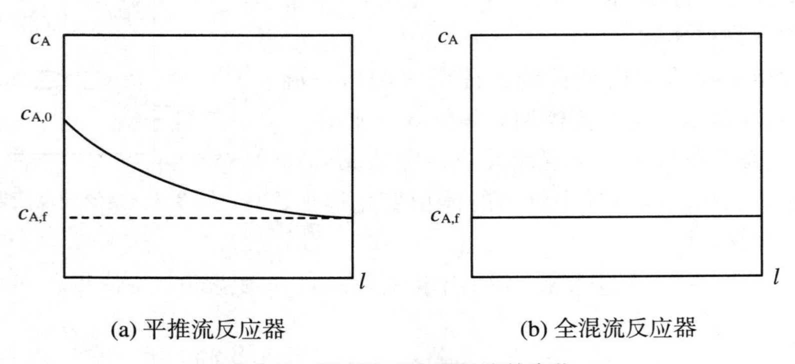

(a) 平推流反应器　　(b) 全混流反应器

图 8.4　浓度随反应器长度的变化

例 8.4　条件与例 8.3 相同，计算采用全混流反应器所需的有效容积。

解　因为是二级反应，可用式(8.16)计算：

$$V_R=\frac{q_V x_A}{kc_{A,0}(1-x_A)^2}=\frac{0.07\times0.85}{0.128\times8\times0.15^2}=2.58(\mathrm{m^3})$$

与例 8.3 比较可得，同样的反应，用全混流反应器所需的体积比间歇釜式反应器大得多。这是因为在全混流反应器中，反应器内的温度、浓度、转化率一直保持在最终转化率时的低浓度下恒速反应，也就是由于返混造成了反应速率下降。而间歇釜式反应器反应物浓度是随时间逐渐变化的，并始终高于 CSTR 中的浓度，所以反应速率高于 CSTR 反应器。

8.5 多釜串联反应器

8.5.1 多釜串联反应器的结构和操作特点

单个全混流反应器内的反应始终在最低的反应物浓度下进行，对于正级数反应（绝大多数反应），始终在低反应速率下进行，为提高反应速率，可以采用若干个全混流反应器串联操作。如图 8.5 所示，将全混流反应器头尾相接，即成多釜串联反应器，釜与釜之间不存在返混，总的返混程度小于单个全混流反应器。如果使用单釜，反应的浓度始终保持在 $c_{A,f}$，当多釜串联时各釜的浓度依次减小，只有最后一釜的浓度才是最终出口浓度。也就是说，除了最后一釜外，其他各釜都保持在比 $c_{A,f}$ 高的浓度，这样可以获得比较大的反应速率。

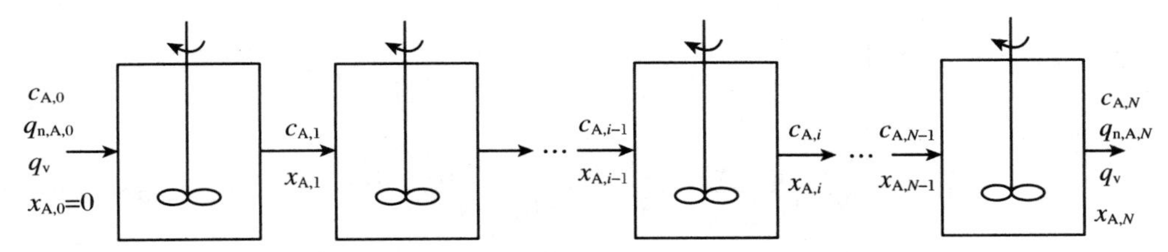

图 8.5 多釜串联反应器

$x_{A,i-1}$ 和 $c_{A,i-1}$ 分别为进入第 i 釜时组分 A 的转化率和浓度；$x_{A,i}$ 和 $c_{A,i}$ 分别为离开第 i 釜时组分 A 的转化率和浓度；$q_{n,A,i-1}$ 和 $q_{n,A,i}$ 分别为进入和离开第 i 釜时组分 A 的物质的量流量；$r_{A,i}$ 为第 i 釜的反应速率。

8.5.2 多釜串联反应器的计算

将单釜的基本方程式重复应用于每个串联的反应釜，即可对多釜串联反应器进行计算。

1. 代数法

N 个容积相等的全混釜组成多釜串联反应器，现对其中的第 i 釜进行计算，其物料关系符合全混流反应器的公式式(8.13)和式(8.14)，因此有

$$t_i = \frac{V_{R,i}}{q_V} = \frac{c_{A,0}(x_{A,i} - x_{A,i-1})}{r_{A,i}} \tag{8.17}$$

或

$$t_i = \frac{V_{R,i}}{q_V} = \frac{c_{A,i-1} - c_{A,i}}{r_{A,i}} \tag{8.18}$$

如在多釜串联反应器中进行的是一级反应 A ⟶ R，则在第一个釜内，有

$$t_1 = \frac{V_{R,1}}{q_V} = \frac{c_{A,0} - c_{A,1}}{k_1 c_{A,1}}$$

$$c_{A,1} = \frac{c_{A,0}}{1 + k_1 t_1}$$

同理,对第二个釜,有

$$c_{A,2}=\frac{c_{A,1}}{1+k_2t_2}=\frac{c_{A,0}}{(1+k_1t_1)(1+k_2t_2)}$$

如 N 个釜中的温度相等,即 k_i 相等,并且每个釜的体积均相等,即 t_i 相等,则有

$$c_{A,N}=\frac{c_{A,0}}{(1+kt_i)^N} \tag{8.19}$$

对于一级反应,在温度和每个釜的体积相等的条件下,用式(8.19)可以方便地计算各釜可以达到的转化率或釜中反应物浓度。

如反应不是一级反应,也可以利用上述方法逐步计算。如果釜数不多,这一计算方法是可行的。

例 8.5 在两釜串联反应器中,进行例 8.3 中的化学反应。第一釜中,A 的转化率为 70%,第二釜的转化率达到 85%,计算这两个反应器的有效容积。

解 已知 $q_V=0.07(m^3\cdot h^{-1})$,$k=0.128(m^3\cdot kmol^{-1}\cdot h^{-1})$,$c_{A,0}=8(kmol\cdot m^{-3})$,$x_1=0.7$。

第一釜:

$$V_{R,1}=q_V\times t_1=\frac{q_Vx_1}{kc_{A,0}(1-x_1)^2}=\frac{0.07\times0.7}{0.128\times8\times0.3^2}=0.53(m^3)$$

第二釜:

$$V_{R,2}=q_V\times t_2=\frac{q_V(x_2-x_1)}{kc_{A,0}(1-x_2)^2}=\frac{0.07\times0.15}{0.128\times8\times0.15^2}=0.46(m^3)$$

反应器总有效容积:

$$V_R=V_{R,1}+V_{R,2}=0.53+0.46=0.99(m^3)$$

所得结果与例 8.4 比较,可以看出两釜串联所需的有效容积比单釜的体积要小。

2. 图解法

式(8.17)可改写为

$$r_{A,i}=\frac{c_{A,0}}{t}\cdot x_{A,i}-\frac{c_{A,0}}{t}\cdot x_{A,i-1} \tag{8.20}$$

式(8.20)为第 i 釜的操作线方程,它关联了第 i 釜反应速率 $r_{A,i}$ 与出口转化率 $x_{A,i}$ 的关系。i 釜进口转化率一定时,$r_{A,i}-x_{A,i}$ 图为一直线,其斜率为 $c_{A,0}/t$,截距为 $-c_{A,0}\cdot x_{A,i-1}/t$,反应速率与出口转化率的关系不仅要满足物料衡算式,还要满足动力学方程式 $r_A=f(x_A)$,将两式绘在 r_A-x_A 图上,两条线交点所对应的 x_A 值即为该釜的出口转化率。

作图步骤如下:

(1) 根据动力学方程或实验数据作出 r_A-x_A 曲线 MN。

(2) 作出第一釜的操作线 OP_1。起始时 $x_{A,0}=0$,$r_A=0$,所以 OP_1 通过原点,过坐标原点作斜率为 $c_{A,0}/t$ 的直线,即为第一釜的操作线 OP_1。OP_1 与 MN 的交点 P_1 的横坐标 $x_{A,1}$ 即为第一釜出口 A 的转化率。

(3) 第二釜的操作线过($x_{A,1}$,0)点,若各釜的容积相等,停留时间也相等,各个反应釜的直线斜率也相等,第二釜的物料衡算线应平行于第一釜的物料衡算线。所以,可过($x_{A,1}$,0)点作与 OP_1 相平行的直线 $x_{A,1}P_2$,即为第二釜的操作线,它与 MN 的交点 P_2 的横坐标为第二釜的出口转化率 $x_{A,2}$。

(4) 依此类推，作出各釜的操作线，如图8.6所示。

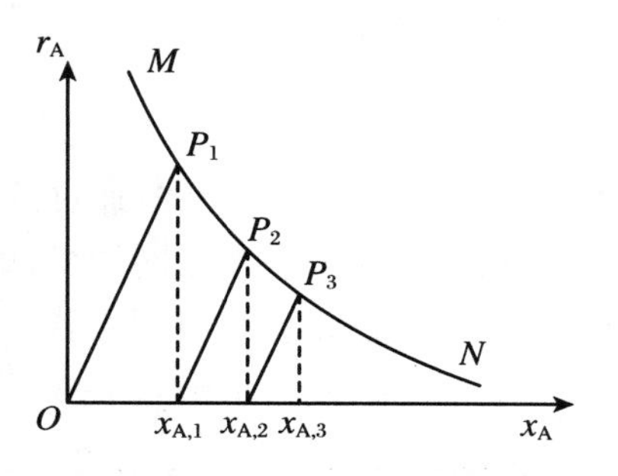

图8.6　图解法用于多釜串联反应器

多釜串联反应器的计算主要有以下几种，都可用作图法求解。

(1) 若给定 $c_{A,0}$、q_V、$x_{A,N}$ 以及每釜的体积 $V_{R,i}$，求釜数 N。首先由 $V_{R,i}$、q_V 算出空时 t，进而算出操作线的斜率 $c_{A,0}/t$，依次作出各釜的操作线，当某一釜对应的出口转化率大于等于所要求的转化率时，斜线的数目即为釜数。

(2) 若给定 $c_{A,0}$、q_V、釜数 N 及每釜的体积 $V_{R,i}$，求最终出口转化率 $x_{A,N}$。仍然是先算出空时进而求出操作线的斜率，依次作出各釜的操作线，第 N 釜的操作线与动力学曲线 MN 的交点即为最终转化率 $x_{A,N}$。

(3) 若已知 $c_{A,0}$、q_V、釜数 N 和最终的出口转化率 $x_{A,N}$，求反应器的总有效容积 V_R。由于不知道各釜的体积，所以算不出操作线的斜率，若每釜的体积相等，则各釜操作线的斜率相等。这种情况可用试差法，即假定操作线的斜率，依次作出各釜操作线，如最后一釜的出口转化率达不到要求的转化率，则再假设一个斜率重新作各釜的操作线，直到符合要求的转化率为止，最后根据最终假设的操作线的斜率求出空时 t 及总有效容积 V_R。若串联的各釜体积不等，则斜率亦不同，但也可采用此法进行计算。

作图法的优点是既可以用于已知反应速率方程的反应，也可以用于已知不同浓度下反应速率的实验数据的场合。其缺点是，只有当反应速率能用单一组分的浓度来表示时才能画出 r_A- x_A曲线，才能使用此法。

例8.6　根据例8.3所给出的数据，用图解法确定在四釜串联反应器中进行反应，达到85%的最终转化率所需的反应器有效容积。

解　(1) 先画出动力学曲线。

$$(-r_A)=kc_Ac_B=kc_A^2=kc_{A,0}^2(1-x_A)^2=8.19(1-x_A)^2(\text{kmol}\cdot\text{m}^{-3}\cdot\text{h}^{-1})$$

根据上式计算 r_A、x_A的对应值如下，据此描点作图，如图8.7所示。

x_A	0	0.1	0.2	0.3	0.4	0.5	0.6	0.7	0.8	0.9
r_A	0	6.63	5.24	4.01	2.95	2.05	1.31	0.737	0.328	0.082

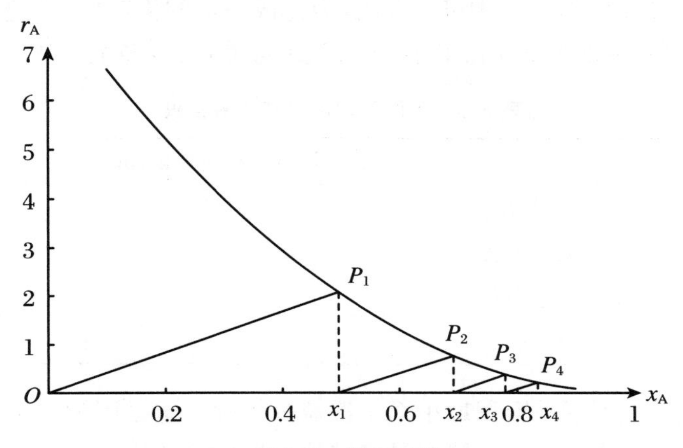

图8.7　例8.6图

(2) 由操作线方程：

$$r_{A,i} = \frac{c_{A,0}}{t}x_{A,i} - \frac{c_{A,0}}{t}x_{A,i-1}$$

可作出各釜的物料衡算线，通过试差法使第四釜的出口转化率等于0.85。先假设一斜率，从原点开始，作四段斜率相同的线，即作 OP_1、x_1P_2、x_2P_3和 x_3P_4。如 P_4点所对应的转化率 $x_4=0.85$，则所设斜率可用。若 $x_4 \neq 0.85$，需重新假设斜率作图，直到符合为止。

试差结果：$x_1=0.51$，$x_2=0.70$，$x_3=0.78$，$x_4=0.85$。与要求的转化率相符合。

由图得斜率 $=\frac{r_A}{x_A}=4$，则 $\frac{c_{A,0}}{t}=4$，$t=2$ h。每釜的有效容积为

$$V_i = q_V t = 0.07 \times 2 = 0.14(\text{m}^3)$$

多釜串联反应器的总有效容积为

$$V_R = V_i \times N = 4 \times 0.14 = 0.56(\text{m}^3)$$

8.6 反应器类型和操作方法的评选

反应器的操作有间歇操作、连续操作、半间歇操作等，反应器的形式有管式、釜式等，还可以进行各种形式反应器的组合。可供选择的范围如此之广，那么如何选择反应器类型和操作方法呢？主要依据是过程的经济性，经济性主要受两个因素的影响，一个是设备费用，主要是反应器的费用；另一个因素是原料的利用率，如选择性、收率等。对简单不可逆反应，产品无选择性问题，因此反应器费用是影响总费用的主要因素；而对复合反应，目标产物的选择性是主要因素。

8.6.1 简单不可逆反应

1. 正级数反应

对于正级数反应，反应物浓度越高，反应速率越大。将例8.3、例8.4、例8.5和例8.6计算所得数据汇总成表8.3，从表中可以看出，为完成一定的生产任务，达到一定的转化率，所需反应器有效容积，平推流反应器最小，全混流反应器最大，多釜串联反应器居中。

表8.3　不同类型反应器所需容积

型式	反应器有效容积(m^3)
平推流	0.39
四釜串联	0.56
二釜串联	0.99
全混流	2.58

为什么平推流反应器所需容积最小而全混流最大呢？这是因为在全混流反应器中，反应器内的温度、浓度、转化率一直保持在最终转化率时的低浓度下恒速反应，也就是由于返

混造成反应速率下降所致。而平推流反应器反应物浓度是随管长逐渐变化的，并始终高于CSTR中的浓度，所以反应速率高于CSTR反应器。

多釜串联反应器所需容积介于平推流反应器和全混流反应器之间，这是因为串联的全混流反应器与全混流相比减少了返混，返混程度介于平推流反应器和全混流反应器之间。除了最后一个反应器外，其他反应器反应物浓度都比最后一个高，反应速率由高到低；而全混流反应器返混最大，整个反应器内的浓度都和最终转化率时的浓度一样低，反应速率一直处于较低值。如果多釜与单釜具有相同的生产能力和转化率，多釜串联的反应器总容积必定小于单釜。串联级数越多，所需总体积愈小，过程愈接近活塞流反应器(PFR)。但是釜数越多，设备投资费用和操作费用会增加，因此釜数的选择应综合考虑才能确定。

综上所述，对于除自催化以外的正级数反应，为达到相同的转化率，平推流反应器的体积最小，全混流反应器最大，多釜串联反应器介于两者之间。并且反应级数越高，反应物浓度变化对反应速率的影响越大。

这里必须指出，反应器容积的大小并不能作为选择反应器类型的唯一依据，因为不同类型的反应器在同容积时所需的材料相差很大，设备费用并不是完全由反应器体积决定。

2. 零级反应和负级数反应

零级反应的反应速率与浓度无关，各种型式的反应器需要的有效容积都相同。而负级数反应的情况和正级数相反，为完成一定生产任务，达到相同转化率，全混流反应器体积最小，活塞流反应器体积最大，多釜串联反应器的体积居中。

3. 自催化反应

所谓自催化反应，是指其生成的产物具有催化作用，能加速反应的进行。在自催化反应中，反应速率既受反应物浓度的影响，又受反应产物(催化剂)浓度的影响。在反应初期，虽然反应物浓度很高，但催化剂(反应产物)浓度很低，因此反应速率起始较低，随着反应的进行其速率不断提高，但在反应后期，虽然催化剂越来越多，但因反应物浓度越来越低，因此反应速率越来越慢。因此，自催化反应的反应速率在反应过程中有一个最大值。

对于自催化反应，因为全混流反应器在反应过程中浓度和温度不随时间变化，所以可以先在全混流反应器中进行反应，使反应浓度保持在最大反应速率时的浓度，反应始终在最大反应速率的条件下进行，如果达不到所需的转化率，可在其后串接一个PFR，以达到所需的最终浓度水平，如图8.8所示，从而用最少的反应时间或最小的反应器容积得到最大的经济效益。

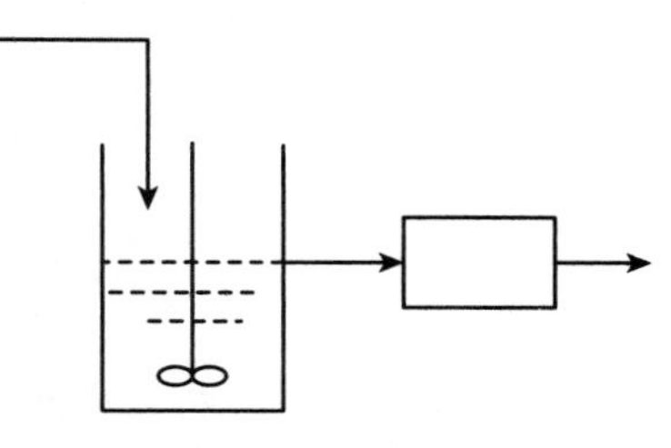

图8.8 反应器的组合

由以上分析可知，各种反应器各有自己的特性，适用于不同的反应，不能简单地说哪种反应器好哪种反应器不好，需要具体分析反应的特性才能选择出合适的反应器。

8.6.2 复合反应

对于单一反应，我们关心的是反应速率和转化率，而对于复合反应，更关注反应的选择性和收率。

对于平行反应：

$$主反应:A \xrightarrow{k_1} P \qquad r_P = k_1 c_A^{n_1}$$

$$副反应:A \xrightarrow{k_2} S \qquad r_S = k_2 c_A^{n_2}$$

当 $n_1 < n_2$ 时，反应物浓度低有利于提高选择性，选全混流反应器比较适宜。

当 $n_1 > n_2$ 时，选平推流反应器或间歇釜式反应器比较适宜。

当 $n_1 = n_2$ 时，选择性与浓度无关，都可以。

对于反应：

$$主反应:A + B \xrightarrow{k_1} P \qquad r_P = k_1 c_A^{a_1} c_B^{b_1}$$

$$副反应:A + B \xrightarrow{k_2} S \qquad r_S = k_2 c_A^{a_2} c_B^{b_2}$$

间歇操作时，原料的加入方式如下：

$a_1 > a_2, b_1 > b_2$，应使反应物浓度都高，瞬间加入所有的 A 和 B。

$a_1 < a_2, b_1 < b_2$，应使反应物浓度都低，缓慢加入所有的 A 和 B。

$a_1 > a_2, b_1 < b_2$，应使反应物 A 浓度高，反应物 B 浓度低，所以先加入全部 A，然后缓慢加入 B。

连续操作时，反应器类型的选择如下：

$a_1 > a_2, b_1 > b_2$，应使反应物浓度都高，所以选择管式反应器、多釜串联反应器。

$a_1 < a_2, b_1 < b_2$，应使反应物浓度都低，选择连续釜式反应器。

$a_1 > a_2, b_1 < b_2$，应使反应物 A 浓度高，反应物 B 浓度低，所以可选择管式反应器，从进口通入 A，从不同轴向位置分批加入 B。

在反应器选型时，除了从反应速率、转化率、选择性等因素进行考虑外，还需要考虑反应过程是否容易爆炸、气体是否容易泄露、是否强吸热等方面情况。总之，反应器的选择必须根据具体的操作要求、反应特点等方面进行综合考察，而不是基于单一的因素进行选择。

习　题

1. 在间歇搅拌釜式反应器中进行反应：$A \longrightarrow B + C$，反应速率方程为 $r_A = kc_A$，反应速率常数 $k = 0.02\ min^{-1}$，试计算转化率 $x_A = 80\%$ 时所需的反应时间。

2. 在平推流反应器中进行等温液相反应：$A + B \longrightarrow P$，反应为二级反应，反应速率方程为 $r_A = kc_A c_B$，反应速率常数 $k = 1.27 \times 10^{-3}\ m^3 \cdot kmol^{-1} \cdot min^{-1}$，$c_{A,0} = c_{B,0} = 4\ kmol \cdot m^{-3}$。当反应物的体积流量 $q_V = 0.2\ m^3 \cdot h^{-1}$ 时，试问：(1) 要使反应物 A 的转化率为 80%，平推流反应器的有效容积应为多大？(2) 当反应物 A 和 B 的初始浓度 $c_{A,0} = c_{B,0} = 10\ kmol \cdot m^{-3}$，而 x_A 仍为 80% 时，它的有效容积为多少？

3. 在一容积为 5 m^3 的间歇搅拌釜式反应器中进行均相反应：$A + B \longrightarrow P$，实验测得反应速率方程式为 $r_A = kc_A c_B (kmol \cdot m^{-3} \cdot s^{-1})$，$k = 0.003\ m^3 \cdot kmol^{-1} \cdot s^{-1}$。当反应物 A 和 B 的初始浓度为 $c_{A,0} = c_{B,0} = 4\ kmol^{-1} \cdot m^3$，A 的转化率 $x_A = 80\%$ 时，该间歇搅拌釜式反

应器平均每分钟可处理0.7 m^3 的反应物A。今把反应移到一个平推流管式反应器中进行，假定仍维持在同样的温度下等温操作，且处理量与所要求达到的转化率均与间歇操作釜式反应器相同，求所需的管式反应器体积。

4. 在某全混流反应器中进行均相液相反应：$A \longrightarrow P$，反应速率方程为 $r_A = kc_A^2$，转化率为60%。如果体积相同，换成平推流反应器，其他保持不变，则转化率为多少？

5. 有一液相反应：$A+B \underset{k_2}{\overset{k_1}{\rightleftharpoons}} P+S$，$k_1 = 8\ m^3 \cdot kmol^{-1} \cdot h^{-1}$，$k_2 = 1.7\ m^3 \cdot kmol^{-1} \cdot h^{-1}$。今使该反应在100 m^3 的全混流反应器中进行。反应物料由两股体积流量相等的流体加入反应器，一股流体含A组分3 $kmol \cdot m^{-3}$，另一股流体含B组分2 $kmol \cdot m^{-3}$。假如反应器中反应物料密度不变，当出料中B转化80%时，求每一股物料的体积流量。

6. 在活塞流反应器中进行等温、体积不变的一级不可逆反应，出口转化率可达96%，现保持反应条件不变，但将反应改在相同体积的间歇反应器中进行，反应时间与辅助时间之比为5∶1，试计算所能达到的转化率。

7. 在等温间歇釜式反应器中进行反应：$A+B \longrightarrow P$，该反应对A和B均为一级反应，反应开始时A和B的初始浓度都为10 $kmol \cdot m^{-3}$，反应速率常数 $k_1 = 245\ m^3 \cdot kmol^{-1} \cdot h^{-1}$，当要求最终转化率达到90%时，试求需要多少反应时间。

8. 在体积为4 m^3 的全混流反应器中进行某一级反应，速率表达式为 $r_A = 0.18c_A$ $(mol \cdot L^{-1} \cdot h^{-1})$，A的初始浓度为 $c_{A,0} = 1\ kmol \cdot m^{-3}$，当要求出口转化率达到90%时，原料的处理量应为多少？

9. 在全混流反应器中进行等温液相反应：$A+B \longrightarrow P$，进料中 $c_{A,0} = 0.11\ kmol \cdot m^{-3}$，$c_{B,0} = 0.12\ kmol \cdot m^{-3}$，反应速率方程为 $r_A = kc_Ac_B$，$k = 13\ m^3 \cdot kmol^{-1} \cdot h^{-1}$，进料流量为 $30 \times 10^{-3}\ m^3 \cdot h^{-1}$，反应器出口转化率为 $x_A = 85\%$ 时，计算所需全混流反应器的体积。

10. 在活塞流反应器中进行一级不可逆反应：$A+B \longrightarrow P+S$，所有组分均为气体。进料中A、B各占40%(摩尔分数)，其余为惰性气体。总物料流量为12 $mol \cdot min^{-1}$，动力学方程为 $r_A = kc_A(kmol \cdot m^{-3} \cdot h^{-1})$，反应速率常数 $k = 1.3\ h^{-1}$。反应在373 K、0.1 MPa下进行。如果要求出口转化率达到96%，反应器体积应为多少？

11. 对于反应：$A+B \longrightarrow R+S$，已知 $V_R = 0.001\ m^3$，物料进料速率 $V_0 = 0.5 \times 10^{-3}\ m^3 \cdot min^{-1}$，$c_{A,0} = c_{B,0} = 5\ mol \cdot m^{-3}$，动力学方程为 $-r_A = kc_Ac_B$，其中 $k = 100\ m^3 \cdot kmol^{-1} \cdot min^{-1}$。问：(1) 反应在平推流反应器中进行时出口转化率为多少？(2) 欲用全混流反应器得到相同的出口转化率，反应器体积应为多大？(3) 若全混流反应器体积 $V_R = 0.001\ m^3$，可达到的转化率为多少？

第9章　停留时间分布

学习要点

1. 理解返混的概念及其影响，理解活塞流(PFR)与全混流(CSTR)的典型特征。
2. 了解停留时间分布 E 函数与 F 函数的含义和测定方法。
3. 了解停留时间分布的数学期望与方差。
4. 了解停留时间分布的应用。

9.1　非理想流动

前面讨论了两种理想流动反应器的类型：PFR 和 CSTR，对比情况如下：

PFR	CSTR
$l/d \to \infty$	$l/d \approx 1$
物料高速流动	物料高速搅拌
物料依次前进	物料瞬间混合
混合程度 = 0	混合程度 = ∞
返混 = 0	返混 = ∞
停留时间一样	停留时间 0 ～ ∞ 都存在

反应器中流体流动状况严重影响反应速率、转化率和选择性，研究反应器中的流体流动模型是反应器选型、设计和优化的基础。流动模型是反应器中流体流动与混合的描述，流动模型可分为理想流动模型和非理想流动模型两大类。

理想流动模型描述了返混的两种极限情况，即完全没有返混的活塞流反应器和返混为最大的全混流反应器。

非理想流动模型是对实际工业反应器中流体流动状况与理想流动偏差的描述。在实际工业反应器中，由于物料在反应器中流速不均匀，或因反应器结构影响造成与主体流动方向相反的逆向流动，或内部形成沟流、环流、短路、死角等偏离理想流动情况，使得物料在反应器中停留时间长短不均，因而物料的反应程度也不均匀，出口处物料的转化率实际是经历了不同反应时间的平均转化率。为了能定量地确定出口物料的转化率和产物分布，就必须定量地描述出口物料的停留时间分布。对于实际工业反应器，在测定物料在反应器中停留时间分布的基础上，确定非理想流动模型参数，从而表示与理想模型的偏离程度。

9.2　停留时间分布函数

工程数学的分支之一——概率论与数理统计，是一门研究偶然现象规律性的学科。由于物料微团在反应器中的停留时间也是一种偶然现象，所以本节要用到概率论和数理统计的有关知识。

数理统计学是研究收集数据、分析数据并据以对所研究的问题做出一定的结论的科学和艺术。数理统计学所考察的数据都带有随机性（偶然性）的误差，这给根据这种数据所做出的结论带来了一种不确定性，其量化要借助于概率论的概念和方法。数理统计学与概率论这两个学科的联系密切。

概率论与以它为基础的数理统计学科一起，在自然科学、社会科学、工程技术、军事科学及工农业生产等诸多领域中都起着不可或缺的作用。

9.2.1　停留时间分布的密度函数

首先考查稳态、无化学反应、无密度变化的单一流体，流经反应器时的停留时间分布。假设某一段时间内流入反应器的物料量为 Q（单位为 mol），其中在反应器内停留时间为 $t \to t+\Delta t$ 的物料量为 ΔQ，则停留时间在 $t \to t+\Delta t$ 的物料占进入物料的分率为

$$\frac{\Delta Q}{Q} = \frac{\text{停留时间 } t \to t+\Delta t \text{ 的物料量}}{\text{进入反应器的总物料量}}$$

当 $\Delta t \to 0$ 时用 $\mathrm{d}t$ 描述，定义这一瞬间流入反应器的物料中在反应器内停留时间为 $t \to t+\mathrm{d}t$ 的物料所占分率为 $\mathrm{d}Q/Q$：

$$\frac{\mathrm{d}Q}{Q} = E(t)\mathrm{d}t \tag{9.1}$$

式中，$E(t)$称为停留时间分布的（概率）密度函数。$E(t)\mathrm{d}t$ 表示了在反应器中停留时间为 $t \to t+\mathrm{d}t$ 的物料所占物料总量的百分数

停留时间在 $t_1 \to t_2$ 范围内的物料所占分率为

$$\frac{\Delta Q}{Q} = \int_{t_1}^{t_2} E(t)\mathrm{d}t \tag{9.2}$$

在概率学中，分布密度函数具有归一化性质，即进入反应器的所有物料的停留时间在 0～∞ 这一范围内，概率之和应该为 1，则有

$$\frac{1}{Q}\int_0^{\infty} \mathrm{d}Q = \int_0^{\infty} E(t)\mathrm{d}t = 1 \tag{9.3}$$

利用此性质可检验所测得的分布密度函数的合理性。$E(t)$函数的图示如图 9.1 所示。

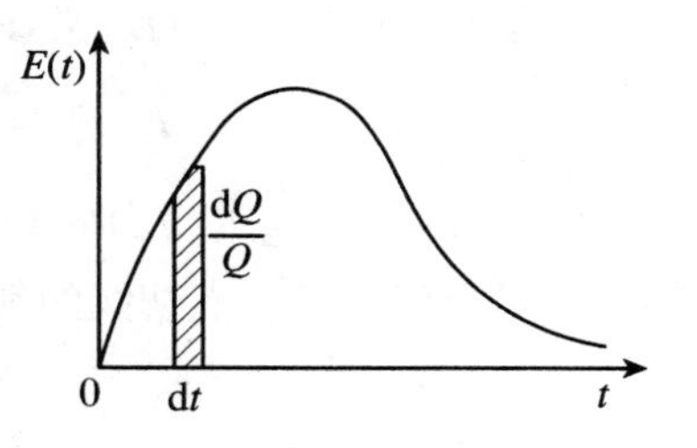

图 9.1　用分布密度表示停留时间分布

$E(t)$函数小结：

(1) 是连续的有因次的函数，量纲为[时间]$^{-1}$。

(2) 具有归一化性质，即有 $\int_0^{\infty} E(t)\mathrm{d}t = 1$。

(3) 很多情况下 $E(t)$呈正态分布。

9.2.2 停留时间分布的累积密度函数

停留时间分布也可用累积密度函数的形式来表示。累积停留时间分布是指在连续稳态的体系中，在反应器内停留时间为 0～t 的物料在总物料中所占分数。累积停留时间分布也为时间 t 的函数，用 $F(t)$表示：

$$F(t) = \int_0^t E(t)\mathrm{d}t = F(0 \sim t) = \frac{\text{停留时间 } 0 \sim t \text{ 的物料量}}{\text{进入反应器的总物料量}} \tag{9.4}$$

性质：

(1) $F(t)$是一个累加的无因次函数。

(2) $F(t)$是一个连续的单调上升的函数。

(3) 当 $t=0, F(t)=0; t\to\infty$（或 $t=\infty$），$F(t)=1$；一般 $0\leqslant F(t)\leqslant 1$。

(4) $F(t+\mathrm{d}t)-F(t)=\mathrm{d}F(t)$。

根据以上定义，可有如下表示：

(1) 停留时间小于 t 的物料百分率为

$$F(0 \sim t) = F(t) = \int_0^t E(t)\mathrm{d}t$$

(2) 停留时间大于 t 的物料百分率为

$$1 - F(t) = 1 - \int_0^t E(t)\mathrm{d}t$$

(3) $t_1 \sim t_2$之间的物料百分率为

$$F(t_2) - F(t_1) = \int_0^{t_2} E(t)\mathrm{d}t - \int_0^{t_1} E(t)\mathrm{d}t = \int_{t_1}^{t_2} E(t)\mathrm{d}t$$

(4) 停留时间无限长时的物料百分率为

$$F(t) = \int_0^{\infty} E(t)\mathrm{d}t = 1$$

9.2.3 $F(t)$与 $E(t)$的关系

根据 $F(t)$与 $E(t)$的定义，两者之间有如下关系：

$$F(t) = \int_0^t E(t)\mathrm{d}t \quad \text{或} \quad E(t) = \frac{\mathrm{d}F(t)}{\mathrm{d}t} \tag{9.5}$$

图 9.2 说明 $F(t)$是 $E(t)$所呈正态分布曲线 0～t 范围下方的面积，图 9.3 说明 $E(t)$为 $F(t)$所呈曲线过任一点切线的斜率。

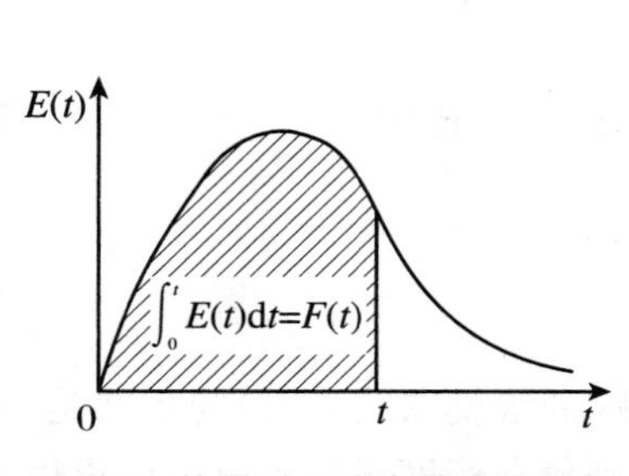

图9.2 停留时间分布的密度函数

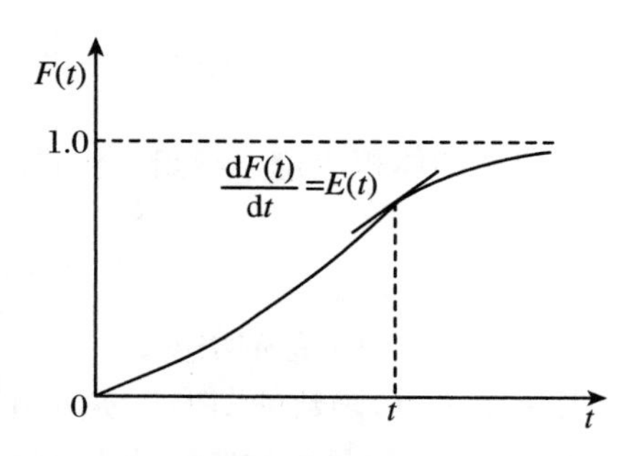

图9.3 停留时间分布的累积密度函数

9.3 停留时间分布的测定

停留时间分布的测定常采用刺激-应答技术:在正常运行的系统入口输入一信号,然后在出口处观察系统对这一信号的应答,通过对应答信号的分析来判断系统特性的方法。常用的刺激-应答方法有脉冲输入法和阶跃输入法两种。

9.3.1 脉冲输入法

脉冲输入法:在稳定流入系统的物料中,瞬间输入少量示踪剂,随即在出口处观察并记录示踪剂在流出的物料中的浓度 $c(t)$ 随时间的变化规律。

1. 对示踪剂的一般要求

(1) 能与待研究物系互溶,并且有类似的物理性质和相同的混合特性。

(2) 极少量的示踪剂也能准确检测,以免采样引出示踪剂时改变流型。

(3) 示踪物的性质易于检测,所得信号便于数学处理。

(4) 示踪剂不能与进入系统的物料发生任何化学反应,不能被装置的器壁或附件吸附。

2. 脉冲法测定

如图9.4所示,对示踪剂做物料衡算,在 dt 时间内,排出量为 $V_0c(t)dt$,总量为

$$Q = \int_0^\infty V_0 c(t)dt$$

式中 Q 为加入示踪剂的总量。于是有

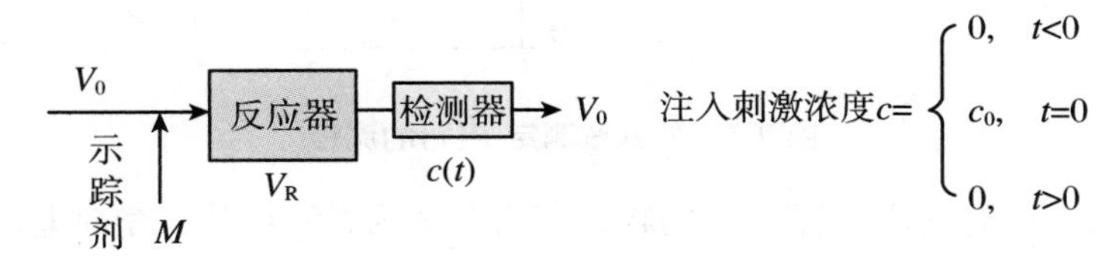

图9.4 脉冲法测定的流程

$$1=\int_0^{\infty}\frac{V_0}{Q}c(t)\mathrm{d}t$$

式中 V_0为反应物的体积流量。与归一化式$\int_0^{\infty}E(t)\mathrm{d}t=1$比较,得

$$E(t)=\frac{V_0}{Q}c(t) \tag{9.6}$$

式中 $c(t)$为出口物料中示踪剂浓度。

式(9.6)表明 $E(t)$函数的图形与实际测得的示踪剂浓度曲线 $c(t)$的形状是一致的,在数值上差 V_0/Q 倍。如果通过实验测得 $c(t)$曲线,则分布密度函数也就可以求得了。

停留时间分布函数可写成

$$E(t)=\frac{V_0}{Q}c(t)=\frac{V_0c(t)}{V_0\int_0^{\infty}c(t)\mathrm{d}t}=\frac{c(t)}{\int_0^{\infty}c(t)\mathrm{d}t} \tag{9.7}$$

$$F(t)=\int_0^{t}E(t)\mathrm{d}t=\int_0^{t}\frac{V_0}{Q}c(t)\mathrm{d}t=\frac{V_0\int_0^{t}c(t)\mathrm{d}t}{V_0\int_0^{\infty}c(t)\mathrm{d}t}=\frac{\int_0^{t}c(t)\mathrm{d}t}{\int_0^{\infty}c(t)\mathrm{d}t} \tag{9.8}$$

采用实验离散型数据表示为

$$E(t)=\frac{c(t_i)}{\sum_{i=1}^{\infty}c(t_i)\Delta t_i} \tag{9.9}$$

$$F(t)=\frac{\sum_{i=1}^{i}c(t_i)\Delta t_i}{\sum_{i=1}^{\infty}c(t_i)\Delta t_i} \tag{9.10}$$

9.3.2 阶跃输入法

如图 9.5 所示,测定时,将原物料输入阀门关闭,打开示踪剂阀门,从输入示踪剂那一刻开始计时,并且不断地分析出口处示踪剂在不同时刻 t 时的浓度,直到 $c=c_0$为止,然后以 c/c_0 对 t 作图,便得到 $F(t)$曲线。

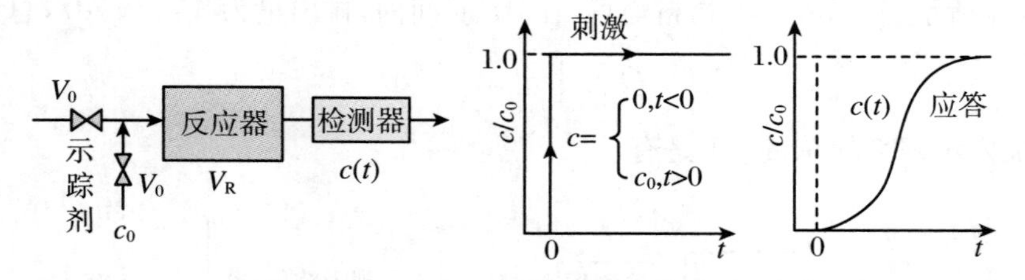

图 9.5　阶跃法测定 $F(t)$的流程

在某时刻 t,停留时间小于等于 t 的物料所占分率为$F(t)$,对示踪剂进行物料衡算,得

$$V_0c_0F(t)=V_0c(t)$$

其中 c_0为示踪剂浓度,V_0为物料体积流量。化简后得

$$F(t) = \frac{c(t)}{c_0} \tag{9.11}$$

可见,$F(t)$与$c(t)$有相同的变化趋势,两者仅差倍数常数c_0。

9.3.3　停留时间分布的数字特征

均值和方差是两个常用的分布函数的数字特征。在很多场合采用分布函数的数字特征值表示更为方便。

1. 均值 $\bar{t}$ (数学期望)

对停留时间分布而言,均值为概率意义上的平均停留时间。定义式:

$$\bar{t} = \frac{\int_0^\infty tE(t)\mathrm{d}t}{\int_0^\infty E(t)\mathrm{d}t} = \int_0^\infty tE(t)\mathrm{d}t \tag{9.12}$$

实验数据计算式(不连续):

$$\bar{t} = \frac{\sum tE(t)\Delta t}{\sum E(t)\Delta t} \tag{9.13}$$

若Δt时间间隔相等,则

$$\bar{t} = \frac{\sum tE(t)}{\sum E(t)} \tag{9.14}$$

为了便于对不同规模、不同操作条件的系统的停留时间分布进行比较,可将停留时间分布函数的自变量t,改用无量纲的对比时间θ表示。t与θ之间的关系为

$$\theta = \frac{t}{\bar{t}} \quad 或 \quad t = \bar{t} \times \theta$$

因为$F(t) = c(t)/c_0$,同一时间其分率是一样的,则有

$$F(\theta) = F(t)$$

$$E(\theta) = \frac{\mathrm{d}F(\theta)}{\mathrm{d}\theta} = \frac{\mathrm{d}F(t)}{\mathrm{d}\theta} = \frac{\bar{t}\mathrm{d}F(t)}{\mathrm{d}t} = \bar{t}E(t)$$

$$\int_0^\infty E(t)\mathrm{d}t = \int_0^\infty E(\theta)\frac{\mathrm{d}t}{\bar{t}} = \int_0^\infty E(\theta)\mathrm{d}\theta = 1$$

以θ为时标,仍满足归一化性质:

$$\int_0^\infty E(\theta)\mathrm{d}\theta = 1$$

2. 方差 σ_t^2

方差是反映停留时间分布离散程度的数字特征,停留时间的离散程度反映了反应器中物料的返混情况。如图9.6所示。

定义式:

$$\sigma_t^2 = \frac{\int_0^\infty (t-\bar{t})^2 E(t)\mathrm{d}t}{\int_0^\infty E(t)\mathrm{d}t}$$

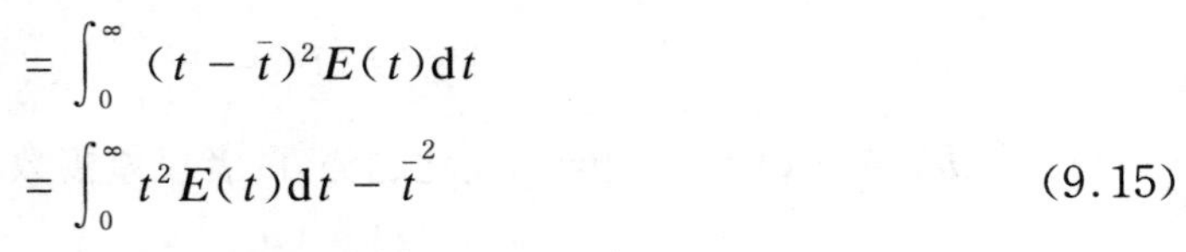

$$= \int_0^{\infty} (t - \bar{t})^2 E(t) \mathrm{d}t$$

$$= \int_0^{\infty} t^2 E(t) \mathrm{d}t - \bar{t}^2 \tag{9.15}$$

实验数据计算式(不连续):

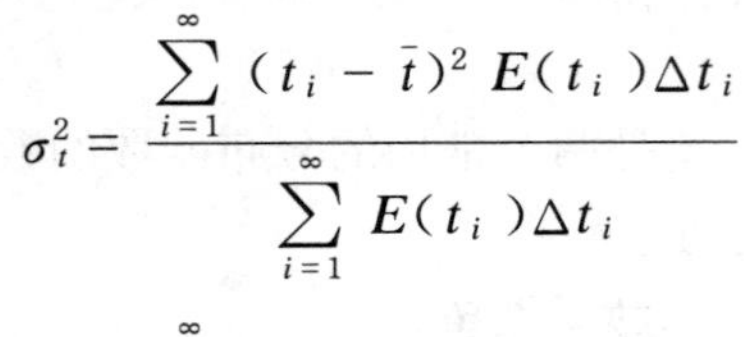

$$\sigma_t^2 = \frac{\sum_{i=1}^{\infty} (t_i - \bar{t})^2 E(t_i) \Delta t_i}{\sum_{i=1}^{\infty} E(t_i) \Delta t_i}$$

$$= \frac{\sum_{i=1}^{\infty} t_i^2 E(t_i) \Delta t_i}{\sum_{i=1}^{\infty} E(t_i) \Delta t_i} - \bar{t}^2 \tag{9.16}$$

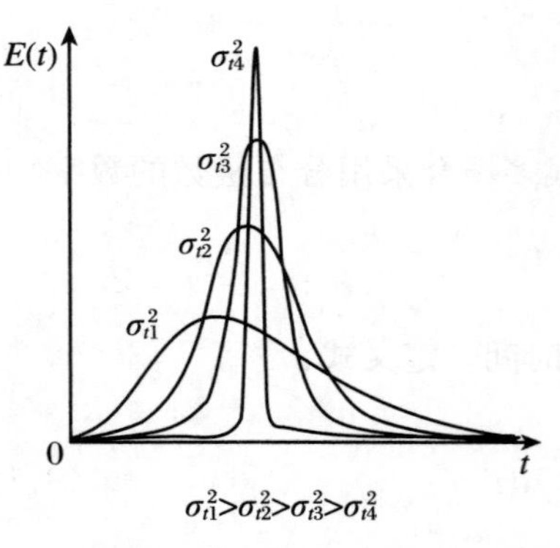

图 9.6 停留时间分布的离散程度

用对比时间表示的方差(无因次方差):

$$\sigma_\theta^2 = \int_0^{\infty} (\theta - 1)^2 E(\theta) \mathrm{d}\theta = \frac{\sigma_t^2}{\bar{t}^2} \tag{9.17}$$

各种反应器的无因次方差:

PFR: $\sigma_\theta^2 = 0$

CSTR: $\sigma_\theta^2 = 1$

实际反应器: $0 < \sigma_\theta^2 < 1$

9.3.4 典型反应器的停留时间分布

1. 平推流反应器的停留时间分布

物料在管式反应器中的流动情况与平推流的假设十分接近,具体关系式见表 9.1。

表 9.1 典型反应器的停留时间分布

	平推流(PFR)	全混流(CSTR)
$E(t), E(\theta)$	$t = \bar{t}, E(t) = \infty$; $t \neq \bar{t}, E(t) = 0$	$E(t) = \frac{1}{\bar{t}} e^{-\frac{t}{\bar{t}}}$ $E(\theta) = \bar{t}E(t) = e^{-\theta}$
$\bar{t}$	$\bar{t} = \frac{V_R}{V_0}$	$\bar{t} = \frac{V_R}{V_0}$
σ_t^2	$\sigma_t^2 = 0$	$\sigma_t^2 = \bar{t}^2$
$\overline{\theta}, \sigma_\theta^2$	$\overline{\theta} = 1, \sigma_\theta^2 = 0$	$\overline{\theta} = 1, \sigma_\theta^2 = 1$
$F(t), F(\theta)$	$0 < t < \bar{t}, F(t) = 0$; $t > \bar{t}, F(t) = 1$	$F(t) = \int_0^t E(t) \mathrm{d}t = 1 - e^{\frac{t}{\bar{t}}}$ $F(\theta) = 1 - e^{-\theta}$

2. 全混流反应器的停留时间分布

全混流反应器的特点是反应器内的物料浓度、温度均一,而且反应器内物料的浓度与反应器出口的物料浓度相等。全混流反应器的 $E(t)$ 和 $F(t)$ 曲线方程可由物料衡算式导出,两曲线图示如图 9.7 所示。

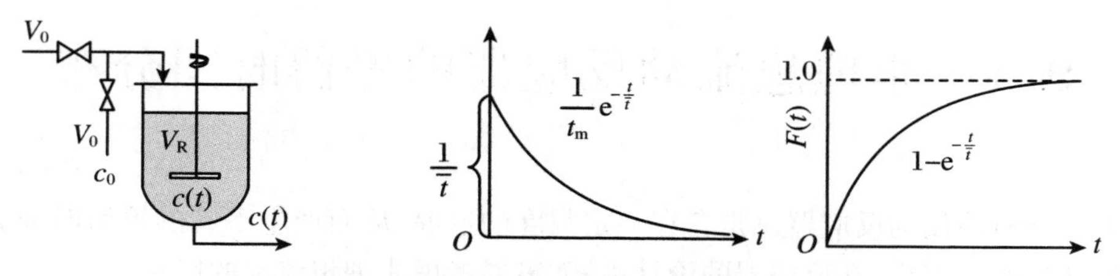

图 9.7　全混流反应器的 $E(t)$ 曲线和 $F(t)$ 曲线

设反应器容积为 V_R，物料稳态流动，其体积流量为 V_0。在 $t=0$ 时，进口处注入一示踪剂脉冲，注入量为 Q。在 t 时间后，出口处的示踪剂浓度为 $c(t)$，并在随后的 dt 时间间隔内变化为 dc。在 $t \to t+dt$ 的时间间隔内对示踪剂进行物料衡算：

进入的示踪剂 = 流出的示踪剂 + 示踪剂在反应器内的积累

$$0 = V_0 \times c(t) \times dt + V_R \times dc$$

整理得

$$\frac{dc}{c} = -\frac{V_0}{V_R} \times dt$$

$\frac{V_R}{V_0} = \bar{t}$，初始条件：$t=0$ 时，$c=c_0$，$c_0=\frac{Q}{V_R}$，解得

$$\ln\frac{c}{c_0} = -\frac{t}{\bar{t}}$$

则有

$$c(t) = c_0 \times e^{-\frac{t}{\bar{t}}} = \frac{Q}{V_R}e^{-\frac{t}{\bar{t}}} \tag{9.18}$$

求得

$$E(t) = \frac{V_0}{Q}c(t) = \frac{V_0}{Q} \times \frac{Q}{V_R} \cdot e^{-\frac{t}{\bar{t}}} = \frac{1}{\bar{t}}e^{-\frac{t}{\bar{t}}} \tag{9.19}$$

$$E(\theta) = \bar{t}E(t) = e^{-\theta} \tag{9.20}$$

$$F(t) = \int_0^t E(t)dt = \int_0^t \frac{1}{\bar{t}}e^{-\frac{t}{\bar{t}}}dt = 1 - e^{-\frac{t}{\bar{t}}} \tag{9.21}$$

$$F(\theta) = 1 - e^{-\theta} \tag{9.22}$$

可以分别求得全混流反应器停留时间分布的均值和方差为

$$\sigma_t^2 = \int_0^\infty (t-\bar{t})^2 \times \frac{1}{\bar{t}} \times e^{-\frac{t}{\bar{t}}}dt = \bar{t}^2, \quad \sigma_\theta^2 = 1$$

$$\bar{t} = \int_0^\infty t \times \frac{1}{\bar{t}}e^{-\frac{t}{\bar{t}}} \times dt = \bar{t}, \quad \bar{\theta} = 1$$

结果表明在全混流反应器中，若流体流动过程中的密度不发生变化，则停留时间分布的均值等于由 V_R/V_0 所求得的平均停留时间。

一般情况下，反应器的停留时间分布的方差(无因次方差)应在 0～1，方差的值越接近 1，表明停留时间分布越离散。

9.4　非理想流动反应器的停留时间分布

工业生产所使用的反应器总是存在一定程度的返混，从而产生不同的停留时间分布，影响反应的转化率。那么，在反应器的设计中，就需要考虑非理想流动的影响。

返混程度的大小，一般是很难直接测定的，只能设法用停留时间分布加以描述。然而停留时间与返混之间不一定存在对应的关系，也就是说，一定的返混必然会造成确定的停留时间分布，但是同样的停留时间分布可以是不同的返混所造成的。因此，不能直接把测定的停留时间分布用于描述返混的程度，而要借助于模型方法，求出模型的参数，再根据模型进行计算，预测反应的结果。本节主要介绍多釜串联模型和扩散模型这两种较为简单和常用的模型。

9.4.1　多釜串联模型

如图 9.8 所示，对等体积多级釜中第 i 釜做示踪剂的物料衡算：

$$V_0 c_{i-1} - V_0 c_i = V_i \frac{\mathrm{d}c_i}{\mathrm{d}t}$$

$$\frac{\mathrm{d}c_i}{\mathrm{d}t} = \frac{c_{i-1} - c_i}{V_i / V_0}$$

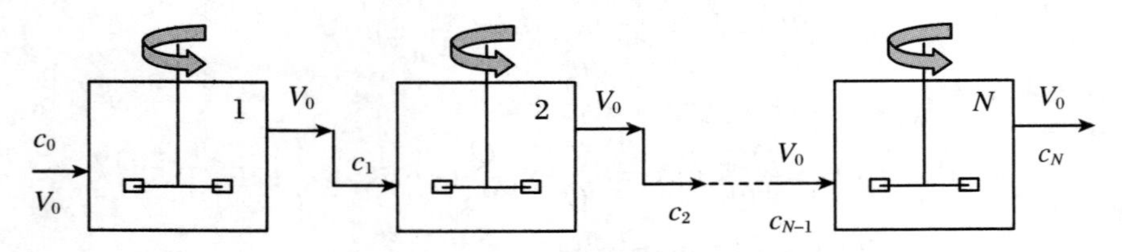

图 9.8　多釜串联示意图

令

$$\tau = V_i / V_0 \tag{9.23}$$

式中，τ 为物料通过每一个釜时的平均停留时间；V_i 为第 i 釜的容积。则有

$$\frac{\mathrm{d}c_i}{\mathrm{d}t} = \frac{c_{i-1} - c_i}{\tau}$$

$i = 1$ 时，$\frac{\mathrm{d}c_1}{\mathrm{d}t} = \frac{c_0 - c_1}{\tau}$，积分，得

$$c_1 = c_0 (1 - \mathrm{e}^{-\frac{t}{\tau}}) \tag{9.24}$$

$i = 2$ 时，$\frac{\mathrm{d}c_2}{\mathrm{d}t} = \frac{c_1 - c_2}{\tau}$，代入 c_1，得

$$\frac{\mathrm{d}c_2}{\mathrm{d}t} + \frac{c_2}{\tau} = \frac{c_0}{\tau}(1 - \mathrm{e}^{-\frac{t}{\tau}})$$

$$\frac{c_2}{c_0} = 1 - \left(1 + \frac{t}{\tau}\right)\mathrm{e}^{-\frac{t}{\tau}} \tag{9.25}$$

递推求解得

$$\frac{c_N}{c_0} = F(t) = 1 - \mathrm{e}^{-\frac{t}{\tau}}\left[1 + \frac{t}{\tau} + \frac{1}{2!}\left(\frac{t}{\tau}\right)^2 + \cdots + \frac{1}{(N-1)!}\left(\frac{t}{\tau}\right)^{N-1}\right] \tag{9.26}$$

如各釜 V_i 相等,则有 $\tau = \dfrac{\bar{t}}{N}$,得

$$F(t) = 1 - \mathrm{e}^{-\frac{Nt}{\bar{t}}}\left[1 + \frac{Nt}{\bar{t}} + \frac{1}{2!}\left(\frac{Nt}{\bar{t}}\right)^2 + \cdots + \frac{1}{(N-1)!}\left(\frac{Nt}{\bar{t}}\right)^{N-1}\right] \tag{9.27}$$

$$E(t) = \frac{N^N}{(N-1)!\,\bar{t}}\left(\frac{t}{\bar{t}}\right)^{N-1}\mathrm{e}^{-\frac{Nt}{\bar{t}}} \tag{9.28}$$

$$F(\theta) = 1 + \left[1 + \sum_{N=1}^{N-1}\frac{(N\theta)^{N-1}}{(N-1)!}\right]\mathrm{e}^{-N\theta} \tag{9.29}$$

$$E(\theta) = \frac{N}{(N-1)!}(N\theta)^{N-1}\mathrm{e}^{-N\theta} \tag{9.30}$$

$$\sigma_\theta^2 = \frac{1}{N} \tag{9.31}$$

图 9.9 和图 9.10 分别给出了式(9.30)代表的 $E(\theta)$ 曲线和式(9.29)代表的 $F(\theta)$ 曲线。

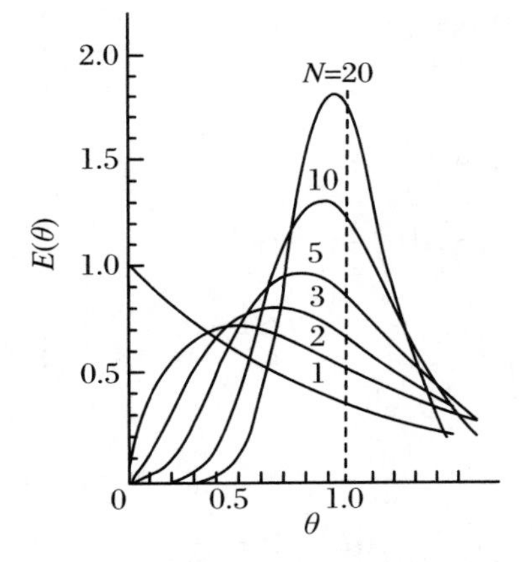

图 9.9　多釜串联模型的 $E(\theta)$ 曲线

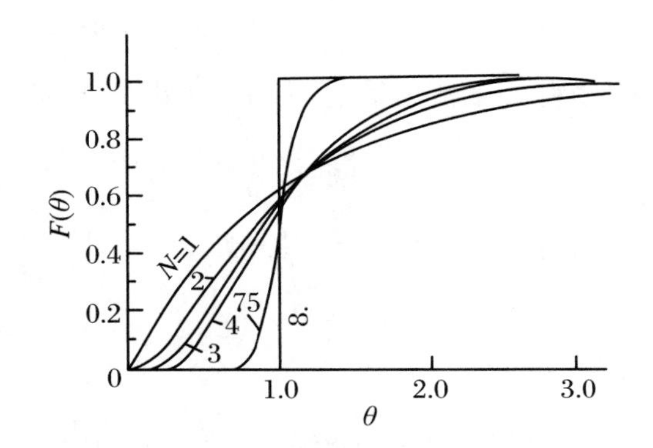

图 9.10　多釜串联模型的 $F(\theta)$ 曲线

级数 N 表征返混程度,表示实际反应器的返混程度相当于 N 级等容串联的理想混合反应器,N 是虚拟级数,称为模型参数。因为参数 N 并不代表实际上串联的釜数,因此 N 值不必是正整数,它可以是任何大于零的实数。σ_θ^2 仅与 N 有关,$N\uparrow$,$\sigma_\theta^2\downarrow$;$N\to\infty$,$\sigma_\theta^2=0$;$N=1$,$\sigma_\theta^2=1$。

9.4.2　扩散模型

由于分子扩散、涡流扩散以及流速分布不均匀等原因,而使流动状况偏离理想流动时,可用轴向扩散模型来模拟。常用于返混程度不大的系统,如管式、塔式反应器内流体流动的模拟。

1. 扩散模型表达式

(1) 模型假定

① 在垂直于流体运动方向的横截面上径向浓度分布均一。

② 流体以恒定的流速 u 通过系统。

③ 在流动方向上存在扩散过程，用轴向扩散系数 E_z 表征一维返混，E_z 恒定。

④ 管内不存在死区或短路流。

(2) 轴向模型建立

如图 9.11 所示，设管横截面积为 A，在管内轴向位置 l 处截取微元长度 $\mathrm{d}l$，做物料衡算：

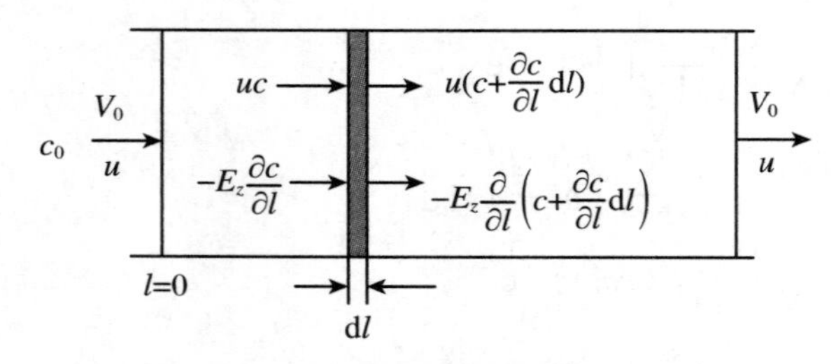

图 9.11　扩散模型的物料衡算示意图

物料 A 的流入量 = 物料 A 的流出量 + 物料 A 的转化量 + 物料 A 的积累量

物料 A 的流入量 = 主流体流入量 + 轴向扩散流入

$$= \left(uc - E_z \frac{\partial c}{\partial l}\right)A$$

物料 A 的流出量 = 主流体流出量 + 轴向扩散流出量

$$= \left[u\left(c + \frac{\partial c}{\partial l}\mathrm{d}l\right) - E_z \frac{\partial}{\partial l}\left(c + \frac{\partial c}{\partial l}\mathrm{d}l\right)\right]A$$

物料 A 的转化量 $= \frac{\partial c}{\partial t}A\mathrm{d}l$

物料 A 的积累量 = 0

联立求解：

$$\left(uc - E_z \frac{\partial c}{\partial l}\right)A = \left[u\left(c + \frac{\partial c}{\partial l}\mathrm{d}l\right) - E_z \frac{\partial}{\partial l}\left(c + \frac{\partial c}{\partial l}\mathrm{d}l\right)\right]A + \frac{\partial c}{\partial t}A\mathrm{d}l$$

整理得

$$\frac{\partial c}{\partial t} = E_z \frac{\partial^2 c}{\partial l^2} - u \frac{\partial c}{\partial l}$$

无因次化：

$$\bar{c} = \frac{c}{c_0}, \quad \theta = \frac{t}{t_\mathrm{m}}, \quad \bar{l} = \frac{l}{L}$$

代入整理得

$$\frac{\partial \bar{c}}{\partial \theta} = \left(\frac{E_z}{uL}\right)\frac{\partial^2 \bar{c}}{\partial \bar{l}^2} - \frac{\partial \bar{c}}{\partial \bar{l}}$$

引入 Peclet 准数：$Pe = \frac{uL}{E_z}$，该准数描述了轴向扩散程度。上式变为

$$\frac{\partial \bar{c}}{\partial \theta} = \frac{1}{Pe} \times \frac{\partial^2 \bar{c}}{\partial \bar{l}^2} - \frac{\partial \bar{c}}{\partial \bar{l}}$$

2. 确定模型参数

利用解析法或曲线拟合法得出停留时间分布方差与 Pe 的关系为

$$\sigma_\theta^2 = \frac{2}{Pe} - \frac{2}{Pe^2}[1 - \exp(-Pe)] \tag{9.32}$$

当返混程度不大时（$Pe \geqslant 5$），可用以下近似式：

$$\sigma_\theta^2 = \frac{2}{Pe} - \frac{2}{Pe^2} \tag{9.33}$$

当返混程度很小时（$Pe \geqslant 25$），还可用近似式：

$$\sigma_\theta^2 = \frac{2}{Pe} \tag{9.34}$$

上述的三种情况如图 9.12 所示。

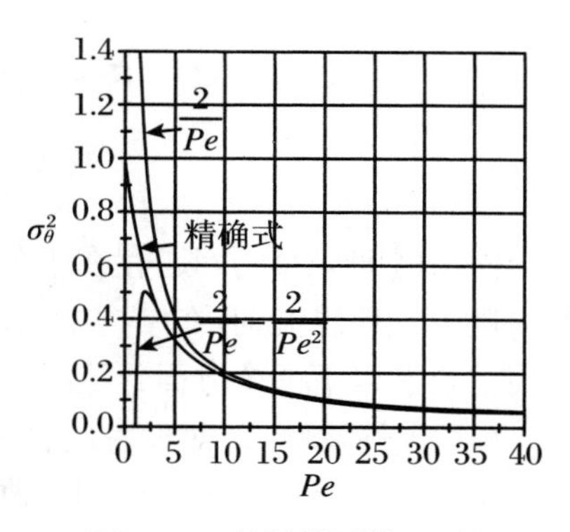

图 9.12　扩散模型的 Pe 数

9.4.3　实际反应器计算

实际流动反应器的计算，是根据生产任务和达到转化率要求来确定反应器容积，而且要求的转化率是指反应器出口处的平均转化率。由于不同返混程度的反应器内物料的停留时间分布不同，出口转化率也就不同，即停留时间分布影响出口转化率。

1. 转化率

（1）根据动力学数据计算：

$$\overline{x_A} = \int_0^\infty x_A(t)E(t)\mathrm{d}t \tag{9.35}$$

（2）根据实验数据计算：

$$\overline{x_A} = \sum x_A(t)E(t)\Delta t \tag{9.36}$$

2. 残余浓度

（1）根据动力学数据计算：

$$\overline{c_A} = \int_0^\infty c_A(t)E(t)\mathrm{d}t \tag{9.37}$$

（2）根据实验数据计算：

$$\overline{c_A} = \sum c_A(t)E(t)\Delta t \tag{9.38}$$

这种计算方法的优点，是直接利用停留时间分布进行计算而不需要引入时间参数，因此较为简单，但其前提是微团间不发生物质交换假设的合理性。物料在反应器中的停留时间分布，是将物料看成由大量独立微团所组成而导出的。如反应器中流体微团的流动是独立的，即物质交换和化学反应仅存在于流体的微团内，而不存在于微团之间，这样就可把流体微团看成是独立的个体，每一个微团都相当于一个间歇操作釜式反应器。

9.5 停留时间分布的应用

停留时间分布的问题存在于各种连续操作过程之中。研究停留时间分布,就应该考虑如何避免非理想流动,在结构上加以改进,使之接近理想反应器流动状况。停留时间分布的应用主要有以下两个方面:

(1) 定性诊断,即对设备内物料流动情况进行诊断,判断该设备是否存在短路、死角、沟流等不正常的流动状况从而制定改进方案。

图 9.13 列出了几种 $E(\theta)-t$ 曲线。图中的 t_m是物料在反应器中的平均停留时间。图(a)中的曲线峰形和位置都符合预期的结果,表明反应器中物料的流动情况是正常的。图(b)中的曲线出峰太早,表示反应器内可能存在沟流或短路。图(c)中的曲线出现多个递降的峰形,说明反应器内部有循环流动。图(d)中的曲线峰形落后,可能是计量上的原因,也可能是示踪剂被器壁或内部的填料吸附所致。图(e)出现双峰,曲线形状说明反应器内存在两股平行的流体,峰值高低不同,平行通道不均匀。凡此种种不良的流动情况,都可以根据停留时间曲线的图形做出判断,然后采取相应的措施加以克服和改进。

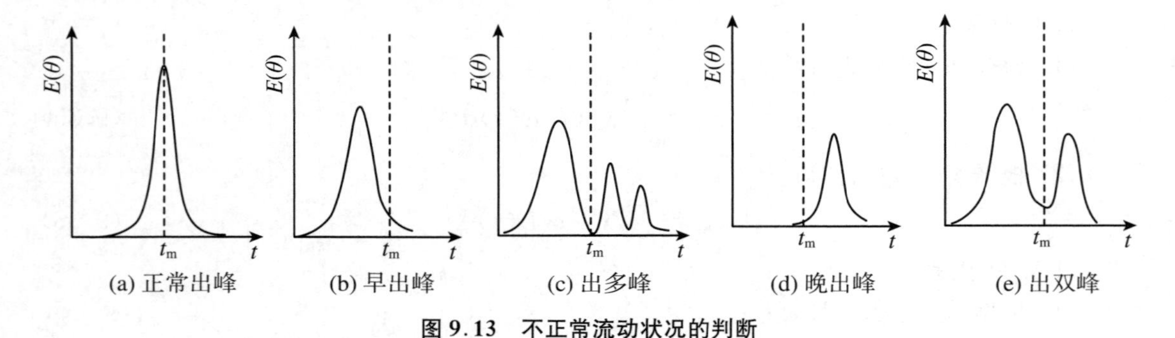

图 9.13 不正常流动状况的判断

(2) 定量分析:通过流动模型描述实际反应器,通过计算数学期望和方差,求取模型参数 N。

习 题

1. 反应器中产生返混的原因是什么?它对化学反应的结果有什么影响?
2. 什么是停留时间分布?它和返混有何联系?
3. 停留时间分布的表示方法有哪些?简述 $E(t)$与 $F(t)$函数的联系与区别。
4. 什么是停留时间分布的数学期望和方差?它们如何反映停留时间分布的特征?
5. 设 $F(\theta)$及 $E(\theta)$分别为闭式流动反应器的停留时间分布函数及停留时间分布密度函数,θ 为对比时间。

(1) 若该反应器为活塞流反应器，试求：(a) $F(1)$，(b) $E(1)$，(c) $F(0.8)$，(d) $E(0.8)$，(e) $E(1.2)$。

(2) 若该反应器为全混流反应器，试求：(a) $F(1)$，(b) $E(1)$，(c) $F(0.8)$，(d) $E(0.8)$，(e) $E(1.2)$。

(3) 若该反应器为一个非理想流动反应器，试求：(a) $F(\infty)$，(b) $F(0)$，(c) $E(\infty)$，(d) $E(0)$，(e) $\int_0^\infty E(\theta)\mathrm{d}\theta$。

6. 为了测定一闭式流动反应器的停留时间分布，采用脉冲示踪法，测得反应器出口物料中示踪剂浓度如下：

t(min)	0	1	2	3	4	5	6	7	8	9	10
$c(t)$($\mathrm{g \cdot L^{-1}}$)	0	0	3	5	6	6	4.5	3	2	1	0

试计算：(1) 反应物料在该反应器中的平均停留时间 $\bar{t}$ 和方差 σ_θ^2。(2) 停留时间小于 4.0 min 的物料所占的分率。

第 10 章　多相反应过程

学习要点

1. 了解工业催化及工业催化剂的相关概念。
2. 掌握气固催化反应的历程和反应器。
3. 理解温度对可逆反应的影响。

实际化工生产中，大部分的化学反应都是非均相反应。非均相反应因反应涉及两个或两个以上的相，因而也称作多相反应。

多相反应按反应相的不同分为气固相反应、气液相反应、不互溶的液液相反应、液固相反应、气液固三相反应。其中气固相反应应用最为广泛，本章重点讨论气固相催化反应。

10.1　工业催化简介

催化剂最早由瑞典化学家贝采里乌斯（图 10.1）发现，1836 年，他在《物理学与化学年鉴》杂志上发表了一篇论文，首次提出化学反应中使用的“催化”与“催化剂”概念。

图 10.1　琼斯·雅可比·贝采里乌斯（Jons Jakob Berzelius，1779—1848）

瑞典化学家、伯爵，现代化学命名体系的建立者，硅、硒、钍、铈元素的发现者，提出了“催化”等概念，被称为“有机化学之父”

图 10.2　闵恩泽（1924—2016）

四川成都人，石油化工催化剂专家，中国科学院院士、中国工程院院士、第三世界科学院院士、英国皇家化学会会士，2007 年度国家最高科学技术奖获得者，“感动中国”2007 年度人物之一，是中国炼油催化应用科学的奠基者，石油化工技术自主创新的先行者，绿色化学的开拓者，被誉为“中国催化剂之父”

闵恩泽（图 10.2）被誉为“中国催化剂之父”。“感动中国”组委会授予闵恩泽的颁奖词为:在国家需要的时候,闵恩泽站出来!燃烧自己,照亮能源产业。把创新当成快乐,让混沌变得清澈,他为中国制造了催化剂。点石成金,引领变化,永不失活,他就是中国科学的催化剂!

10.1.1　固体催化剂及其构成

固体催化剂通常由主催化剂、助催化剂和载体组成,见图10.3。主催化剂是指具有明显催化活性的成分。如二氧化硫催化氧化反应所用的催化剂的主催化剂是五氧化二钒,但实际使用的钒催化剂中其含量仅为6%~12%。助催化剂单独并不具有明显的活性,但与主催化剂组合后可明显地增强催化剂的活性和选择性。例如,合成氨用的铁催化剂中加入氧化铝和氧化钾作为助催化剂。主催化剂和助催化剂通过一定的加工工艺附着在载体上。常用的催化剂载体有活性炭、硅胶、氧化铝等多孔物质。载体的组成与结构也会影响催化剂的活性与寿命。

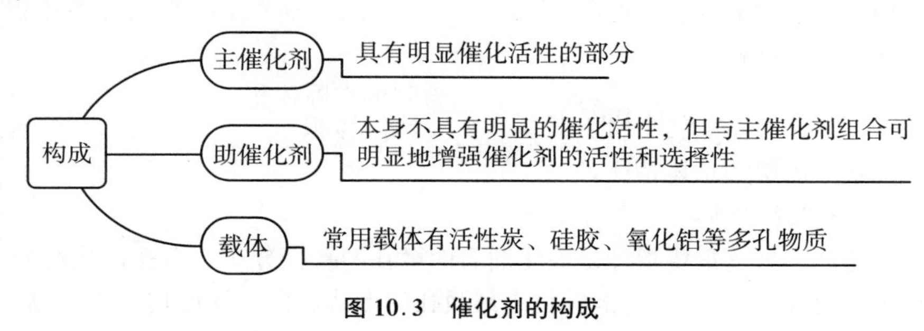

图10.3　催化剂的构成

10.1.2　工业生产对催化剂的要求

工业生产使用的催化剂要求具备如下条件:

1. 具有较高的活性和选择性

高活性的催化剂可提高反应的转化率,并使反应所要求的温度降低。但并非所有催化反应都要求催化剂具有高活性。对于某些强放热反应,反应过快会造成散热困难,需要采取一些工艺措施以避免放热过分集中或增加散热。催化剂选择性的好坏往往比高活性更为重要。例如,有副产物生成的催化反应,对主产物选择性高的催化剂能降低生产单位数量产品的原料消耗,从而降低原料成本,并减少了分离副产物所需的设备。

2. 不易中毒,使用寿命长

在工业生产中总是希望催化剂能使用较长的时间,但是随着使用时间的延长,催化剂的活性逐渐降低,这是由于催化剂的中毒和失活造成的。造成催化剂活性降低的主要原因有结炭、烧结和中毒,其中尤以中毒对催化剂的影响最大。原料气中可能含有的少量硫、磷等杂质,会使催化剂永久性地中毒。因为这些元素的化合物将会非常牢固地吸附在催化剂的活性中心上,使之失去催化功能。

3. 具有较好的物理结构参数和良好的机械强度

催化剂的物理结构参数主要有:

(1) 比表面积 α

比表面积指单位质量(体积)的固体催化剂所具有的总表面积:

$$\alpha = \frac{S_{总}}{m}$$

化工生产中常用的固体催化剂颗粒的内部有许多形状不规则、孔径不一且形成网状结构的细微孔道,这些孔道使催化剂内部存在着巨大的内表面积。化学反应可在催化剂的外表面发生,而更主要的是在其内表面发生。为了能使催化剂具有较强的催化作用,通常总希望单位质量(或单位体积)的催化剂具有较大的表面积。

(2) 孔隙率 ε

反映催化剂结构特征的另一项指标为孔隙率。由于化工生产所用的催化剂多制成内部充满孔隙的颗粒,需区分催化剂床层的孔隙率和颗粒的孔隙率。

$$颗粒孔隙率\ \varepsilon_p = \frac{催化剂颗粒中孔隙体积}{颗粒体积} = \frac{V_g}{V_p} \tag{10.1}$$

颗粒孔隙率描述了催化剂颗粒的特征,式中 V_g为单位质量催化剂颗粒的孔隙体积,V_p为单位质量催化剂颗粒的体积。

$$床层孔隙率\ \varepsilon = \frac{颗粒间的空隙体积}{床层体积} \tag{10.2}$$

床层孔隙率反映了床层的总体特征。

(3) 孔半径和孔径分布

工业用催化剂的另一重要指标是催化剂表面微孔的孔径分布。多孔催化剂的有效反应表面主要集中在内表面上,而催化剂颗粒内部微孔的形状、大小、深度均很不规则。显然,对于孔隙率相同的颗粒,孔径越小,催化剂颗粒的内表面积就越大。但孔径过小,不利于反应物向孔内扩散,因而孔径分布也是催化剂特性的一项重要指标。

孔半径(r):催化剂颗粒内部各种大小孔的半径平均值,即平均孔半径。

孔径分布:不同孔径的孔的分率分布情况。

常见催化剂和载体的物理结构参数见表 10.1。

表 10.1 常见催化剂和载体的物理结构参数

载体	比表面积($m^2 \cdot g^{-1}$)	孔体积($mL \cdot g^{-1}$)	平均孔半径(nm)
硅藻土	2~30	0.5~61	~10000
合成氨贴触媒	4~11	~0.12	2000~10000
硅酸铝裂化触媒	200~500	0.2~0.7	350~1500
活性氧化铝	100~200	0.2~0.3	300~500
硅胶	200~600	~0.4	150~1000
活性炭	500~1500	0.6~0.8	100~200

10.2　气固相催化反应的步骤

气固相催化反应装置常见的是固定床反应器。对于气固相催化反应 A ⟶ B，催化反应一般要经历如图 10.4 所示的 7 个步骤。

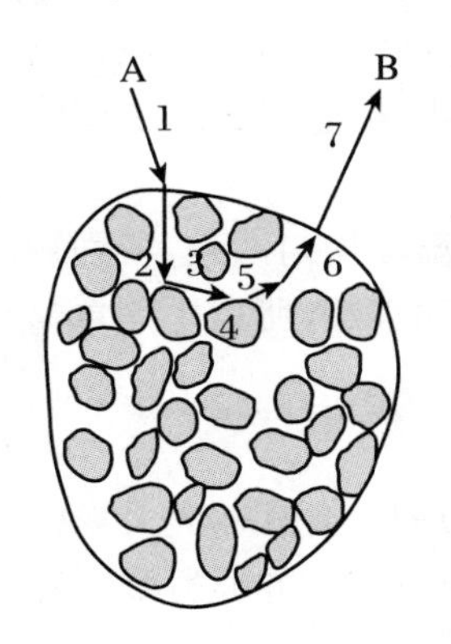

1. 反应组分 A 从气流主体扩散到颗粒内表面　外扩散
2. 组分 A 从颗粒外表面通过微孔扩散到颗粒内表面　内扩散
3. 组分 A 在内表面上被吸附　表面吸附
4. 组分 A 在内表面上进行化学反应，生成产物 B　表面反应
5. 组分 B 在内表面上脱附　表面脱附
6. 组分 B 从颗粒内表面通过微孔扩散到颗粒外表面　内扩散
7. 反应生成物 B 从颗粒外表面扩散到气流主体　外扩散

图 10.4　气固相催化反应过程示意图

整个气固相催化反应的控制步骤可划分为动力学控制、内扩散控制和外扩散控制。

气固相催化反应的控制步骤

- 动力学控制
  - 吸附控制：3
  - 表面反应控制：4
  - 脱附控制：5
- 内扩散控制
  - 2
  - 6
- 外扩散控制
  - 1
  - 7

10.3　气固相催化反应器

气固反应器中应用最多的是气固相催化反应器。根据固体催化剂在反应器中的运动状况，气固相催化反应器除前文曾经提及的固定床反应器和流化床反应器外，还有一种移动床反应器。在这三种反应器中，前两者应用较为普遍。

1. 绝热反应器

绝热反应器的催化剂床层内不设冷却管（或加热管），催化剂均匀地堆放在反应器内，为了防止催化剂在反应器内松动，产生气流短路，反应气体总是由上而下流过床层。由于绝热反应器结构简单，价格低廉，而且装卸方便容易控制，所以凡是能够使用绝热反应器的，总是优先考虑使用绝热反应器。

绝热反应器工作时，由于通过床层或壁面传递的热量相对于反应热而言数值很小，反应所产生(或需要)的热量将主要用来使床层温度上升(或下降)。

如果温度的上升(或下降)没有超过允许的反应温度范围,就可以采用单段的绝热反应器。如果超过,对于浅床层,应该通过降低反应物的浓度,如加入稀释剂(常用水蒸气)来减少温升,使之在允许范围内。对于较厚的床层,则可把床层分为若干段,在段间采用降温(或升温)措施,以使反应器温度尽量接近最优反应温度。

2. 非绝热反应器

有些放热非常强烈或对温度十分敏感的反应,选用非绝热反应器较合适。非绝热反应器中使用得最普遍的是换热式固定床反应器,其外形如大型的列管式换热器,在列管中装满催化剂,管外是加热或冷却的介质。也有些非绝热式固定床反应器把催化剂放在管子外面的空间,传热介质在管内通过。

换热式固定床反应器的优点是换热效果好,易于保证床层温度均匀一致,特别适用于以中间产物为目的的强放热反应。这种反应器放大时,只需要增加管数,所以也简单易行。其缺点是结构比较复杂。

3. 流化床反应器

流化床反应器是一种操作方法较为特殊的反应器。自从 1942 年第一次大规模应用于重质油的催化裂化以来,流化床反应器得到了迅速的发展,广泛应用于各种类型的反应。

气固流化床反应器与固定床反应器比较,有下列优点:

(1) 传热效率高。这是因为催化剂颗粒不断地流动和冲刷传热面,使热阻降低的缘故。

(2) 床层温度均匀。由于床层内有大气泡的湍流流动和固体颗粒的不断流动,整个床层径向、轴向的温度都是均匀的。

(3) 反应速率快。由于床层内催化剂不断翻动,床层内的气体气泡不断形成和破碎,所以气体与固体催化剂接触良好,可以使用小颗粒催化剂,具有较大的反应速率。

(4) 便于再生或更换催化剂。

流化床反应器的主要缺点是:

(1) 返混对某些反应来说,可能在不同程度上降低了转化率、选择性和收率等。

(2) 催化剂磨损比较严重。

(3) 气体通过床层有较大的压力降,需消耗较多的动力。

(4) 小颗粒催化剂易被气流带走,需要安装分离净化装置。

基于以上特性,流化床反应器常用于下列场合:

(1) 强放热反应。流化床反应器可以避免局部过热。

(2) 需要严格控温的反应。

(3) 催化剂容易积碳,需要经常再生的反应。

10.4 反应器操作温度最优化

在实际反应器操作中,反应温度常随着反应器中不同的空间位置而改变。对于多相反应,非等温操作更为普遍,温度对化学反应速率的影响极为敏感。气固相催化反应中温度对反应速率的影响更为显著。

10.4.1 最优反应温度和平衡温度

如图 10.5 所示，对图(a)和图(b)所示不可逆反应和可逆吸热反应，温度越高，反应速率越大，最佳温度就是反应器所能承受的最高温度。

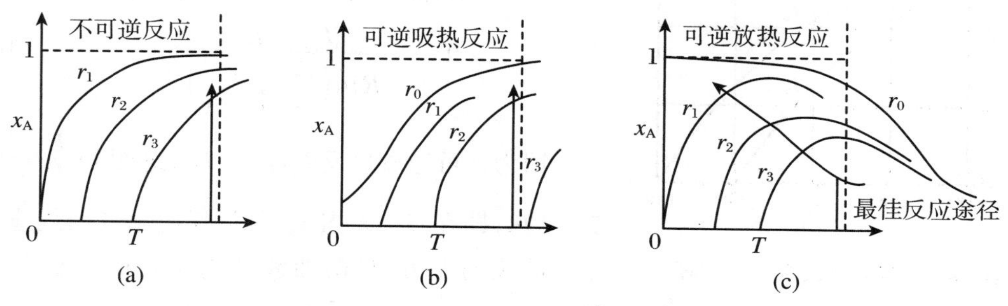

图 10.5　不同类型反应的最佳温度分布

对图 10.5(c)所示可逆放热反应，以下以一级可逆反应为例进行说明。

1. 最优反应温度 T_m

$$A \rightleftharpoons P \quad \Delta H < 0\ (\text{反应放热})$$

若 $T\uparrow$，平衡左移，此时速率得到增大，但正、逆反应的 $r\uparrow$；若 $T\downarrow$，$r_P\downarrow$，故最大的反应速率必然对应某一适中的温度。最大的反应速率对应的某一适中的温度，我们将之称为最优反应温度。

$$r_A = k_1 c_A - k_2 c_P = k_1 c_A - k_2 (c_{A,0} - c_A)$$

因

$$c_{p,0} = 0, \quad k_1 = A_1 e^{-\frac{E_1}{RT}}, \quad k_2 = A_2 e^{-\frac{E_2}{RT}}$$

故

$$r_A = A_1 e^{-\frac{E_1}{RT}} c_{A,0}(1 - x_A) - A_2 e^{-\frac{E_2}{RT}} c_{A,0} x_A$$

在 $c_{A,0}$、x_A一定时，有

$$T_m = \frac{E_2 - E_1}{R\ln\left(\frac{E_2}{E_1}\frac{A_2}{A_1}\frac{x}{1-x}\right)} \tag{10.3}$$

说明：

(1) 可逆放热反应的最优反应温度是对一定的初始浓度和转化率而言的。

(2) 初始转化率不同和浓度不同则有不同的 T_m值。

图 10.6 给出了不同转化率时的反应速率曲线，其中：(1) 每一条曲线，表示一定转化率、一定初始浓度情况下，r_A与温度的关系。(2) 每一条曲线都有一个 T_m，即图中最高点。(3) 各优化温度点的连线称为最优化温

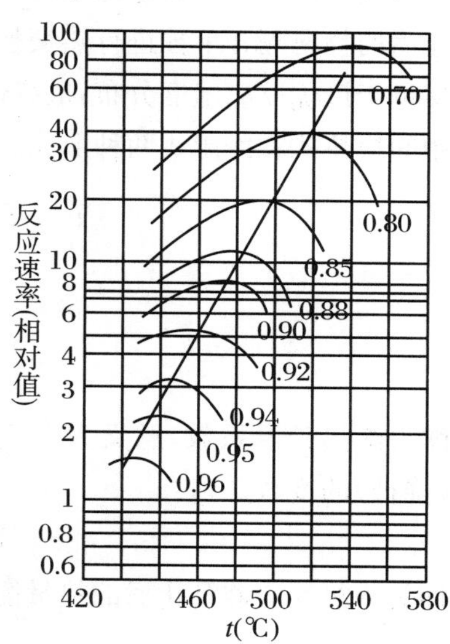

图 10.6　不同转化率时的反应速率图

度线。(4) 随 x_A升高,反应温度沿着最优化温度线降低,就可以使化学反应始终在最快的反应速率下进行。

2. 平衡温度 T_e

平衡温度是指正、逆反应速率相等的特定温度,也是对一定的初始浓度和转化率而言的。$r_1 = r_2$,即

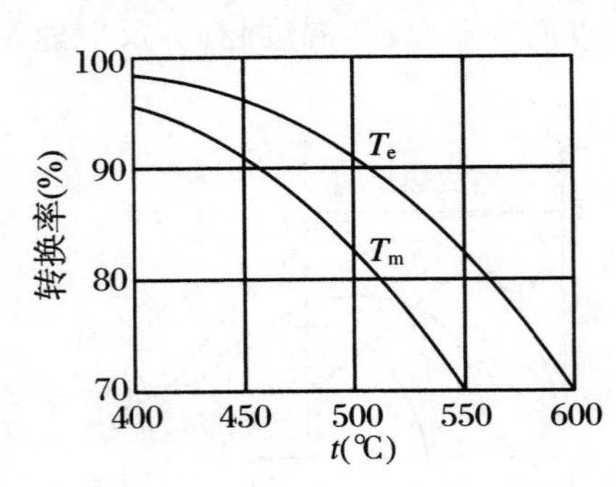

图 10.7　某转化反应 T_m、T_e图

$$A_1 e^{-\frac{E_1}{RT_e}}(1 - x) = A_2 e^{-\frac{E_2}{RT_e}} x$$

$$T_e = \frac{E_2 - E_1}{R\ln\left(\frac{A_2}{A_1}\frac{x}{1 - x}\right)} \tag{10.4}$$

因为是可逆放热反应,$E_2 > E_1$,进而 $\ln\frac{E_2}{E_1} > 0$,故 $T_m < T_e$,即在 $T - x$ 图上,最优反应温度曲线应位于平衡曲线的下方,且两曲线的走向近似。如图 10.7 所示。

3. T_m与 T_e的关系

$$T_m = \frac{T_e}{1 + \frac{RT_e}{E_2 - E_1}\ln\frac{E_2}{E_1}} \tag{10.5}$$

10.4.2　最优反应温度的实施

对于可逆放热反应的最优反应温度分布,工业实施常采用多段绝热式反应器,分段控制反应温度,使之接近于最优反应温度分布。如二氧化硫的催化氧化、水煤气的变换等。

多段绝热式反应器是把反应和换热过程分开,即在绝热条件下进行反应,而使反应前和反应后的物料隔开单独进行热交换。用多次反应和多次换热的方法,使反应过程的操作温度接近于最优反应温度分布,最终达到所要求的较高转化率。这种反应器的换热方式,可分为中间换热式和冷激式两种形式。

$$T - T_0 = \frac{y_{A,0}(x_A - x_{A,0})}{\overline{c_{p,m}}}(-\Delta H)$$

令

$$\lambda = \frac{y_{A,0}(-\Delta H)}{\overline{c_{p,m}}}$$

λ 称为绝热升温系数,意义为当反应组分全部转化时,在绝热条件下反应混合物温度升高(或降低)的度数。则有

$$T - T_0 = \lambda(x_A - x_{A,0}) \tag{10.6}$$

此即为绝热反应器简化后的热量衡算式。

说明：

(1) x_A与物系温度成线性关系，斜率为$1/\lambda$；强放热反应λ值较大，较低的转化率即能使物系的温度有较大幅度的增加。

(2) 在实际生产中，常采用多段反应器或在反应中加入稀释剂进行冷却。

(3) 绝热温升线，严格地说并非直线，因为反应组分的摩尔恒压热容随温度而变化，且反应前后物质的总摩尔数也不一定相等。

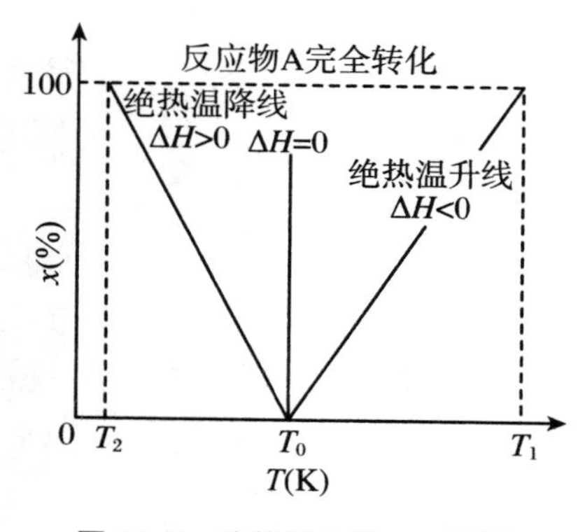

图10.8　绝热操作的 $x-T$ 图

图10.8给出了绝热操作的 $x-T$ 图。

1．多段绝热中间换热式反应器的温度控制

如图10.9所示，对于同一催化反应，λ为常数，各段绝热温升线的斜率相等，故图中各段绝热温升线相互平行。而水平线为中间冷却线，它表示各段催化剂床层反应后气体的冷却过程。由于换热过程不发生化学反应，故冷却过程中转化率维持不变，因此图10.8中冷却线是平行于横坐标的水平线。用实线表示的曲线为最佳温度线，各段的反应温度在该曲线上均有一点符合最优操作温度，在绝热温升线上的其余温度，反应只能在接近于最优反应温度的进行。由此可知，段数愈多，每段温度变化的范围愈小，则操作温度愈接近于最优反应温度分布曲线，完成反应过程所需的催化剂用量也愈少。但段数增加后，设备结构和操作的复杂程度都相应增加。在实际生产中最多也只有5～6段。图中用虚线表示的曲线为平衡温度分布曲线，位于最优反应温度分布曲线的上方。

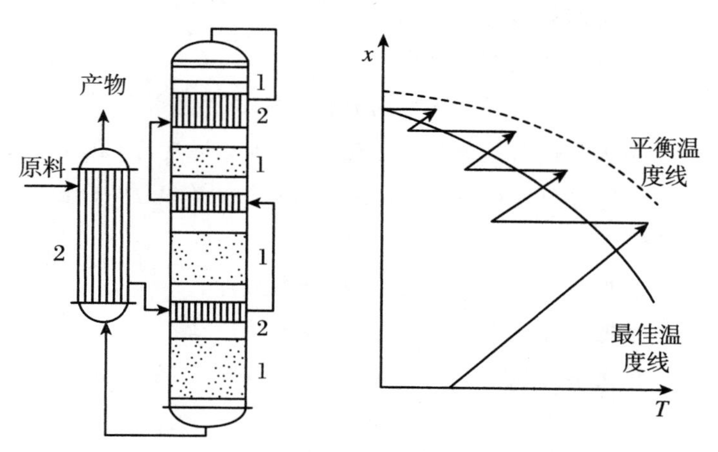

图10.9　多段绝热中间换热式反应器的 $x-T$ 图

2．多段绝热中间原料气冷激式反应器的温度控制

这种反应器是用冷原料气作冷激气，对反应后的高温气体进行直接冷却。图10.10中绝热温升线仍然相互平行。但中间冷却线与中间换热式不同，它们不平行于横坐标，且相互之间也不一定平行。这是因为在冷却过程中向反应后的高温气体中加入温度较低的新鲜原料气后，改变了气体中反应物与反应产物的比例，也就是相应地改变了反应的转化率。

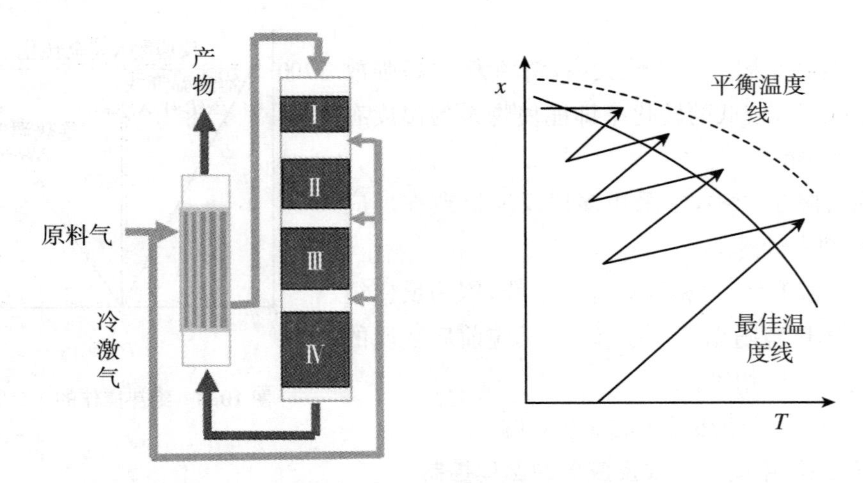

图 10.10　多段绝热中间原料气冷激式反应器的 $x-T$ 图

多段绝热冷激式催化反应器，虽省略了中间冷却的间壁换热器，反应器结构较简单，但催化剂用量增多，在经济上并不一定合理。

习　题

1. 工业催化剂有什么要求？它有哪些主要的物性结构参数？

2. 催化剂的活性是否越高越好？为什么？

3. 气固相催化反应过程包括哪些阶段？

4. 固定床反应器和流化床反应器各有何种优点？分别适用于什么场合？

5. 在绝热催化反应器中进行二氧化硫氧化反应，入口温度为 420 ℃，入口气体中 SO_2 浓度为 7%(mol)；出口温度为 590 ℃，出口气体中 SO_2 含量为 2.1%(mol)，在催化剂床层内 A、B、C 三点进行测定。

(1) 测得 A 点的温度为 620 ℃，你认为正确吗？为什么？

(2) 测得 B 点的转化率为 80%，你认为正确吗？为什么？

(3) 测得 C 点的转化率为 50%，经再三检验结果正确无误，估计一下 C 点的温度。

6. 对于可逆放热反应如何选择操作温度？

7. 在三段绝热式固定床反应器中进行 n 级不可逆放热反应，各段的催化剂量相同，且控制进入各段的反应物料温度相等。若 $n>0$，试问：

(1) 哪一段的净转化率最大？哪一段最小？

(2) 若段间采用冷激方法进行降温，第一段与第二段之间和第二段与第三段之间哪处需加入的冷激剂量多？为什么？

附　　录

附录1　符号说明

A:传质面积,单位m^2

A_0:填料塔空塔截面积,单位m^2

a:填料有效比表面积,单位$\frac{m^2}{m^3}=m^{-1}$

c:吸收质浓度,单位$mol \cdot m^{-3}$

c_s:吸收剂浓度,单位$mol \cdot m^{-3}$

c_p:比定压热容,单位$J \cdot K^{-1} \cdot kg^{-1}$

D:物质在气相中的扩散系数,单位$m^2 \cdot s^{-1}$

D':物质在液相中的扩散系数,单位$m^2 \cdot s^{-1}$

d:填料直径,单位 m

E:亨利系数,单位 Pa

g:重力加速度,取为 9.81 $m \cdot s^{-2}$

H:溶解度系数,单位$mol \cdot m^{-3} \cdot Pa^{-1}$;
　填料层高度,单位 m

h_G,h_L:气相和液相传质单元高度,单位 m

K_G,K_L,K_Y,K_X:总传质系数,总吸收系数

k_g,k_l:膜吸收系数,分吸收系数

$q_n(L)$:吸收剂的物质的量流量,单位 $mol \cdot s^{-1}$

$q_m(L)$:吸收剂的质量流量,单位 $kg \cdot s^{-1}$

$q_n(L)_M$:最小液气比时吸收剂的物质的量流量,单位 $mol \cdot s^{-1}$

M:摩尔质量,单位 $kg \cdot mol^{-1}$

M_s:吸收剂的摩尔质量,单位 $kg \cdot mol^{-1}$

m:相平衡系数

N:传质速率,单位 $mol \cdot s^{-1}$

n:吸收质的物质的量,单位 mol

$n(L)$:吸收剂的物质的量,单位 mol

$n(V)$:气体的物质的量,单位 mol

n_G，n_L：传质单元数

p：总压力，单位 Pa；

吸收质分压，单位 Pa（p^* 平衡分压）

R：摩尔气体常数，取为 8.314 $J \cdot K^{-1} \cdot mol^{-1}$

T：温度，单位 K

$q_n(V)$：惰性气体的物质的量流量，单位 $mol \cdot s^{-1}$

$q_m(V)$：气体的质量流量，单位 $kg \cdot s^{-1}$

u：流速，单位 $m \cdot s^{-1}$

w：质量分数

X：吸收质在液相中的比摩尔分数，单位 $mol \cdot mol^{-1}$

x：溶液中吸收质的浓度（摩尔分数）

Y：吸收质在气相中的比摩尔分数，单位 $mol \cdot mol^{-1}$

y：气相中吸收质的浓度（摩尔分数）

δ：边界层厚度，单位 m；

膜层厚度，单位 m

ε：填料自由空间，单位 $m^3 \cdot m^{-3}$

ρ：密度，单位 $kg \cdot m^{-3}$

σ：填料比表面，单位 $\frac{m^2}{m^3} = m^{-1}$

τ：时间，单位 s

E：塔板效率

m：物质的质量，单位 kg

N：理论塔板数

N_M：最小理论塔板数

n：物质的量，单位 mol

$n(D)$：塔顶馏出液量，单位 kmol

$n(F)$：进料量，单位 kmol

$n(L)$：塔内回流液量，单位 kmol

$n(V)$：塔内上升蒸气量，单位 kmol

$n(W)$：塔釜馏残液量，单位 kmol

p：气相总压，单位 Pa 或 kPa；

组分蒸气压，单位 Pa 或 kPa

p^*：纯组分蒸气压，单位 Pa 或 kPa

q：q 线（进料线）

R：回流比

R_M：最小回流比

T：热力学温度，单位 K

t：摄氏温度，单位℃

υ:挥发度

w:组分的质量分数

w_d:馏出液中易挥发组分的质量分数

w_f:进料液中易挥发组分的质量分数

w_w:馏残液中易挥发组分的质量分数

x:液相中易挥发组分的摩尔分数

x_d:馏出液中易挥发组分的摩尔分数

x_f:进料液中易挥发组分的摩尔分数

x_w:馏残液中易挥发组分的摩尔分数

y:蒸气(气相)中易挥发组分的摩尔分数

α:相对挥发度

ξ:反应进度,单位 mol

$x_{A,i}$:离开第 i 釜时组分 A 的转化率

$c_{A,i}$:离开第 i 釜时组分 A 的浓度,单位 $mol \cdot m^{-3}$

$q_{n,A,i}$:离开第 i 釜时组分 A 的物质的量流量,单位 $mol \cdot s^{-1}$

$r_{A,i}$:第 i 釜的反应速率,单位 $mol \cdot m^{-3} \cdot s^{-1}$

$E(t)$:停留时间分布的密度函数,单位[时间]$^{-1}$

$F(t)$:停留时间分布的累积密度函数,无量纲

$E(\theta)$:用对比时间表示的停留时间分布的密度函数,无量纲

$F(\theta)$:用对比时间表示的停留时间分布的累积密度函数,无量纲

$c(t)$:出口物料中示踪剂浓度,单位 $mol \cdot L^{-1}$

c_0:出口物料中示踪剂浓度,单位 $mol \cdot L^{-1}$

V_0:输送物的体积流量,单位 $L \cdot s^{-1}$

Q:加入示踪剂的总量,单位 mol

$\bar{t}$:停留时间均值(数学期望),单位 s

σ_t^2:停留时间方差,无量纲

θ:对比时间,无量纲

σ_θ^2:用对比时间表示的方差,无量纲

V_R:反应器容积,单位 L

τ:物料通过每一个釜时的平均停留时间,单位 s

N:模型参数,无量纲

E_z:轴向扩散系数,单位 $m^2 \cdot s^{-1}$

Pe:Peclet(贝克莱)准数,无量纲

V_g:单位质量催化剂颗粒的孔隙体积,单位 $mL \cdot g^{-1}$

V_p:单位质量催化剂颗粒体积,单位 $mL \cdot g^{-1}$

r:孔半径,单位 m

T_m:最优反应温度,单位 K

T_e:平衡温度,单位 K
λ:绝热升温系数,单位 K
x_A:转化率,无量纲

附录2　扩散系数

(293 K,根据实验数据换算)

气体间的扩散系数 $D(10^{-4}\,m^2\cdot s^{-1})$		一些物质在水中的扩散系数 $D'(10^{-9}\,m^2\cdot s^{-1})$	
体系	D	物质	D'
空气-二氧化碳	0.153	氢	5.0
空气-氨	0.644	空气	2.5
空气-水	0.257	一氧化碳	2.03
空气-乙醇	0.129	氧	1.84
空气-正己烷	0.071	二氧化碳	1.68
二氧化碳-水	0.183	醋酸	1.19
二氧化碳-氮	0.160	草酸	1.53
二氧化碳-氧	0.153	苯甲酸	0.87
氧-苯	0.091	水杨酸	0.93
氧-四氯化碳	0.074	乙二醇	1.01
氢-水	0.919	丙二醇	0.88
氢-氮	0.761	丙醇	1.00
氢-氨	0.760	丁醇	0.89
氢-甲烷	0.715	戊醇	0.80
氢-丙酮	0.417	苯甲醇	0.82
氢-苯	0.364	甘油	0.82
氢-环己烷	0.328	丙酮	1.16
氮-氨	0.223	糠醛	1.04
氮-水	0.236	尿素	1.20
氮-二氧化硫	0.126	乙醇	1.13

附录3　气体在液体中的溶解度

1. 一些气体-水体系的亨利系数 E 值*

气体	t(℃)								
	0	10	20	30	40	50	60	80	100
	$E(10^9\ Pa)$								
H_2	6.04	6.44	6.92	7.39	7.61	7.75	7.73	7.65	7.55
N_2	5.36	6.77	8.15	7.36	10.54	11.45	12.16	12.77	12.77
空气	4.38	5.56	6.73	7.81	8.82	9.59	10.23	10.84	10.84
CO	3.57	4.48	5.43	6.28	7.05	7.71	8.32	9.56	8.57
O_2	2.58	3.31	4.06	4.81	5.42	5.96	6.37	6.69	7.10
CH_4	2.27	3.01	3.81	4.55	5.27	5.85	6.34	6.91	7.10
NO	1.27	1.96	2.68	3.14	3.57	3.95	4.24	4.54	4.60
C_2H_6	1.28	1.57	2.67	3.47	4.29	5.07	5.73	6.70	7.01
C_2H_4	0.56	0.78	1.03	1.29	—	—	—	—	—
	$E(10^7\ Pa)$								
N_2O	—	14.29	20.06	26.24	—	—	—	—	—
CO_2	7.38	10.54	14.39	18.35	23.61	28.63	—	—	—
C_2H_2	7.30	9.73	12.26	14.79	—	—	—	—	—
Cl_2	2.72	3.99	5.37	6.69	8.01	9.02	9.73	—	—
H_2S	2.72	3.72	4.89	6.17	7.55	8.96	10.44	13.68	15.00
Br_2	0.22	0.37	0.60	0.92	1.35	1.94	2.54	4.09	—
SO_2	0.17	0.25	0.36	0.49	0.56	0.87	1.12	1.70	—
	$E(10^3\ Pa)$								
HCl	2.46	2.62	2.79	2.94	3.03	3.06	2.99	—	—
NH_3	2.08	2.40	2.77	3.21	—	—	—	—	—

* 很少有参考价值，只列作对比。

2. 一些气体在水中的溶解度(气体组分及水蒸气的总压为 0.1 MPa)

t(℃)	10^2[g·1000 g^{-1}(水)]					g·1000 g^{-1}(水)			
	H_2	N_2	CO	O_2	NO	CO_2	H_2S	SO_2	Cl_2
0	0.192	2.94	4.40	6.95	9.83	3.35	7.07	228	–
5	0.182	2.60	3.90	6.07	8.58	2.77	6.00	193	–
10	0.174	2.31	3.48	5.37	7.56	2.32	5.11	162	9.63
15	0.167	2.09	3.13	4.80	6.79	1.97	4.41	135.4	8.05
20	0.160	1.90	2.84	4.34	6.17	1.69	3.85	112.8	6.79
25	0.154	1.75	2.60	3.93	5.63	1.45	3.78	94.1	5.86
30	0.147	1.62	2.41	3.59	5.17	1.26	2.98	78.0	5.14
40	0.138	1.39	2.08	3.08	4.39	0.97	2.36	54.1	4.01
50	0.129	1.22	1.80	2.66	3.76	.076	1.88		3.26
60	0.118	1.05	1.52	2.27	3.24	0.58	1.48		2.66
70	0.102	0.85	1.28	1.86	2.67		1.10		2.18
80	0.079	0.66	0.98	1.38	1.95		0.77		1.67
90	0.046	0.38	0.57	0.79	1.13		0.41		0.93
100	0	0	0	0	0		0		0

3. 二氧化硫在水中的溶解度

液相浓度 g(SO_2)·1000 g^{-1}(水)	$p(SO_2)$(kPa)					
	0 ℃	10 ℃	20 ℃	30 ℃	40 ℃	50 ℃
100	41.06	63.18	93.04			
75	30.39	46.52	68.92	89.04		
50	19.73	30.13	44.79	60.25	88.65	
25	6.20	14.00	21.46	28.79	42.92	61.05
15	5.07	7.87	12.26	16.66	24.79	35.46
10	3.11	1.93	7.87	10.53	16.13	22.93
5	1.32	2.08	3.47	4.80	7.87	10.93
2	0.37	0.61	1.13	1.57	2.53	4.13
1	0.16	0.24	0.43	0.63	1.00	1.60
0.5	0.08	0.11	0.16	0.23	0.37	0.63

4. 氨在水中的溶解度

液相浓度 $g(NH_3)\cdot 1000\ g^{-1}$(水)	$p(NH_3)$(kPa)					
	0 ℃	10 ℃	20 ℃	30 ℃	40 ℃	50 ℃
600	50.65	79.98	126.0			
500	36.66	58.52	91.44			
400	25.33	40.12	62.55	95.84		
300	15.86	25.33	39.72	60.52	92.24	
200	8.53	19.20	22.13	34.66	41.99	79.46
100	3.33	5.57	9.33	14.66	22.26	32.03
50	1.49	4.00	4.27	6.80	10.26	15.33
30		1.51	2.40	4.00	6.00	8.93
20			1.60	2.53	4.00	6.00
10					2.05	2.92

5. 二氧化碳在水中的溶解度

$p(CO_2)$		溶解度[$g\cdot 1000\ g^{-1}$(水)]			
MPa	大气压	12 ℃	25 ℃	50 ℃	100 ℃
2.53	25			19.2	10.6
5.05	50	70.3	53.8	34.1	20.1
7.60	75	71.8	60.7	44.5	28.2
10.13	100	72.7	62.8	50.7	34.9
15.2	150	75.9	65.4	54.7	44.9
40.5	400	81.2	75.4	65.8	64.0

附录 4　一些填料的性质

1. 瓷质拉西环的特性(乱堆)

外径 d (mm)	高×厚 (mm×mm)	比表面 σ ($m^2\cdot m^{-3}$)	空隙率 ε ($m^3\cdot m^{-3}$)	堆积个数 (个$\cdot m^{-3}$)	堆积密度 ($kg\cdot m^{-3}$)	干填料因子 $\sigma(\varepsilon^3\cdot m^{-1})$	填料因子 $\phi(m^{-1})$
6.4	6.4×0.8	789	0.73	3110000	737	2030	3200
8	8×1.5	570	0.64	1465000	600	2170	2500
10	10×1.5	440	0.70	720000	700	1280	1500
15	15×2	330	0.70	250000	690	960	1020
16	16×2	305	0.73	192500	730	784	1020
25	25×2.5	190	0.78	49000	505	400	450
40	40×4.5	126	0.75	12700	577	305	350
50	50×4.5	93	0.81	6000	457	177	205

2. 鲍尔环的特性

材质	公称尺寸 (mm)	外径×高×厚 (mm×mm×mm)	比表面积 ($m^2\cdot m^{-3}$)	空隙率 (%)	堆积个数 (个$\cdot m^{-3}$)	堆积密度 ($kg\cdot m^{-3}$)
金属	16(铝)	17×15×0.8	239	0.928	143000	216
	38	38×38×0.8	129	0.945	13000	365
	50	50×50×1.0	112	0.949	6500	395
塑料	16	16×11×1.1	188	0.91	112000	141
	25	26×25×1.2	175	0.90	42900	150
	38	38.5×38.5×1.2	155	0.89	15800	98
	50(井)	50×50×1.5	112	0.90	6500	75
	50(米)	50×50×1.5	93	0.90	6100	74
	75	76×76×2.6	73	0.92	1930	71

3. 矩形鞍填料的特性数据

材质	公称尺寸 (mm)	外径×高×厚 (mm×mm×mm)	比表面积 ($m^2 \cdot m^{-3}$)	空隙率 (%)	堆积个数 (个$\cdot m^{-3}$)	堆积密度 ($kg \cdot m^{-3}$)
陶瓷	16	25×12×2.2	378	0.710	269900	686
	25	40×20×3.0	200	0.772	58230	544
	38	60×30×4.0	131	0.804	19680	502
	50	75×45×5.0	103	0.782	8710	538
塑料	16	24×12×0.7	461	0.806	365100	167
	25	37×19×1.0	288	0.847	97680	133
	76	76×38×3.0	200	0.885	3700	104

附录5　双组分溶液的气液相平衡数据

1. 甲醇-水体系(101.315 kPa)

t(℃)	液相中甲醇的摩尔分数	气相中甲醇的摩尔分数	t(℃)	液相中甲醇的摩尔分数	气相中甲醇的摩尔分数
100	0.00	0.00	75.3	0.40	0.729
96.4	0.02	0.134	73.1	0.50	0.779
93.5	0.04	0.234	71.2	.060	0.825
91.2	0.06	0.304	69.3	0.70	0.870
89.3	0.08	0.365	67.6	0.80	0.915
87.7	0.10	0.418	66.0	0.90	0.958
84.4	0.15	0.517	65.0	0.95	0.979
81.7	0.20	0.579	64.5	1.00	1.00
78.0	0.30	0.665			

2. 丙酮-水体系(101.315 kPa)

t(℃)	液相中丙酮的摩尔分数	气相中丙酮的摩尔分数	t(℃)	液相中丙酮的摩尔分数	气相中丙酮的摩尔分数
100	0.00	0.00	60.4	0.40	0.839
92.7	0.01	0.253	60.0	0.50	0.849
86.5	0.02	0.425	59.7	0.60	0.859
75.8	0.05	0.624	59.0	0.70	0.874
66.5	0.10	0.755	58.2	0.80	0.898
63.4	0.15	0.793	57.5	0.90	0.935
62.1	0.20	0.815	57.0	0.95	0.963
61.0	0.30	0.830	56.13	1.00	1.00

3. 乙醇-水体系(101.315 kPa)

t(℃)	乙醇的摩尔百分数(%)		t(℃)	乙醇的摩尔百分数(%)	
	液相	气相		液相	气相
100	0.00	0.00	81.5	32.73	58.26
95.5	1.90	17.00	80.7	39.65	61.22
89.0	7.21	38.91	79.8	50.79	65.64
86.7	9.66	43.75	79.7	51.98	65.99
85.3	12.38	47.04	79.3	57.32	68.41
84.1	16.61	50.89	78.74	67.63	73.85
82.7	23.37	54.45	78.41	74.72	78.15
82.3	26.08	55.80	78.15	89.43	89.43

参 考 文 献

[1] 芮福宏.百年化工　铸就辉煌:化工教育读本[M].天津:天津大学出版社,2009:123.

[2] 叶铁林.中国古代化工与化学元素概念的萌生和发展[J].化工学报,2013,64(5):1560.

[3] 中国化工学会.百年回眸　赓续发展:中国化工学会历史回顾[J].化工进展,2022,41(3):1085-1090.

[4] 张洪云.留学生与中国近代工业发展:以化工群体为例的分析[J].华侨华人历史研究,2012(2):53-66.

[5] 谭天伟,薛娇.学科交叉与大学发展:北京化工大学校长、中国工程院院士谭天伟教授访谈[J].中国高校科技,2014(3):4-6.

[6] 马爱文,曲兴华.SI 基本单位量子化重新定义及其意义[J].计量学报,2020,41(2):129-133.

[7] 肖运鸿.中国古代的比重与流体知识[J].赣南师范学院学报,2005(6):19-21.

[8] 宋梁成,杨春晖,彭文朝,等.化工原理教学中的球类运动探讨:流体流动中的趣味性教学案例[J].化工高等教育,2022,39(2):148-152.

[9] REYNOLDS O. An experimental investigation of the circumstances which determine whether the motion of water shall be direct or sinuous, and of the law of resistance in parallel channels[J]. Philosphical Transaction of the Royal Society, 1883, 35(224-226): 84-99.

[10] 戴家齐.关于输油管道摩阻计算公式选择问题的讨论[J].石油施工技术,1981(3):6-11.

[11] 张济宇.球形颗粒自由沉降速度的计算[J].化学工程,1976(1):18-31.

[12] 姚国新.基于颗粒受力的粗颗粒沉降性质研究[D].赣州:江西理工大学,2014.

[13] 牛向东.单个粗颗粒矿石自由沉降速度和浮游速度试验研究[D].昆明:昆明理工大学,2017.

[14] 谢晓宇,阎禄军.新型高效沉降槽的开发及其应用[J].化工机械,2007(1):30-32.

[15] 夏青,杨留栓,刘亚民,等.Al-Si-Ti 合金除铁工艺研究[J].特种铸造及有色合金,1999(4):3-5.

[16] 许锐,李浩宇,林波,等.铝铜合金重力沉降除铁研究[J].铸造技术,2018,39(9):2008-2010.

[17] 易绍连,赵廷仁.液固流化床临界流速和带出速度的测定和计算[J].华中师院学报(自然科学版),1982(3):94-101.

[18] 张晓杰,韩志华,刘文弘.临界流化速度的计算及应用[J].东北电力技术,1999(1):17-21.

[19] 刘对平.气固流化床挡板内构件受力特性的实验研究[D].北京:中国石油大学,2019.

[20] 赵鹏丽.水平液-固循环流化床中流动特性的研究[D].天津:天津大学,2018.

[21] 时强.气固流化床中颗粒团聚的形成和演化研究[D].杭州:浙江大学,2018.

[22] 李子奇.液-固流化床布流装置结构优化设计[D].徐州:中国矿业大学,2020.

[23] 许前会,武宝萍,朱平华,等.化工原理课程思政案例库建设初探[J].云南化工,2020,47(11):196-198.

[24] 王磊,杜薇,管国锋.化工原理课程思政建设探索与实践[J].化工高等教育,2020,37(5):19-25.

[25] 潘鹤林,黄婕,卢杨,朱忆天.高校化工原理课程思政教学探索与实践[J].化工高等教育,2020,37(1):110-114.

[26] 潘鹤林,黄婕,吴艳阳,等.理工科专业基础核心课程思政教学实践:以化工原理课程为例[J].大学化学,2019,34(11):113-120.

[27] 杨荣榛,董文生.化工基础[M].北京:高等教育出版社,2018.

[28] 福建师范大学,上海师范大学.化工基础(上)[M].4版.北京:高等教育出版社,2014.
[29] 温瑞媛,等.化学工程基础[M].北京:北京大学出版社,2002.
[30] 赵艳.浅谈套管式换热器的设计与维护[J].压缩机技术,2018(3):37-41.
[31] 时龙,刘庆.典型换热器的设计研究进展[J].造纸装备及材料,2020,49(4):30-31.
[32] 徐鹏,肖延勇.壳管式换热器强化传热技术研究进展[J].机电设备,2020,37(4):72-76.
[33] 柴大利.面向高传热效率的换热器结构设计[D].大连:大连理工大学,2020.
[34] 李冠球.板式换热器传热传质实验与理论研究[D].杭州:浙江大学,2012.
[35] 王茜.人字形板式换热器波纹通道流动及传热机理研究[D].哈尔滨:哈尔滨工业大学,2018.
[36] 刘玉桃.新型板式换热器的研制及其气液两相流动可视化研究[D].杭州:中国计量大学,2019.
[37] 李绍芬. 反应工程[M].北京:化学工业出版社,2013.
[38] 罗运柏. 化学工程基础[M].北京:化学工业出版社,2007.
[39] 王安杰. 化学反应工程学[M].北京:化学工业出版社,2019.
[40] H. 斯科特·福格勒. 化学反应工程[M].程易,编译.北京:化学工业出版社,2005.
[41] 郭锴,唐小恒,周绪美. 化学反应工程[M].北京:化学工业出版社,2017.
[42] 丁一刚,刘生鹏.化学反应工程[M].北京:化学工业出版社,2023.
[43] 许志美.化学反应工程[M].北京:化学工业出版社,2019.
[44] 北京大学化学系《化学工程基础》编写组.化学工程基础[M].2版.北京:高等教育出版社,2004.
[45] 张近.化工基础[M].3版.北京:高等教育出版社,2023.
[46] 黄仲涛.工业催化[M].北京:化学工业出版社,2006.